Der Weg zum gesunden Huf

Jochen Biernat
Konstanze Rasch

Müller Rüschlikon
spezial

Einbandgestaltung: Dos Luis Santos

ISBN 978-3-275-01983-0

Postfach 103743, 70032 Stuttgart
Ein Unternehmen der Paul Pietsch Verlage GmbH & Co. KG

Spezialausgabe: 3. Auflage 2024

Sie finden uns im Internet unter www.mueller-rueschlikon-verlag.de

Lektorat: Claudia König
Innengestaltung: Wolfgang Vogel
Druck und Bindung: Graspo CZ, 76302 Zlin
Printed in Czech Republic

Inhalt

Vorwort

1. Das Hufdilemma der Gegenwart 7
1.1 Die traditionelle Hufbearbeitung – Sinn und Unsinn des Eisenbeschlages 10
1.2 Die bisherigen »Alternativen« zur traditionellen Hufbearbeitung 17
Der Hufpfleger 17
Das Ideal der planen Fußung 18
Das Ideal der passenden Huf-Fesselachse 18
Das Ideal der mediolateralen Hufbalance 19
Der Huftechniker 20
Der Hufheilpraktiker 21
1.3 Zeit für eine andere Hufbearbeitung – Huforthopädie nach Jochen Biernat 23

2. Fallanalysen typischer Problemhufe 26
2.1 Der unsymmetrische Huf 27
2.1.1 Stadium 1 27
2.1.2 Stadium 2 31
2.2 Der Diagonalhuf 33
2.3 Der Flachhuf (Platthuf) 35
2.4 Der Zwanghuf 37
2.4.1 Zwang bei engen, steilen Hufen 38
2.4.2 Der manipulierte Zwanghuf 41
2.5 Untergeschobene Trachten 44
2.6 Der Kotflügelhuf 48
2.7 Der Pseudokotflügelhuf 52
2.8 »White line disease« 54
2.9 Hohle Wand 58
2.10 Verfärbtes Hufhorn (Blutergüsse) 61
2.10.1 Verfärbtes Hufhorn in der Hornkapsel 61
2.10.2 Verfärbtes Hufhorn in der Blättchenschicht 62
2.10.3 Verfärbtes Hufhorn im Sohlen- und im Strahlhorn 64
2.11 Hornrisse und Hornspalten 67
2.12 Hornnarben 75
2.13 Hornsäulen 77
2.14 Hufgeschwüre und Hufabszesse 80
2.14.1 Das Hufgeschwür 80
2.14.2 Der Hufabszess 86
2.15 Hornwandausbrüche 88
2.16 Der erworbene Sehnenstelzfuß 91

2.16.1 Physiologische Form 91
2.16.2 Unphysiologische Form 95
2.17 Hufrehe 96
2.18 Strahlfäule 104
2.19 Hufkrebs 108
2.20 Hufknorpelverknöcherung 111
2.21 Schale 115
2.22 Hufrollenentzündung 116

3. Grundzüge der Anatomie des Pferdehufes 121
3.1 Die Hornteile 122
3.2 Die Lederhäute 124
3.3 Die Zehenknochen und Zehengelenke 126
3.4 Nomenklatur 128

4. Anatomischer Index 130

Serviceteil 142
Literaturverzeichnis 142
Zum Weiterlesen 144
Kontaktadresse 144

Danksagung

Es liegt uns am Herzen, einigen Personen Dank zu sagen, die unser Buch tatkräftig unterstützt haben und ohne deren Hilfe es in dieser Form und zu diesem Zeitpunkt nicht zustande gekommen wäre. Wir danken Gerhard Jampert für seine stete Ermutigung und Hilfe sowie seine tatkräftige Unterstützung bei der Überarbeitung des Manuskriptes. Wir danken den Huforthopäden Frank Vicent, Isolde Hofbauer, Irene Imdahl, Bianca Lücke und Jürgen Pfleiderer für ihre Hilfe bei der Sammlung von aussagekräftigem Fotomaterial, für welches sie neben ihrer Arbeit am Huf zusätzlich Zeit und Mühe aufgewendet haben. Ohne ihr fotografisch umgesetztes Problembewusstsein wäre es uns nicht gelungen, alle beschriebenen Hufsituationen so gut ins Bild zu setzen. Wir bedanken uns außerdem ganz herzlich bei Brigitte Mahler und Birgit Scharla, die uns ebenfalls Fotos zu Verfügung gestellt haben und deren Pferde nun hufseitig in unserem Buch verewigt sind.

Vorwort

Wir haben dieses Buch geschrieben, weil wir von großer Unzufriedenheit erfüllt sind. Unzufriedenheit mit der Hufsituation der Pferde, Unzufriedenheit mit dem Stand des Wissens über den Pferdehuf und fürwahr entschiedener Unzufriedenheit mit dem heutigen Niveau der Hufbearbeitung. Wir stehen mit dieser Unzufriedenheit im Kreis unserer Berufskollegen weitgehend allein. Dennoch, und das gehört zwangsläufig zum Schreiben eines Buches dazu, tragen wir eine gute Portion Hoffnung in uns. Hoffnung, dass diese Situation geändert werden kann. Hierfür bedarf es einer umfassenden Aufklärung über den Huf – wir werden unser Bestes geben. Es ist aber auch unerlässlich, dass jeder Mensch, der heute ein Pferd sein Eigen nennt, sich selbst einen neuen, nämlich analytischen Blick auf die Hufe seines Pferdes zulegt. Nur so ist er tatsächlich in der Lage, Hufprobleme zu erkennen, bevor sie als offensichtliche Lahmheiten oder andere Erkrankungen in Erscheinung treten. Mehr noch: Nur so kann er die Entstehung von Problemen verhindern, indem er auf einer vernünftigen Hufbearbeitung besteht und den analytischen Blick auch bei seinem Huffachmann einfordert.

Wir hoffen, unsere Unzufriedenheit nach diesem Buch nicht mehr nur mit den Pferden gemeinsam zu haben, sondern sie auch in Zukunft mit ihren Besitzern teilen zu können. Dies wäre ein erster entscheidender Schritt in Richtung eines Normalzustandes Hufgesundheit.

1. Das Hufdilemma der Gegenwart

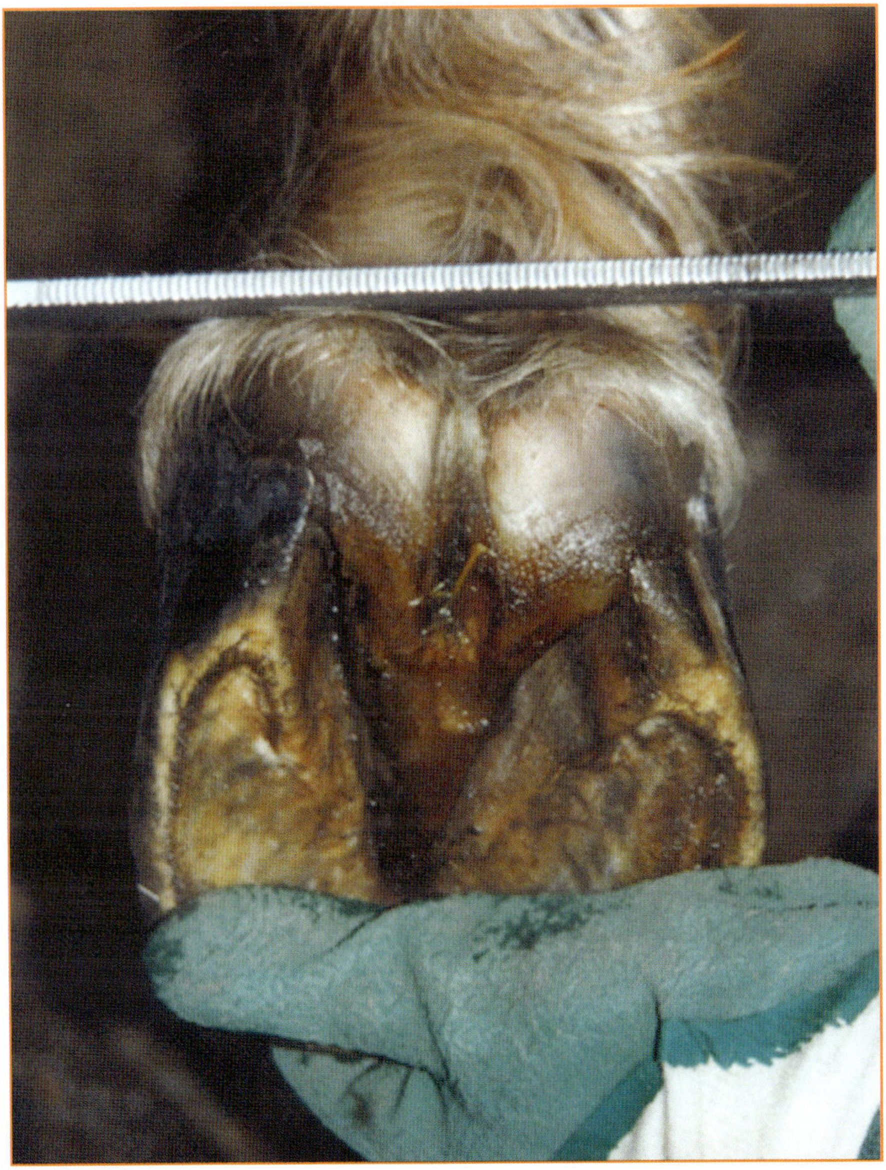

Hufgesundheit ist *kein* Normalzustand in unserer heutigen Zeit. Gewiss war sie dies auch in der Vergangenheit nicht. Es soll also nicht gesagt sein, dass es sich hierbei um einen neu eingetretenen Zustand handelt. Wenn es nach uns geht, handelt es sich allerdings hoffentlich bald um einen überholten Zustand. Nach Aussagen der Deutschen Reiterlichen Vereinigung e.V. (FN) und der Deutschen Veterinärmedizinischen Gesellschaft e.V. stehen Lahmheiten beim Pferd an erster Stelle der Erkrankungen.[1] 90% dieser Lahmheiten haben dabei ihren Sitz im Huf.[2]

Wie kommt diese erschreckende Zahl hufbedingter Lahmheiten beim Pferd zustande? Liegt es am Gebrauch des Pferdes an sich, also macht die Nutzung des Pferdes durch den Menschen unsere Pferde hufkrank? Es gibt Menschen, die dies ohne Einschränkung bejahen. Wir gehören nicht dazu. Wir sind nicht der Ansicht, dass die Benutzung des Pferdes durch den Menschen zwangsläufig negative Konsequenzen für die Hufe zeitigen oder haben muss; genauso wenig gehen wir davon aus, dass die Wildpferde der Vergangenheit, wie der Gegenwart, ohne Hufprobleme alt wurden und werden. Die Natur ist kein Garant für eine tüchtige Gliedmaße, sie garantiert lediglich, dass man ohne eine solche nicht besonders alt wird. Hufprobleme sind damit nicht ausgeschlossen, wenn überhaupt dann sind ihre Prädispositionen durch Vererbung in der Wildnis vermindert.

Dass die menschliche Auslese eine solche Reduktion der ungünstigen genetischen Voraussetzungen nicht gleichermaßen bewerkstelligt, liegt nur zum kleineren Teil in der menschlich mitleidigen Natur. Vielmehr liegt es unserer Meinung nach daran, dass gezüchtet wird, was sich verkauft. Wer hört denn heutzutage beim Pferdekauf schon auf die Mahnung von Xenophon, »*zuerst die Füße zu betrachten*«. Horaz rät gar »*Bedeckt soll das Pferd beurteilt werden, damit nicht ein zierlicher Körper, ruhend auf weichlichem Huf, den betörten Käufer verlocke*«.[3] Mal ehrlich, wer beachtet diese wahrlich vernünftigen Ratschläge? Gekauft und deshalb auch gezüchtet wird auf Schönheit und auf Leistung. Während man in Bezug auf die Leistung den Huf noch nicht als maßgeblichen Faktor entdeckt hat, leistet das menschliche Schönheitsideal dem Pferdehuf bisher auch keinen guten Dienst. Wenn der Huf überhaupt ins Zuchtziel integriert wird, dann wird zumeist mehr Wert auf die Gefälligkeit der Hufe gelegt als auf ihre Funktionstüchtigkeit. Die oft klein gezüchteten Hufe der Quarterhorses, Friesen und Kaltblüter sind eine schwere Bürde für diese Tiere.

Sicherlich gibt es auch einen hufschädigenden Gebrauch der Pferde, nämlich immer dann, wenn den Tieren Leistungen abgefordert werden, zu denen sie physisch (mitunter auch psychisch) nicht in der Lage sind – wenn sie also gemessen an ihrem Entwicklungs- und Gesundheitszustand zu früh, zu intensiv, zu lang genutzt werden. Wie auf den gesamten Organismus wirkt sich dies auch und vor allem negativ auf die Gliedmaßen und auf die Hufe aus. Dies kommt vor, kennzeichnet aber sicher nicht das Prinzip der menschlichen Pferdebenutzung. In der Regel möchte man sein Pferd nutzen und nicht vernutzen. Das gilt für den Bauern ebenso wie für den Fiakerfahrer, für den Berufsreiter, wie für den Freizeitreiter. Es gibt ohne Frage solch einen auf Unwissenheit oder Gewissenlosigkeit gegründeten vernutzenden Gebrauch der Pferde, aber für den allgemein schlechten Hufzustand trägt dieser nicht die Verantwortung.

Die sprichwörtliche Allgemeinheit dieses Zustands verdankt sich unserer Meinung nach vielmehr der Art und Weise der

1 siehe RICHTLINIEN (1991)
2 siehe VOLLBACH (1954: 5) und MÜLLER (1999: 43)
3 zitiert nach SCHWYTER (1906: 1)

Hufbearbeitung, wie sie heute praktiziert wird. Wenn wir dies sagen, reden wir nicht von schlechter oder schlampiger Arbeit und auch nicht von bewusster Manipulation der Hufe, wie sie manchmal vorgenommen wird, um den Gebrauchswert der Pferde scheinbar oder tatsächlich zu erhöhen. Dabei wird häufig billigend in Kauf genommen, dass der Huf in seiner Funktion als Fundament der Gliedmaße negativ beeinflusst wird, zum Beispiel wenn Hufe von Verkaufspferden fürs Auge gefällig gestaltet werden oder wenn lange Zehen und niedrige Trachten die Pferde auf der Rennbahn schneller machen sollen. Wir reden auch nicht von der vernachlässigten Hufpflege und ausbleibender Bearbeitung. Selbstredend ist es zum Schaden des Hufes, wenn das Pferd beim Einsatz als Rasenmäher, ohne jede Chance auf Hornabrieb, auf seinen Hufen in die Höhe wächst, um ein-, zweimal im Jahr auf seine natürliche Größe (dann darf's auch meist vorausschauend ein wenig mehr sein) zurechtgestutzt zu werden. Aber diese Dinge sind – wie der vernutzende Gebrauch – hierzulande doch eher die Ausnahme denn die Regel.

Wenn wir sagen, die heutige Art und Weise der Hufbearbeitung ist für den häufig miserablen Hufzustand unserer Pferde verantwortlich, dann reden wir nicht von den schwarzen Schafen, sondern von den Prinzipien der heutigen Hufbearbeiterei. Auch hier sei klargestellt: Wir wünschen uns nicht alte Zeiten zurück, konstatieren also keinen Verfall der Sitten, obwohl – wie im Weiteren zu sehen sein wird – der Beruf des Hufschmiedes früher ausbildungsmäßig doch eine andere Qualität aufwies als heute. Was wir nicht gut heißen, ist im Gegenteil gerade die Verhaftetheit der Hufkunde und Hufbearbeitungskunst in der Tradition und damit in der Vergangenheit. Wir plädieren für nichts Geringeres, als für ein vollkommenes Umdenken in der Hufbearbeitung. Dies ist ein Vorhaben, das verständlicherweise nicht nur auf Gegenliebe stößt.

Die überwiegende Zahl der Lahmheiten von Pferden (neun von zehn), dies wurde oben schon gesagt, hat ihre Ursache im Huf. Die Erkrankungen des Hufes wiederum werden unseres Erachtens in allererster Linie durch die Form, besser die Deformation der Hornkapsel hervorgerufen. In den meisten Fällen ist es der drückende, hebelnde Schuh, der dem Pferd Schmerzen bereitet, ist es das schiefe und durch die gängige Hufbearbeitung »unruhige« Fundament, welches bleibenden Schaden an den Pferdegliedmaßen anrichtet und Pferde in der Folge unreitbar oder zu Fällen für den Osteopathen und Chiropraktiker werden lässt.

Dieser schmerzende Schuh wie das Aus-der-Form-Geraten der Hornkapsel und die Unruhe im Fundament sind nun keine naturgegebenen Dinge, sondern sind – da der Mensch mit der Domestizierung der Pferde auch die Verantwortung für die Hufe übernahm – Ergebnis der stattfindenden Hufbearbeitung. Von verletzungsbedingten Ausnahmen und angeborenen Missbildungen abgesehen, ist die ganze Palette der Huferkrankungen und Lahmheitsursachen hausgemacht, eben durch die Art und Weise der Hufbearbeitung provoziert. Es hat sich für uns gezeigt, dass das, was bearbeitungstechnisch am Pferdehuf stattfindet, dem Pferd schadet! Ohne Zweifel gibt es gerade angesichts der bereits angesprochenen züchterischen Gleichgültigkeit gegenüber dem Huf gewisse Prädispositionen beispielsweise in der Gliedmaßenstellung oder in der Hufhornqualität, die durchaus bestimmte Hufdeformationen und Huferkrankungen befördern. Immer aber kommt ein falscher Umgang mit der Prädisposition hinzu, denn sie selbst ist nur das: Eine Vorbelastung, und nicht schon der deformierte, kranke Huf.

Wir möchten im Folgenden aufzeigen, inwiefern die heute übliche Art und Weise der Hufbearbeitung Huf und Pferde krank machen kann. Neben dem traditionellen Hufbearbeiter, dem Hufschmied, hat sich in Deutschland in den vergangenen Jahren eine »alternative« Hufszene etabliert, die vom Hufpfleger über den Huftechniker bis zum Hufheilpraktiker reicht. Die Anführungsstriche begleiten das Wörtchen »alternativ« aus dem Grund, weil unserer Meinung nach keine tatsächlichen Alternativen zum traditionellen Umgang mit dem Huf geboten werden. Sicher ist der Kunststoffbeschlag oder der Barhuf eine echte Alternative zum Eisenbeschlag, jedoch hat sich, wie man sehen wird, der Umgang mit dem Pferdehuf selbst nicht wirklich geändert.

1.1 Die traditionelle Hufbearbeitung – Sinn und Unsinn des Eisenbeschlages

Der eiserne Hufschutz ist das Metier des Hufschmiedes und diesem ausdrücklich vorbehalten. Mit einem Eisen beschlagen darf nur, wer eine staatlich anerkannte Ausbildung zum Hufbeschlagsschmied durchlaufen hat. Eine solche Ausbildung umfasst in Deutschland zur Zeit eine dreieinhalbjährige Lehre im Metallbau sowie eine einjährige Mitarbeit bei einem anerkannten Hufbeschlagsschmied und einen abschließenden viermonatigen Hufbeschlagskurs. Bevor die Ausbildungsordnung im Rahmen einer Verordnung im Jahr 1974 gelockert wurde, mussten Hufschmiede nicht eine einjährige, sondern eine fünfjährige Gesellentätigkeit nachweisen. Die Gesetzesänderung, wie das Niveau der Ausbildung überhaupt, wird in Fachkreisen bereits seit längerer Zeit bemängelt.

»Wurde früher durch den Hufbeschlagskurs das in fünfjähriger Arbeit am Pferd erworbene Wissen vervollständigt, so sollen nun während des Lehrgangs, für welchen keinerlei verbindliche Lehrpläne und nur sehr allgemein formulierte Prüfungsanforderungen bestehen, sowohl die nötigen praktischen Fertigkeiten als auch die theoretischen Kenntnisse vermittelt werden.« (ULBRICHT 1994: 165)

Es gibt durchaus Bestrebungen, die Hufschmiedeausbildung umzustrukturieren und auf ein höheres Niveau zu heben. Diese Bestrebungen stellen in erster Linie eine Antwort auf den in den letzten Jahrzehnten immens gestiegenen Bedarf nach Hufbearbeitung dar, hinter dem die Ausbildungszahlen in der Hufschmiedebranche stark zurückgeblieben sind. Um den gewachsenen Bedarf in Zukunft besser abdecken zu können, sollen insbesondere die Zugangsvoraussetzungen und die Anforderungen der Hufbeschlagsprüfung überarbeitet werden. So soll Quereinsteigern aus landwirtschaftlichen Berufen mit besonderem Bezug zur Pferdehaltung und aus Fachrichtungen des Metallbaus ein Fortbildungsangebot für die Tätigkeit als Hufschmied geschaffen werden.

Begünstigt durch die Angebotslücke gibt es auch eine nicht unbeträchtliche Zahl von tätigen Hufschmieden, die die vorgeschriebene Ausbildung gar nicht absolviert haben. Nach einer Untersuchung an der Universität München arbeitet jeder siebte Hufschmied, ohne eine Prüfung zum Hufbeschlagsschmied abgelegt zu haben.[4] Ob diese ungeprüften Schmiede eine schlechtere Arbeit leisten als die geprüften, sei dahingestellt. Von Interesse ist hier vielmehr, wodurch die Arbeit der Schmiede, ob gut oder schlecht verrichtet, sich prinzipiell auszeichnet. Dazu ist ein kurzer Blick in die Vergangenheit unabdingbar.

Die Domestizierung des Pferdes durch den Menschen ging mit seinem Einsatz als Arbeits- und Nutztier Hand in Hand. Pferde wurden verwendet als Transportmittel,

4 siehe ULBRICHT (1994: 176)

zum Tragen von Lasten, in der Kavallerie, im Ackerbau und vieles mehr. Allesamt Fulltimejobs, bei denen sich das Hufhorn zumeist schneller vernutzte, als es nachwuchs. Wollte der Mensch sich die zeitliche Nutzung des Pferdes nicht durch die Wachstumsgeschwindigkeit des Hornes vorschreiben lassen, so musste ein Schutzmittel gefunden werden, welches den Hornabrieb minderte. Es gab verschiedene Erfindungen wie Sohlen und Schuhe aus Leder, Schilf oder Bast, die mit Riemen am Pferdebein befestigt wurden. Auch mit Metallsohlen wurde experimentiert, so gab es die so genannten Hipposandalen aus Bronze oder Eisen, die mit Ösen und Ringen versehen, ebenfalls per Riemen und Stricken am Bein befestigt wurden. Durchsetzen konnten sich diese »Hufschutzungetüme« nicht. Als weit tauglicher, haltbarer und sicherer zu befestigen, erwies sich der genagelte Hufschutz aus Eisen. Eine Handwerkszunft war geboren. Es brauchte Spezialisten, die sich sowohl handwerkliches Geschick und Wissen im Umgang mit den Metallen als auch im Umgang mit dem Pferdehuf aneigneten.

Mit dem Einzug der Technik verloren die Pferde im letzten Jahrhundert als Nutztiere des täglichen Bedarfs mehr und mehr an Bedeutung. Als Ende der 50er-Jahre auch die Landwirte begannen, ihre Arbeiten mit Traktoren statt Pferden zu verrichten, ließ die Nachfrage nach dem Hufschmied schlagartig nach. Erst mit der Wiederentdeckung des Pferdes, jetzt nicht als Arbeitstier, sondern als Freizeitpartner, wuchs der Bedarf nach Fachleuten, die den Pferdehuf bearbeiten konnten, wieder an. Zwar unterschied sich die Nutzung des Pferdes vollkommen von der früherer Zeiten, die Spezialisten in Sachen Pferdehuf waren aber nach wie vor die Hufschmiede. Alternativen hierzu gab es zunächst nicht. So lebte das alte Handwerk neu auf und die nunmehr vorwiegend im Sport und in der Freizeit genutzten Pferde wurden wie in alten Zeiten mit Eisen beschlagen.

Auch heute, wo sich schon längst eine »alternative« Hufbearbeiterszene etabliert hat, werden noch immer viele Sport- und Freizeitpferde von Hufschmieden mit Eisen beschlagen. Dabei ist man sich zumindest in den Schriften über die Hufbeschlagskunst weitgehend darin einig, *»dass auch der beste Hufbeschlag nachteilig auf den Huf einwirkt«* (SCHMID 1994:12); die Rede vom notwendigen Übel ist jedem geläufig. Wir möchten die Notwendigkeit an dieser Stelle einmal genau hinterfragen. Dazu ist zunächst zu klären, welche positiven Zwecke dem Eisenbeschlag überhaupt zugesprochen werden. Nach fast einhelliger Ansicht der Fachleute im Hufbeschlag dient der Hufbeschlag:

1) dem Schutz vor zu starker Abnutzung.
2) der Erhaltung und Verbesserung der natürlichen Stellung und des Ganges des Pferdes.
3) der Möglichkeit, Krankheiten des Hufes und der Gliedmaße zu heilen.
4) dem Schutz vor dem Ausgleiten.[5]
5) der Unterstützung des Hufmechanismus.[6]

Während die letzten beiden Punkte, Ausgleitschutz und Hufmechanismusunterstützung, auch im Lager der Hufschmiede umstritten sind, herrscht in Bezug auf die übrigen benannten Zwecke völlige Einigkeit. Hier unterliegt man jedoch

5 Sicher tut man sich schwer, in einen Barhuf Stollen einzuschrauben, aber im Unterschied zu einem Eisen, besteht hierfür auch keine Notwendigkeit, womit unseres Erachtens über die Unsinnigkeit dieses Eisenvorteil alles gesagt ist. Wem der gesunde Menschenverstand an dieser Stelle nicht ausreicht, der kann sich den höheren Gleiteffekt von Eisenbeschlägen im Vergleich mit Barhufen beweisen lassen. Messergebnisse hierüber gibt es beispielsweise bei FALATURI (2000: 33f.).

6 Die tatsächlichen Wirkungen des Eisenbeschlages auf den Hufmechanismus respektive die Hufmechanik werden weiter unten ausführlich beschrieben.

unserer Ansicht nach einem Irrtum, der sehr nachteilige Folgen für die Gesundheit der Pferdegliedmaßen hat. Das Bestreben, dem Huf einen Schutz vor zu starker Abnutzung zu verleihen, ist der Entstehungsgrund des Eisenbeschlages und wie wir behaupten möchten auch sein einzig sinnvoller Einsatzzweck. Der auf den Huf aufgebrachte Eisenbeschlag verhindert den Hornabrieb, das Pferd kann so unabhängig von der Schnelligkeit seiner Hornproduktion genutzt werden. Diese Funktion erfüllt der Eisenbeschlag hervorragend. Allerdings muss man, wenn man ein Pferd mit Eisen beschlägt, einige Folgen hinnehmen, die – wie wir finden – weit über den Charakter von Wermutstropfen hinausgehen. Gedacht ist hier an die Folgen fürs Pferd, nicht an den gebrochenen Zeh des Besitzers. Die erhöhte Verletzungsgefahr ist sicherlich auch nicht von der Hand zu weisen, soll uns an dieser Stelle aber nicht interessieren.

Die Folgen, von denen hier die Rede ist, bestehen zum einen in der massiven Funktionsbeeinträchtigung der Pferdegliedmaße, zum anderen in der nachteiligen Wirkung des genagelten Eisenschutzes auf die Hornkapsel selbst. Beides schadet der Pferdegesundheit. Die Funktionsbeeinträchtigung der Gliedmaße hängt in erster Linie mit der Starrheit des Materials zusammen. Durch das Beschlagen mit einem Hufeisen wird die Hornkapsel in ihrer Elastizität stark behindert. Ein Anschmiegen an den Boden, wie es dem Barhuf möglich ist, wird durch das starre Material gänzlich verhindert. Damit sind die Gelenke des Pferdebeines den Unebenheiten des Bodens quasi schutzlos ausgeliefert, denn ohne die elastische Beweglichkeit des Barhufes schlägt jedes Nicht-plane-Auffußen ungehindert auf die Scharniergelenke der Pferdegliedmaße durch. Das Pferd wird mit einem eisernen Hufschutz zudem völlig seines Tastsinnes[7] beraubt. Ein Barhuf-Pferd geht verantwortlich, sprich pfleglich mit seinen Beinen um. Es fühlt den Boden und passt seinen Gang an, so erhält es sich seine Funktionsfähigkeit. Per Eisen wird die Fühligkeit ausgeschaltet, die Hufe werden desensibilisiert. Dies verführt das Pferd zu einem rücksichtslosen Umgang mit seinen Beinen. Merkwürdigerweise gibt es nicht wenige Reiter, die mehr Mitleid mit einem fühlig über Steine gehenden und sich seinen Weg suchenden Pferd empfinden, als mit einem Pferd, welches ohne Zögern über alles drübermarschiert und sich dabei über kurz oder lang die Beine ruiniert.

Aber der Eisenbeschlag hat – wie bereits angedeutet – nicht nur sehr direkte negative Folgen für die Gliedmaße, sondern wirkt sich auch unseres Erachtens nachteilig auf die Hornkapsel selbst aus. So wird durch das Beschlagen mit Hufeisen die Blutversorgung im Huf geschwächt, da eine Verwindung der Hornkapsel, wie sie für die optimale Blutzirkulation notwendig ist, nur noch sehr eingeschränkt erfolgt.

Es gibt immer wieder Bestrebungen, das Gegenteil nachzuweisen, also Beweise dafür zu erbringen, dass der Hufmechanismus mit dem Eisen nicht außer Kraft gesetzt ist. Das ist auch nicht schwer zu belegen, wenn man sich den Hufmechanismus derart vereinfacht vorstellt: Neben einem Einsinken des Kronrandes inklusive des oberen Teiles der Zehenwand, einem Abflachen des Sohlengewölbes und einem Niedersenken von Strahl und Ballen wird das Aufweiten im Trachtenbereich einhellig als wichtigste Charakteristik des Hufmechanismus beschrieben. Das ist aller-

7 Zwar ist das Horn selbst unempfindlich, aber über die innige Verbindung aller Hornteile mit der sensiblen Lederhaut wird das Pferd in die Lage versetzt, den Boden zu spüren. Dabei werden bei weitem nicht nur direkte Drücke auf die Sohle, sondern alle Verwindungen der Hornkapsel über die Nervenleitbahnen dem Gehirn mitgeteilt. Reflexe sorgen für entsprechende Reaktion und Fixierung von Sehnen und Bändern.

dings gemessen daran, was am Huf tatsächlich stattfindet, zu einfach gedacht. Nicht umsonst wird sich das Ganze als Mechanismus, als quasi selbsttätiger, sich in immer gleicher Weise wiederholender Ablauf vorgestellt. Wenn man sich die Bewegung der Hornkapsel so vorstellt, dann kann man einen Hufmechanismus auf dem Eisen nicht bestreiten. Zumindest beim korrekt genagelten, hinten offenen Eisen, wo nur der vordere Teil der Hornkapsel mit Nägeln fixiert ist, kann die Trachtenweitung durchaus stattfinden. Manch einer vertritt sogar die These, dass diese Trachtenbewegung stärker ist als beim Barhuf. Der eisenbeschlagene Huf hat dann sogar mehr Hufmechanismus als der Barhuf! Ja wenn's so einfach wäre. Die Hornkapsel ist zu weit andern Dingen in der Lage, sonst wäre es mit ihrer Elastizität auch nicht weit her. Zu den Bewegungen in der Horizontale, die bei weitem nicht nur im Trachtenbereich und erst recht auch nicht zwingend nach außen also weitend erfolgen, kommen Bewegungen in der Vertikale. Beide Richtungen korrespondieren miteinander, sprich je nach Stellung der Hornröhrchen zum Boden, wirkt der Druck des Bodens von unten nach oben oder mehr von innen nach außen oder auch von außen nach innen und alles in Kombination. Das Verwinden der Hornkapsel ist die Hufmechanik – kein ewig gleiches, sondern je nach Untergrund und Huf stets verschiedenes Bewegtwerden des Hornes. Das unterscheidet sich nicht nur von Pferd zu Pferd oder von Huf zu Huf, sondern in der Regel von Schritt zu Schritt. Je nachdem worauf der Huf tritt. Auf genau diese Weise erfolgt das Anschmiegen an den Boden und auf genau diese Weise erhalten die Lederhäute ihre Stimulation zur Hornproduktion. Das Horn, welches durch den Boden derart bewegt wird, massiert die mit ihm innig verbundenen Lederhäute regelrecht und befördert dadurch die Produktion von qualitativ hochwertigem Horn. Anders wenn diese ständige Massage fehlt, wenn nämlich lediglich im Trachtenbereich und auch da nur seitliche[8] Bewegung stattfindet. Das Ergebnis ist eine verminderte Hornproduktion, wobei auch qualitativ minderwertiges Horn produziert wird. Eine wichtige Rolle in der Blutversorgung des Hufes spielen auch die Hufknorpel, an denen der innere und der koronale Venenplexus verläuft. Ihre Bewegung – die auf dem Eisen stark eingeschränkt ist – sorgt für den Abtransport des Blutes und damit für eine optimale Blutzirkulation. Dies ist ebenso wie die ständige Massage der Lederhäute Bedingung für ein gutes Hornwachstum und gute Hornqualität.

Wenn man sich also von der vereinfachten Darstellung eines Hufmechanismus löst und sich die Hufmechanik in ihrer Komplexität verständlich macht, dann folgt hieraus als logischer Schluss, dass ein Eisenbeschlag die Durchblutung und Hornproduktion massiv beeinträchtigen muss. Dabei ist die geläufige Vorstellung eines Hufmechanismus, wie sie oben kurz ausgeführt wurde, nicht nur vereinfacht, sondern in Teilen sogar unrichtig. Das dort beschriebene Abflachen des Sohlengewölbes kann allein aus dem Grund nicht stattfinden, weil dieses Sohlengewölbe im Hornschuh durch die Sohlenwölbung des Hufbeines bestimmt ist. Da sich zwischen dem Knochen des Hufbeins und dem Horn der Hufsohle lediglich die dünne Lederhaut befindet, gibt es keinerlei Spielraum für ein solches Flacherwerden. Das Horn müsste sich hierzu vom Knochen trennen. Also genauso wenig, wie der Knochen des Hufbeins beim Auftritt seine Wölbung einbüßt, tut dieses das Horn der Hufsohle. Einzige Bewegungsmöglichkeit in Richtung Boden besteht im Bereich hinter der Hufbeinsohlenfläche, da wo durch die Hufknorpel Flexibilität gegeben ist.

8 Dann bitte schön aber auch die verengende Wirkung – eben je nach Stellung der Hornwände zum Boden – nicht unterschlagen!

Die Beeinträchtigung der Hornproduktion und Qualität ist aber nicht die einzige negative Wirkung des Eisenbeschlags auf die Hornkapsel. Durch das Beschlagen mit Hufeisen wird auch ein häufiger Stellungsfehler provoziert, der letztlich mit einer Hyperextension im Hufgelenk einhergeht. Durch die beim offenen Eisen erhalten gebliebene Beweglichkeit der Hornkapsel im Trachtenbereich, wird das Ideal der Verhinderung von Hornabrieb nicht ganz eingelöst. Im Trachtenbereich findet durch die Bewegung der Hornröhrchen auf dem Eisen durchaus und nicht zu knapp Hornabrieb statt, während die Zehen- und Seitenwände ohne jeden Abrieb bleiben und ungehindert in die Länge wachsen. Der Huf wird hierdurch langsam und unaufhörlich nach hinten unten gekippt.

Der gute Hufschmied begegnet diesem unerwünschten Phänomen in Zusammenarbeit mit einem verantwortungsbewussten Pferdebesitzer durch rechtzeitiges Umbeschlagen und entsprechend zeitiges Kürzen der vorderen Bereiche der Hornkapsel. Wartet man hiermit zu lange, verändert sich die Stellung der Hornröhrchen zum Boden so, dass auch ein Kürzen des vorderen Bereichs der Hornkapsel diese Stellungsveränderung nicht mehr reparieren kann. Die ausschließlich auf den vorderen Bereich des Hufes beschränkte Längenzunahme kippt mit dem gesamten Huf die Hornröhrchen der Zehe wie der Trachten in eine unphysiologisch schräge Stellung zum Boden. Diese Stellung einmal eingenommen, wirkt so, dass die ohnehin schrägen Röhrchen durch den Bodendruck stets noch schräger gedrückt werden. Die berühmten ➛ *Untergeschobenen Trachten* bzw. der Trachtenzwang entsteht. Durch frühzeitiges Umbeschlagen und die im Zuge dessen vorgenommene Hufkorrektur kann diese Verformung der Hornkapsel und die damit einhergehende Fehlstellung der Gliedmaße in der Regel verhindert werden. Allerdings hat es die hierfür nötige Hufkorrektur auch in sich. Folgt man den empfohlenen Zeitangaben in Bezug auf das Beschlagsintervall von sechs bis acht Wochen, so heißt das, dass die Gliedmaße des eisenbeschlagenen Pferdes innerhalb dieses Zeitraumes durch die Änderung des Fundaments eine Veränderung erleidet. Hiervon betroffen sind die Gelenkflächen und Gelenkkapselbänder, die Sehnen, hier vor allem die tiefe Beugesehne und die gemeinsame Strecksehne, und die Haltebänder des Strahlbeins, besonders das Hufbein-Strahlbeinband und das beiderseits des Strahlbeines inserierende Fesselbein-Strahlbeinband (siehe auch Anatomischer Index).

Die Langsamkeit der Veränderung ermöglicht dem Organismus Anpassungsleistungen an die veränderte Belastungssituation vorzunehmen. Ganz anders jedoch liegt der Fall, wenn nach Ablauf dieses Zeitraumes eine Hufkorrektur vorgenommen wird, wie sie oben beschrieben wurde. Mit der zur Rettung und Wiederherstellung der physiologischen Stellung getätigten Maßnahme wird die Gliedmaße von einem Moment auf den anderen auf ein verändertes Fundament gestellt. Gelenke, Sehnen und Bänder, die sich in der vorherigen Belastungssituation eingerichtet haben, haben keine Chance sich anzupassen, sondern müssen von einem Augenblick auf den anderen mit einer neuen Situation zurechtkommen. Neben direkten schädlichen Auswirkungen, zu denen es durch die veränderte Druckbelastung in den Gelenken, vor allem dem Hufgelenk, und durch die völlig veränderten Spannungsverhältnisse der Sehnen und Bänder (was straff war wird schlapp und umgekehrt) kommen kann, erhöht sich auch die Gefahr nachfolgender Verletzungen der Gliedmaße. Schließlich muss das Pferd von jetzt auf gleich auf einem anderen Fundament zurechtkommen. Die eigentlich zum Wohle des Pferdes gedachte Stellungskorrektur ist letztlich also mit unmittelbaren Schäden und potentiellen Risiken verbunden. Hinzu kommt, dass die stete Wiederholung dieses Prozesses unerlässlich ist. Die Hornkapsel erleidet zwischen den Hufbearbeitungsterminen eine Formveränderung, die hinterher zum Termin wieder beseitigt wird. Weit vernünftiger wäre es, eine Hufbearbeitung vorzunehmen, die verhindert, dass die Hornkapsel ihre Form überhaupt verliert.

Solange ein Pferd mit einem Eisen beschlagen ist, ist diese Art und Weise der Hufbearbeitung unabdingbar. Solange der Beschlag am Huf ist, wird das Hufhorn insgesamt länger und zugleich in der beschriebenen Weise ungleich abgenutzt. Ein Kürzen des Hornes ist notwendig, wobei dieses obendrein unterschiedlich – vorn mehr als hinten – erfolgen muss, so also zwangsläufig und augenblicklich die Stellung der Gliedmaße verändert wird. Aus der Form geraten kann der Huf dabei nicht nur in der beschriebenen Weise, indem er hinten niedriger und vorne höher wird. Genauso gut kann sich eine seitliche Ungleichmäßigkeit in der Belastung einstellen, kann die Hornkapsel beispielsweise innen niedriger werden als außen. Auch hier bleibt beim beschlagenen Huf nur die Möglichkeit der nachträglichen Korrektur. Die Folgen einer solchen seitlichen Ungleichbelastung inklusive ihrer steten späteren Reparatur sind im Allgemeinen noch schadensträchtiger als das Kippen des Hufes nach hinten unten und zurück. Die unteren Gelenke der Pferdegliedmaße, Hufgelenk, Krongelenk und Fesselgelenk, sind Scharnier- bzw. unvollständige Wechselgelenke und für eine Bewegung in der Bewegungsrichtung des Pferdes ausgelegt. Sie besitzen nur eine äußerst geringe seitliche Beweglichkeit. Ungleichgewichte wie auch Unruhe – vor allem eine unvermittelte und massive, wie sie der Hufschmiedetermin hervorruft – in der seitlichen Belastungssituation führen fast zwangsläufig zu Schäden im Gelenk und an den umliegenden Geweben. Diese müssen nicht notwenig und unmittelbar zu Schmerzäußerungen führen. Durch die mit dem regelmäßigen Schiefwerden und Geradeschneiden einhergehenden Druckveränderungen im Gelenk können jedoch Knorpelschädigungen und Insertionsdesmopathien provoziert werden. Damit wird der Grundstein gelegt für Gelenksarthrosen, Randexostosen, Knochenchips und Schale, um hier nur einige pathologische Veränderungen zu nennen. Die Gliedmaße des Pferdes nimmt auf diese Weise systematisch Schaden.

Die aufgezeigte Art und Weise der Bearbeitung ist, so nachteilig sie ist, eine Sache, die mit dem Eisenbeschlag notwendig verbunden ist. Allerdings gibt es keinen Grund, dieses Prinzip auch für die Bearbeitung des Barhufes zu übernehmen. Genau dies wird jedoch getan. Es gibt mittlerweile immer mehr Hufschmiede, die auch durchaus bereit sind, Barhufpferde zu betreuen. Aber auch hier wird die Stellung stets nachträglich durch unterschiedlich starkes Kürzen der Hornkapsel von unten korrigiert. Hier, wo die Möglichkeit besteht, die formgebenden Kräfte auf die Hornkapsel zu nutzen und prophylaktische, stellungserhaltende statt nachträglich wieder reparierende Arbeit zu verrichten, geht man genauso vor, wie beim beschlagenen Huf. Man lässt den Huf zwischen den Bearbeitungsterminen schief werden (nicht absichtlich, aber dennoch lässt man es geschehen), um ihn zum Termin gerade zu schneiden. Das ist unserer Meinung nach unvernünftig, weil ungesund und unnötig, und sollte deshalb eigentlich schon längst der Vergangenheit angehören.

Wie gesagt, beim Eisenbeschlag ist die Bearbeitung kaum anders möglich. Deshalb sollte jedermann auch für sein Pferd sehr genau prüfen, ob Hufeisen wirklich nötig sind. Leider lassen die meisten Pferdebesitzer ihre Pferde mit einer

Selbstverständlichkeit beschlagen, die uns immer wieder verwundert den Kopf schütteln lässt. Da spielt es gar keine Rolle mehr, dass das Pferd ohnehin den größten Teil seines Tages stehend und dösend in eingestreuten Boxen, gummigepflasterten bzw. holzhäckselgefüllten Paddocks oder auf fetten Koppeln verbringt. Da schrumpft die Nutzung des Pferdes auf ein paar Ausritte in der Woche oder beschränkt sich gar auf Halle und Reitplatz, wo man sich auf die wochenendliche Turnierteilnahme vorbereitet und das Hufhorn nur mäßigen Abrieb erfährt. Dennoch ist man von der Notwendigkeit eines Hufschutzes überzeugt. Wie kommt das? Sicher ist es häufig die unkritische Übernahme einer Tradition, über deren Sinn der Laie sich kein Urteil erlaubt, während der Profi einfach seinem jahrhundertealten Berufsbild gerecht wird. Tatsache ist aber auch, dass die heute immer noch gängige Art und Weise der Hufbearbeitung Pferde ohne Eisen tatsächlich schlecht laufen lässt. Da wird beim Hufbearbeitungstermin das Horn entfernt, nämlich der Tragrand gekürzt, welcher für die Nutzung nötig wäre. Da werden Stellungsveränderungen zunächst zugelassen, die mit der gängigen Methode – hier mehr kürzen, da weniger – zumeist überhaupt nicht mehr zurückgeführt werden können. Eine schräge Wand entwickelt nämlich beispielsweise ihre eigenen Gesetzmäßigkeiten, die mit Kürzen nicht nur nicht genutzt werden, sondern zu denen sich ein Kürzen völlig kontraproduktiv verhält. Die Folge ist ein untüchtiger Huf, der das Pferd schlecht laufen lässt. Plötzlich erhält nun eine negative Wirkung des Hufeisens eine positive Bedeutung. Die Ausschaltung der Hufmechanik lässt das Eisen wie eine Schmerztablette wirken. Untüchtige, schmerzende Hufe werden zwar nicht tüchtig, aber die Schmerzen werden wenn nicht gänzlich genommen so doch zumindest gemindert. Der Schluss liegt nahe: Mein Pferd kann ohne Eisen nicht laufen! Angesichts der Vielzahl der Pferde, die ohne Eisen – und nicht wegen ihrer abriebintensiven Nutzung – nicht laufen können, sollte man eigentlich auch als Pferdebesitzer, auf jeden Fall aber als Huffachmann, nachdenklich werden. Die vielfache Notwendigkeit des Hufbeschlages als Gehhilfe für ansonsten schmerzende Hufe wirft kein gutes Licht auf die praktizierte Arbeit am Pferdehuf. Aber das möchten wir noch einmal betonen, wir sprechen nicht von schlechter Arbeit oder bösen Schmieden, sondern von einem Fehler im Prinzip.

Nun nachdem jeder, der bis hierher gelesen hat, über die Wirkungen des Eisenbeschlages und über die Folgen der damit zusammenhängenden, wenn auch mittlerweile verselbstständigten Hufbearbeitung im Bilde ist, kennt man auch die Antwort auf die Frage, ob ein Hufeisen ein Heilmittel für kranke Hufe oder ein Mittel für die Korrektur von Fehlstellungen ist. Als Gehkrücke und Schmerztablette verhilft das Eisen untüchtigen Hufen zwar nicht zu neuer Tüchtigkeit, dem Pferd aber zweifelsohne zum Gehen können. Drei Dinge sind dabei zu bedenken:

(1) Ein Ausgleichen von Dysfunktionalität ist etwas gänzlich anderes, als deren Beseitigung, es ist also mitnichten die Wiederherstellung der verlorengegangen Funktionalität der Hufe.
(2) Die oben beschriebenen nachteiligen Wirkungen des Eisenbeschlages und der damit notwendig zusammenhängenden Hufbearbeitung sind am untüchtigen Huf nicht aufgehoben, sondern man findet sie im Gegenteil um ein Vielfaches verstärkt.
(3) Die per Gehhilfsmittel Hufeisen möglich gewordene Nutzung des Pferdes auch auf untüchtigen Hufen wirkt sich nachteilig auf die Huf- und Pferdegesundheit aus. Wenn ein Pferd wegen Untüchtigkeit seiner Hufe nicht laufen kann, dann sollte es dies auch nicht müssen. Wenn ein Pferd trotz des Fehlens von

abriebintensiver Arbeit ohne Eisen nicht laufen kann, dann sollte es auch nicht arbeiten müssen. Schmerz ist in der Regel ein Warnsignal des Körpers, der das Tier auffordert, das Schmerzende zu schonen. Mit Eisen zum Laufen gebracht, wird nicht nur der Zustand erhalten, statt die Ursache beseitigt, sondern die Gliedmaße und damit der Gesamtorganismus des Pferdes nimmt Schaden. Hinzu kommt, dass das Hufeisen nicht in der Lage ist, das Horn in positive Richtung zu formen, sprich die Hornkapsel wieder tüchtig zu machen. Die Wirksamkeit des Eisenbeschlages bei kranken Hufen ergibt sich einzig aus seiner Schmerzmittelfunktion. Die Selbstverständlichkeit, mit der das Hufeisen heute noch Verwendung findet, hat seinen Grund also genau in dem von uns beklagten Hufzustand, der durch dieses »Heilmittel« nicht gebessert, sondern wie wir meinen zementiert wird.

Gerechterweise muss man sagen, dass dieses allgemeine Hufdilemma heutzutage ja nun nicht mehr allein das Werk der Hufschmiede ist. Neben den Hufschmieden gibt es eine immer größer werdende Gruppe von Hufbearbeitern, die die Pferdehufe betreuen. Aufgestellt und gegründet haben sich diese als Alternative zur traditionellen Art und Weise mit dem Huf umzugehen. Wir wollen im Folgenden untersuchen, inwiefern die von Hufpflegern, Huftechnikern und Hufheilpraktikern verrichtete Arbeit sich von der Arbeit der Hufschmiede unterscheidet, ob hier also tatsächlich Alternativen geboten werden.

1.2 Die bisherigen »Alternativen« zur traditionellen Hufbearbeitung

In dieser Hufbearbeiterszene existiert eine besonders üppige Grauzone. Das heißt Hufbearbeitung, die ohne jegliche Ausbildung verrichtet wird, erreicht hier noch ganz andere Dimensionen, als dies bei den Hufschmieden der Fall ist. Wie wir gesehen haben, arbeitet aber auch da jeder siebte ohne anerkannte Ausbildung. Da in der Grauzone der Freistil vorherrscht – man hat seinem Schmied auf die Finger geschaut und bei diesem und jenem einen Hufkurs belegt – die Hufarbeit also absolut uneinschätzbar ist, beschränken wir uns hier auf die Betrachtung der existierenden Hufschulen. Das Bild der letzten Jahre prägen zwei Hufschulen. Aus der einen gehen Hufpfleger und Huftechniker hervor.[9] Die andere bildet Hufheilpraktiker aus. Die größte Zahl ausgebildeter »alternativer« Hufbearbeiter stellen heute unseres Erachtens die Hufpfleger. Verlässliche Zahlen liegen hierüber allerdings nicht vor.

Der Hufpfleger

Der Hufpfleger bearbeitet ausschließlich Barhufpferde, also Pferde, die ohne Hufschutz sind, oder mit lediglich temporärem Hufschutz, wie Hufschuhen, laufen. Die Bearbeitung strebt – so die Internetseite eines Gründungsmitglieds dieser Hufbearbeitersparte – »eine gleichmäßigere Lastverteilung der einzelnen Bereiche der Hornkapsel, eine plane Fußung und ein Passen des Hufes zum Fesselstand an«. Diese drei Ziele sind allerdings kaum unter einen Hut zu bringen, was sich dem widersprüchlichen Inhalt der hier verfolgten Bearbeitungszwecke verdankt. Ein Huf kann gleichmäßig belastet sein, ohne plan zu fußen; und die Herstellung einer planen Fußung kann die gleichmäßige Belastungssituation leicht ruinieren. Genauso gut kann das Passendmachen eines Hufes zum Fesselstand eine unphysiologische Belastungssituation der Hornkapsel pro-

9 Diese Hufschule hat sich im vergangenen Jahr allerdings aufgespalten. Inhaltliche Unterschiede zwischen den beiden seither getrennten Schulen existieren unseres Wissen jedoch nicht.

vozieren. Die ganze Sache wird auch nicht richtiger, indem man die mediolaterale Hufbalance als drittes Ideal hinzufügt. Dass sich die Ideale selbst widersprechen, hat die Hufpflegerschule bereits bemerkt. So stellt man fest, dass die einzelnen Ziele zu durchaus »gegensätzlichen Maßnahmen am Huf«[10] führen. Nichtsdestotrotz hält man jedoch an diesen Idealen fest und erhebt sie zum Maßstab für eine gleichmäßige Belastung der Hornkapsel. Schauen wir uns die drei Ideale einmal näher an, um zu verstehen, weshalb sie mitnichten eine gleichmäßige Belastungssituation garantieren und ihre Verfolgung der Hufgesundheit eher schadet denn nützt.

Das Ideal der Planen Fußung

Das Ideal der Planen Fußung oder die Fußungstheorie hat eine lange Tradition und wurde bzw. wird auch immer wieder von Hufschmieden vertreten. Der Huf wird diesem Ideal folgend so bearbeitet, dass er danach mit allen Teilen des Tragrandes beim Auffußen gleichzeitig den Boden berührt. Man verspricht sich hiervon eine gleichmäßige Belastung aller Teile der Hornkapsel, weil man das Aufkommen des Hornes auf dem Boden mit seiner Belastung gleichsetzt. Unserer Meinung nach gibt jedoch die erste Bodenberührung keinerlei Aufschluss über die Belastungssituation des Hufes. Die Lastübernahme erfolgt erst in der Stütz- sowie in der Abstemmphase, nicht jedoch im Moment des Auffußens. So kann sowohl die mehrbelastete Hufhälfte den Boden zuerst erreichen, es kann aber auch genau umgekehrt sein und der weniger belastete Tragrand berührt als erster den Boden. Es ist offenbar, dass man, wenn man dem Ideal folgt, gleichermaßen auf der richtigen wie auf der falschen Fährte sein kann. Den Maßstab plane Fußung anstrebend, ist es gut möglich, dass man die ohnehin schon mehr Last tragenden Hornteile kürzt und damit schwächt. Aber selbst wenn man den Huf an den weniger belasteten Hornwänden kürzt, tut man der Huf- wie Gliedmaßengesundheit unseres Erachtens keinen Gefallen. Es ist das oben beschriebene Prinzip des Geradeschneidens, wie es von den Hufschmieden traditionell angewendet wird, welches hier zum Zuge kommt. Die nachteiligen Folgen dieses Tuns wurden bereits aufgezählt.

Das Ideal der passenden Huf-Fesselachse

Hier wird ebenfalls auf traditionelle Ideale der Hufschmiedearbeit zurückgegriffen – die Rede ist von der Zehenachsentheorie und der Fesselstandstheorie, die sich mehr oder weniger nur der Begrifflichkeit nach unterscheiden. Der Huf soll in der Ansicht von vorn, von der Seite und von hinten zur Fessel passen, das heißt die Knochensäule Hufbein, Kronbein, Fesselbein ist gerade und ungebrochen. Maßstab dafür ist im einen Fall die Zehenachse, also die Verbindungslinie der Mittelpunkte der drei Zehengelenke, im anderen Fall die Fessellinie, deren Verlängerung zum Boden aus der Ansicht von vorn die Mitte der Hufzehe trifft bzw. hinten in die Ballengrube fällt. Von der Seite gesehen verläuft die Fessellinie parallel zur Zehenlinie. Abweichungen von diesen Ideallinien werden bei der Hufbearbeitung nach Möglichkeit beseitigt. In der Tat ist die Pferdegliedmaße so konstruiert, dass die Zehenknochen ohne Brechung in einer Linie übereinanderstehen sollten. Eine solche optimale Belastungssituation ist beim erwachsenen Pferd heute allerdings nur selten anzutreffen. Auch dies ist ein Verweis auf das oben benannte Hufdilemma, denn daran wird aus unserer Sicht offensichtlich, dass die Hufbearbeitung es verpasst hat, den heranwachsenden Pferden die symmetrische und physiologische Ausrichtung der

10 In: Die Raspel 1/2002

Knochen zu gewährleisten. Jedes Pferd mit Abweichungen steht so möchten wir behaupten für eine ungenügende – entweder fehlende oder falsche – Bearbeitung.[11] Was folgt nun bei solch erworbenen Fehlstellungen aus der Arbeit nach diesem Ideal? Der Huf wird so gekürzt, dass er der idealen Linie bzw. Achse nahe kommt. Wie oben beschrieben, hat sich aber bei ausgewachsenen Pferden die gesamte Gliedmaße wie auch der übrige Pferdekörper auf diesem schiefen Fundament eingerichtet. Es kann deshalb, arbeitet man nur nach Augenschein gemäß diesem Ideal, nicht selten zu Komplikationen und nachfolgenden Beschwerden kommen. Deshalb wird allgemein auch zur Vorsicht gemahnt, sprich ein guter Hufpfleger geht bei der Herstellung des Ideals vorsichtig und Stück für Stück vor. Aber bei aller Vorsicht, bleibt das Bearbeitungsprinzip das Gleiche: Hufverkürzung an den der Theorie entsprechenden Stellen. Die abrupt veränderte Belastung der bereits an das schiefe Fundament adaptierten Gelenke, Sehnen und Bänder wird durch Vorsicht lediglich auf ein kleineres Ausmaß beschränkt.

Das Ideal der mediolateralen Hufbalance

Dieses Ideal misst sich daran, dass die Fußungsfläche der Hornkapsel aus der Ansicht von vorn oder hinten rechtwinklig zur Achse des Röhrbeines stehen sollte. Von den oben benannten Idealen unterscheidet sich dieses Hufideal lediglich durch den Maßstab der angelegt wird. Der führt durchaus zu völlig anderen, ja entgegengesetzten Maßnahmen am Huf, als die beiden vorgenannten Hufleitbilder. So kann es sein, dass man, die mediolaterale Balance im Auge habend, die Seite kürzt, die gar nicht zuerst auffußt. Es kann auch umgekehrt sein, dass mit dem Kürzen der zuerst auffußenden Hufbereiche die mediolaterale Balance zerstört wird. Das hier für diese beiden Ideale beschriebene Dilemma, steht stellvertretend für alle anderen Ideale der Hufbearbeitung[12]. Sie alle führen nicht selten zu gänzlich gegensätzlichen Maßnahmen am Huf. Das liegt daran, dass man ausgehend von der traditionellen Bearbeitungstechnik, den Huf an bestimmten Stellen kürzt, um ihn und die Gliedmaße einem theoretischen Ideal anzunähern. Etwas vollkommen anderes wäre es, vom individuellen Huf und der individuellen Gliedmaße auszugehen und für diese das Optimum anzustreben: Ein physiologisches Fundament für das konkrete Pferdebein. Für letzteres ist das Anlegen idealer Maßstäbe kontraproduktiv. Dies beweist auch die Untersuchung von Gudrun Müller, die sechs der bekannteren Hufzubereitungstheorien unter Zuhilfenahme der radiologischen Methode vergleicht (MÜLLER 1999). Keine der Theorien garantiert den untersuchten Pferden einen positiven Effekt. Beispielsweise zeigen 54%, also mehr als die Hälfte der Pferde mit gleichmäßigen Gelenkspalten keine plane Fußung, sondern fußen lateral oder medial (siehe Nomenklatur) zuerst auf (ebenda: 72). Was, wenn man nun den zuerst auffußenden Tragrand kürzt? Dann hat man ein wunderbar plan fußendes Pferd mit ungleichen Gelenkspalten. 82% der plan fußenden Pferde der Untersuchung haben entweder medial oder lateral verengte Gelenkspalten (also unphysiologische Druckbelastung auf die Gelenkflächen und erhöhte Zugbelastung auf den ➛*Kollateralbändern*) (ebenda) – so was kommt vom Kürzen! Aber auch die anderen Theorien kommen nicht besser weg.

11 Und hier sind auch die angeborenen Fehlstellungen keineswegs ausgenommen. Im Fohlenalter sind Korrekturen noch sehr erfolgreich, es gibt also nur selten Grund, später fehlgestellte Hufe mit ihrer Angeborenheit zu entschuldigen.

12 Davon gibt es jede Menge. Neben den bereits benannten sind dies zum Beispiel die Theorie des Trachtenlängenverhältnisses, die Stark-Guthersche Theorie, die Theorie des Sohlenrandstrahlebenenverfahrens, der »Eagle Eye View«, die Theorie des plantaren Parallelismus, die Don Birdsalls Methode und die »Four Point Theory« aus Amerika.

82% der Pferde mit gleichmäßigen Gelenkspalten haben eine gebrochene Huf-Fesselachse und 75% von denen, die das Ideal der Fesselstandstheorie erfüllen, besitzen ungleichmäßige Gelenkspalten (ebenda: 74). Ähnliche Ergebnisse finden sich zu allen untersuchten Hufzubereitungstheorien. Die zitierten Ergebnisse sprechen aber nicht nur gegen die hier behandelten Theorien, sondern stehen gegen jegliches Ideal am Huf.

Hufpfleger stehen unseres Erachtens, was die Bearbeitung des Barhufes betrifft, völlig in der Tradition der Hufschmiede. Das Wesentliche der hufpflegerischen Hufzubereitung liegt wie bei den Hufschmieden in der richtigen Verkürzung des Hufes. Hufideale, die in längst existierenden oder in neuzeitlich-modernen Theorien formuliert sind, liefern hierfür die Vorgabe.

Deshalb hat sich die Hufsituation unserer Meinung nach mit den Hufpflegern auch nicht gebessert. Es gibt noch immer massenhaft Pferde, die auf ihren untüchtigen Hufen nicht ohne Beschwerden laufen. Der bleibende Schluss vieler frustrierter Pferdebesitzer ist, dass ihr Pferd eben doch nicht ohne Hufschutz laufen könne.

Der Huftechniker

Der Huftechniker ist ein Spezialist für alle Arten der Hufhilfsmittel und des Hufschutzes, mit Ausnahme des Eisenbeschlages. Letzterer bleibt per Gesetz auch weiterhin den Hufschmieden vorbehalten. Das Betätigungsfeld des Huftechnikers umfasst neben der Hufzubereitung das Anbringen von Kunststoff- und Aluminiumbeschlägen, das Anbringen von Klebeschuhen, das Anpassen von Hufschuhen sowie die Hufreparatur mit Kunsthornen oder anderen Hufersatzmaterialien. Die Verwendung verschiedenster Werkstoffe, spezieller Kleber, diverser Einlagen, mannigfacher Nagelarten, unterschiedlichster Keile, Polsterungen, Stifte etc. dient nur selten dem bloßen Hornabriebschutz eines gemessen an seinem Hornwachstum zuviel genutzten Pferdes. Der Huftechniker ist bereit, jede Schwäche des Hufes mit Hilfe der Technik auszugleichen. Im Übrigen – also bar jeder Technik – ist der Huftechniker ein Hufpfleger, arbeitet also nach den oben aufgezeigten Prinzipien.

Der sinnvollste Grund für Technik am Huf ist unserer Meinung nach der, das Horn vor übermäßigem Hornabrieb zu schützen. Wer sein Pferd mehr nutzen möchte, als das nachwachsende Hufhorn hergibt, der benötigt einen Hufschutz. Das traditionelle Hufeisen hat dabei unseres Erachtens wegen seiner großen Nachteile, die sich der Starrheit des Materials verdanken, ausgedient. Aus dem gleichen Grunde kann auch der Aluminiumbeschlag von uns nicht empfohlen werden. Vorteilhafter ist die Verwendung eines Kunststoffbeschlages, der die Hornkapsel in ihrer Elastizität nicht behindert. Der kunststoffbeschlagene Huf kann sich beinahe wie ein Barhuf an den Boden anschmiegen, was die Gelenke des Pferdebeines vor Verschleiß und Verletzung schützt. Beim starren Eisen, welches die verformende Anpassung der Hornkapsel an den Untergrund unmöglich macht, sind die Gelenke wie wir weiter oben schon ausgeführt haben, den Bodenunebenheiten gleichsam »schutzlos« ausgeliefert. Ein weiterer Vorteil des elastischen Beschlages ist die uneingeschränkte Blutversorgung im Huf. Durch die erhalten gebliebene Verformungsmöglichkeit der Hornkapsel bleibt auch eine optimale Blutzirkulation und damit die bestmögliche Versorgung der »Huforgane« gewahrt. Beim Kunststoffbeschlag bleibt zudem die natürliche Fähigkeit des Pferdes, den Boden unter sich zu spüren, sein Tastsinn also, erhalten. Aus diesem Grund geht ein kunststoffbeschlagenes Pferd, anders als ein eisenbeschlagenes Pferd, verantwortlich mit seinen Beinen um. Es passt seinen Gang den Bodenverhältnissen an und sucht sich einen gliedmaßenschonenden Weg. Auf diese Weise erhält es sich seine Funktionsfähigkeit. Nicht zuletzt erfüllt der Kunststoffbeschlag den eigentlichen Zweck seiner Verwendung, nämlich seine Funktion als Hufhornschutz, besser als das traditionelle Eisen. Im Unterschied zum Eisen findet bei einem Huf, der mit Kunststoff beschlagen wurde, keinerlei Hornabrieb statt. Somit bleiben auch die negativen Folgen aus, wie sie der Eisenbeschlag aufgrund des dort stattfindenden überproportionalen Hornabriebs im Trachtenbereich zeitigt. Allerdings ist es durch den ausbleibenden Hornabrieb auch deutlich häufiger nötig, den Beschlag zu erneuern. Das heißt in der Konsequenz, es muss öfter genagelt werden und das Hufhorn wird durch die Perforation mit Nägeln stärker in Mitleidenschaft gezogen. Auch wirkt sich jede Asymmetrie im Huf auf einem Kunststoffbeschlag weit schneller und negativer aus, als dies auf dem Eisenbeschlag der Fall ist. Aus diesem Grund gehört ein solcher Beschlag nicht auf aus der Form geratene Hufe.

Nun ist aber gerade die Untüchtigkeit – mein Pferd kann ohne Hufschutz nicht laufen – weit häufiger der Grund des Beschlagens, als das nicht ausreichende Horn. Wenn ein Hufschutz auch in nicht nutzungsintensiven Zeiten nötig ist und das Hufhorn im Zuge des Neubeschlagens gekürzt werden muss, statt das es sich bei einer beschlagfreien Nutzungsperiode abreiben darf, dann braucht der Huf keinen Hornabriebschutz, sondern eine Hufbearbeitung, die ihm wieder zu einer tüchtigen Form zurück verhilft. Dann ist auch der Kunststoffbeschlag nur eine Gehkrücke und der Pferdegesundheit ist nicht gedient. Mangelnde Funktionsfähigkeit mittels Beschlägen, Ausgleichs- und Reparaturmaßnahmen zu kaschieren heißt, sie am Leben zu erhalten. Dies gilt auch für den temporären Hufschutz, wie er mit anschnallbaren Hufschuhen gegeben ist. Wenn ein Pferd trotz Verwendung von Hufschuhen, also trotz Abriebschutz, ohne seine Hufschuhe gar nicht mehr laufen kann, dann sollte es unserer Meinung nach auch nicht *mehr* laufen müssen, als es kann und mag. Wenn dann bei der Hufbearbeitung auch noch der Tragrand gekürzt wird, der ja eigentlich abgeritten werden könnte, was aber nicht geht, weil das Pferd ohne Schuhe nicht geritten werden kann, dann handelt es sich eindeutig um eine Gehkrücke und nicht um einen Hornabriebschutz. Gern werden fühlig gehende Pferde mit schrägen Hornwänden und mangelnder Sohlenfreiheit in Hufschuhe gesteckt. Besser und der Pferdegesundheit dienlicher wäre es, die Ursachen der Fühligkeit, nämlich die unphysiologische Hufsituation abzustellen. Hufschuhe besitzen neben ihrem Vorteil, dass man sie im Unterschied zum Kunststoffbeschlag wirklich temporär nutzen kann, auch Nachteile dem Kunststoffbeschlag gegenüber. Der Tastsinn, also die gesunderhaltende Fähigkeit den Boden zu spüren, wird eingeschränkt. Zudem gibt es bislang nur Hufschuhvarianten, die den Hufschuh mit viel Gewalt am Fuß halten, was des Öfteren sichtbare Auswirkungen nicht nur im Ballenbereich hat. In keinem Fall jedoch gehören Hufschuhe und Hufbeschläge an einen verformten Huf.

Der Hufheilpraktiker

Die Hufheilpraktiker lehnen jegliche Art des permanenten Hufschutzes ab, da er nach ihrer Ansicht Huf und Pferd krank macht. Hiervon nehmen sie auch den Kunststoffbeschlag nicht aus, da dieser ebenso wie der Eisenbeschlag den Hufmechanismus unterdrücke. Letzteres ist, wie wir oben gesehen haben, nicht richtig. Die Elastizität des Materials steht der des Hornes in nichts nach, gewährleistet also eine Hornbeweglichkeit in alle Richtungen. Die Verwindungen der Hornkapsel, wie sie für das Anschmiegen an den Boden, das Spüren des Untergrundes sowie für die optimale Durchblutung der Gliedmaße nötig sind, bleiben möglich.

Im Unterschied zu den Hufpflegern und Huftechnikern, haben die Hufheilpraktiker jedoch tatsächlich eine Kritik an der traditionellen Art und Weise der Hufbearbeitung vorzubringen. Sie vertreten den Standpunkt, dass die heutigen Hufprobleme durch eine unphysiologische Hufbearbeitung verursacht werden.[13] Unphysiologische Hufbearbeitung meint hier – neben dem Beschlagen von Hufen – eine Hufbearbeitung, die die Hufe der Pferde zu steil macht oder zumindest zu steil werden lässt. Im Gegenzug dazu wenden die Hufheilpraktiker eine Hufbearbeitungstechnik an, die sich nach Aussagen der Begründer dieser Schule auf eigene anatomische Studien und Beobachtungen bevorzugt an den Hufen wildlebender Pferde stützt.

Mit der Hufbearbeitung wird das Ziel verfolgt, die Hornkapsel in eine Form zu bringen, die es gewährleistet, dass der Rand des Hufbeins parallel zum Boden kommt. Diese Stellung – Bodenparallelität des Hufbeins – garantiert nach Ansicht der Hufheilpraktiker die Gesundheit des Hufes und damit auch des Pferdes. In der Praxis heißt die Anwendung dieses Bearbeitungsprinzips nahezu immer, dass die – am Ideal gemessen – zu hohen Trachten gekürzt werden. Es existieren hierfür Richtwerte in Winkelangaben für die Vorderhufe, wie für die Hinterhufe. Die Maßstäbe gelten für jedes Pferd, egal welcher individuellen Stellung und Hufform. Je nach dieser individuellen Form und Stellung jedoch wird die Bearbeitung von den Pferden unterschiedlich gut vertragen. Entgegen der Behauptung der Schule, Knochen, Gelenke, Sehnen und Bänder passen sich dem neuen Fundament in jedem Fall und ohne Schaden zu nehmen an, stellt diese Stellungsveränderung für die bereits eingerichteten Verhältnisse im Huf und darüber sehr wohl ein massives Problem dar. Anders als beim langsamen Trachtenverlust, wie er unterm Eisenbeschlag in der Regel passiert, wird den Gelenkstrukturen hier zudem jegliche Chance auf Anpassung genommen. Das ist unmittelbar schädlich und darüber hinaus verletzungsträchtig. Die Pferde laufen direkt nach der Bearbeitung deshalb auch nicht selten schlechter als vorher. Der Verweis darauf, dass dies mit dem jetzt dank Bearbeitung wiederbelebten Hufmechanismus zusammenhänge und letztlich zum Wohle des Pferdes sei, entschuldigt unseres Erachtens nicht das Ergebnis. Wenn ein Pferd nach der Hufbearbeitung schlechter läuft als vorher, dann ist bei der Bearbeitung immer etwas falsch gelaufen[14]. Auch wenn schon Hufprobleme bestehen, soll die Hufbearbeitung die gegebene schlechte Situation verbessern und nicht, auch nicht zu einem höheren Zweck – nämlich dem der späteren Hufgesundheit – verschlechtern. Kein Pferdebesitzer sollte sich die Behauptung einleuchten lassen, Hufgesundheit gäbe es nur um den Preis, dass das Pferd erst einmal mühevoll oder mit Schmerzen laufen muss. Ziel der Hufheilpraktiker ist ein gesunder Huf, welcher keinerlei Schutz benötigt. Das ist ein gutes Ziel, kann so aber keinesfalls erreicht werden.

Obwohl in Ablehnung der existierenden Hufbearbeitung gegründet, wird hier unse-

13 Wir wollen uns an dieser Stelle auf die Hufgedanken beschränken. Fragen der Haltung etc., wie sie in der Hufheilpraktik ebenfalls debattiert werden, sollen hier nicht aufgegriffen werden.

14 Einzige Ausnahme bilden Hufzustände, die für das Pferd lediglich mit einem Eisen zu ertragen sind. Nimmt man solchen, meist jahrelang beschlagenen Hufen die »Schmerztablette« Eisen, so ist eine erhöhte Schmerzbelastung zunächst in der Regel nicht zu verhindern. Kriterium der Qualität der Hufbearbeitung sollte in diesen Fällen die Lauffähigkeit und Lauffreude des Pferdes in eisenlos unbearbeitetem und hiernach bearbeitetem Zustand sein. Dabei ist aber auch zu beachten, dass das ja durchaus erwünschte Wiedereinsetzen der Hufmechanik in den Wochen nach der Eisenabnahme je nach Hufzustand noch einmal zu einer vermehrten Schmerzbelastung führen kann.

res Erachtens der gleiche Bearbeitungsfehler gemacht, wie in allen bisher dargestellten Hufschulen: Hufbearbeitung wird verstanden als *die richtige Verkürzung des Hufes*. Im Unterschied zu den traditionellen Idealen der Hufschmiede, wie sie in verschiedenen Hufzubereitungstheorien formuliert wurden, und zu den ebenfalls in dieser Tradition stehenden Hufpfleger und Huftechniker, gibt es hier lediglich ein anderes Ideal, welchem nachgestrebt wird.[15]

Die traditionelle wie die »alternative« Hufbearbeitung eint, dass man sich bei der Hufbearbeitung an einer vorgestellten Idealform orientiert. Die Herstellung dieser Idealform geschieht durch die Verkürzung des Hufes an den der Theorie entsprechenden Stellen. Während die Hufpfleger und Huftechniker sich hier die traditionellen und noch heute gültigen Ideale der Hufschmiedearbeit zu Eigen machen, streben die Hufheilpraktiker eine »natürliche« Bodenparallelität des Hufbeins an. In allen Fällen geht mit der Hufbearbeitung in Richtung Ideal eine direkte Stellungsmanipulation einher, die negative Folgen für die Hornkapsel, wie für die Gliedmaße hat. Das Schadenspotential dieser abrupten Stellungskorrekturen wird völlig verkannt bzw. durch die Behauptung verharmlost, in kleinen Schritten macht das nix. Als Relikt, ursprünglich resultierend aus der Notwenigkeit eines Abriebschutzes für täglich hart arbeitende Pferde und der daraus folgenden Notwendigkeit der manuellen und formausgleichenden Hufkürzung, ist es heute in der Tat überlebt. Aus diesem Grund bricht die Huforthopädie mit der Tradition. Wir Huforthopäden sehen nicht ein, weshalb die Hufbearbeitung die Kräfte, die die Hornkapsel in ihrer Form beeinflussen und sie somit gestalten, nicht nutzen sollte, um ihre Form optimal – nicht ideal! – zu halten. Wir wollen im folgenden Abschnitt versuchen, in allgemeinen Worten aufzuzeigen, was Huforthopädie im Unterschied zur aufgezeigten konventionellen Hufbearbeitung am Huf unternimmt.

1.3 Zeit für eine andere Hufbearbeitung – Huforthopädie nach Jochen Biernat[16]

Anstatt regelmäßig aus der Form geratene Hufe ideal zu schneiden, sorgt die Huforthopädie mit ihrer Bearbeitung dafür, dass der Huf seine optimale Form gar nicht erst verliert. Wenn dies schon geschehen sein sollte, und das ist heutzutage leider die Regel und nicht die Ausnahme, dann zielt die huforthopädische Bearbeitung des Pferdehufes darauf, dass dieser zu einer optimalen Form zurückfindet. Optimale Form heißt dabei nicht ein Bild von einem Huf herzustellen, sondern eine physiologische Belastungssituation am konkreten Huf zu befördern. Das ist ein enormer und alles entscheidender Unterschied. Huforthopädie zwängt Pferde nicht in Hufe, die dem menschlichen (sicher gutgemeinten) Ideal genügen, sondern verhilft ihnen dazu, sich ihre Hufe so bequem zu laufen, wie es pferdemöglich ist. Hierzu nutzt die Huforthopädie die Kräfte, die den Huf tagtäglich und unausweichlich und auch ohne sein Zutun gestalten. Diese Formkräfte sind der *Hornabrieb* und der

15 Das dieses kein gänzlich neues Ideal ist, kann man bei VOLLBACH (1954: 7f.) nachlesen: So neigte man im Mittelalter dazu, die Zehe zu schonen und die Trachten stark nieder zu schneiden. Auch die nötige Konsequenz aus diesem Vorgehen, war zu diesen Zeiten schon bekannt. Damit der Huf nicht »zwanghurig« werde, achtete man darauf ihn hinten zu öffnen. Die Hufheilpraktiker sagen hierzu »Trachten öffnen«. Der Trachtenzwang ist nun einmal die logische Konsequenz der Lastverlagerung nach hinten, wie sie das Trachten kürzen bewirkt. (➛ *Der manipulierte Zwanghuf*).

16 Die Nennung des Namens erfolgt hier nicht aus Eitelkeit, sondern weil der Begriff Huforthopädie mittlerweile von zahlreichen anderen Hufbearbeitern ebenfalls benutzt wird, die hier beschriebene Arbeitsweise sich jedoch grundsätzlich von diesen unterscheidet. Wenn in diesem Buch ab sofort nur noch von Huforthopädie die Rede ist, dann steht dies stets für Huforthopädie nach Jochen Biernat.

Bodengegendruck. Sie existieren in dieser Weise nutzbar nur am Barhuf, weshalb die huforthopädische Bearbeitung auch zwingend am unbeschlagenen Huf erfolgen muss. Es spricht nichts dagegen, einen tüchtigen Huf in abriebintensiven Zeiten mit einem Hornabriebschutz[17] zu versehen, unphysiologische Hufzustände können so aber nicht beseitigt werden. Aber eigentlich sollte es ohnehin eine Selbstverständlichkeit sein, dass Pferde mit untüchtigen Hufen nicht abriebintensiv genutzt werden.

Ein Barhuf erfährt je nach konkreter Belastungssituation und individueller Gangmechanik der Gliedmaße einen charakteristischen Hornabrieb. Dieser findet zum einen während der stärksten Belastung in der Stütz- und Stemmphase und zum anderen im Moment des Abfußens der Zehe vom Boden statt. Der Hornschuh wird durch diesen Abrieb nicht nur gekürzt, sondern vor allem auch individuell gestaltet. Genauso individuell wie die Gestalt des Hornschuhs wirken nun aber auch die Kräfte, die der Boden auf den belasteten Huf ausübt. Der Gegendruck des Bodens, dem der Huf bei jedem Schritt ausgesetzt ist, vervollständigt die mit dem Abrieb eingeleitete Formgebung. Je nach Beschaffenheit des Bodens und konkreter Gestalt des Hornes erfahren die verschiedenen Teile der Hornkapsel Bewegungsimpulse in die eine oder andere Richtung. Stete Impulse in eine bestimmte Richtung formen das elastische Hornmaterial beharrlich und ohne Rücksicht auf die Funktionalität der im Ergebnis hervorgebrachten Form.

Huforthopädie verhindert, wenn sie früh genug erfolgt, negative Verformungen des Hornschuhs, indem sie steuernd in den Hornabrieb eingreift. Die Steuerung besteht selbstredend nicht in einem nachträglichen, manuellen Kürzen der vom Abrieb relativ verschonten Hornteile, sondern in einer vorausschauenden Forcierung des Abriebs an diesen Stellen. Hierzu ist es nötig sich Klarheit über die Belastungs- und Abriebsituation des Hufes zu verschaffen. Die Gebrauchsspuren des Hufes zeichnen nahezu immer ein eindeutiges Bild, welches die Anleitung für die huforthopädische Bearbeitung bietet.

Nun wurde aber bereits dargelegt, dass sich die Huforthopädie angesichts der gegenwärtigen Hufsituation nur in Ausnahmefällen mit der Verhinderung negativer Hornverformung beschäftigen darf; meist ist die unphysiologische Form der Hornkapsel bereits vorhanden und es geht um die Rückformung in einen physiologischen Zustand. Neben der Abriebsteuerung, die auch hier selbstverständlich ein Mittel der huforthopädischen Arbeit bleibt, geht es darum, negative Wirkungen des Bodengegendruckes auszuschalten und positive herzustellen. Dies geschieht natürlich nicht, indem man den Boden[18] sondern indem man das Hufhorn gestaltet. Die Gestaltung geschieht ebenfalls nicht durch aktive manuelle Hufverkürzung – die überlassen wir auch in diesem Fall dem Pferd selbst – sondern durch die Herstellung günstiger und die Ausschaltung ungünstiger Hebel am Huf. Auch hierfür weist der Huf selbst den Weg. Voraussetzung ist, dass man lernt, in den Gebrauchsspuren des Hufes zu lesen. Hierzu wollen wir den Leser zumindest ein Stück weit befähigen, indem wir mit ihm gemeinsam im Hauptteil unseres Buches anhand typischer Fotobeispiele konkrete Hufsituationen erkunden.

Der Huf ist für den Huforthopäden weit mehr als der Spiegel der Gliedmaßenkonstruktion. Er ist nicht nur das »*'Schluß-*

17 Die aus huforthopädischer Sicht akzeptablen Möglichkeiten – Kunststoffbeschlag und Hufschuh – wurden weiter oben bereits hinsichtlich ihre Vor- und Nachteile erörtert. (siehe S.20f.)

18 dies bleibt Hufschmieden und Huftechnikern vorbehalten, die Unterbauten aus Eisen oder anderen Materialien schaffen

licht' des statischen Systems Körperlast-Gliedmaße-Huf« und der *»Endempfänger aller das System belastenden Einflüsse«* (MÜLLER 1999: 15), sondern er ist selbst ein absolut wesentlicher Einflussfaktor. Wenn man den Huf des Pferdes nicht nur als ein angepasst formverändertes Produkt der Gliedmaßenstellung betrachtet, sondern Ernst nimmt, dass seine Form die Gliedmaße stellt, dann kann man auf eine huforthopädische Bearbeitung der Hufe nicht mehr verzichten. Das bedeutet vor allem auch die zwingende Notwendigkeit einer den Prinzipien der Huforthopädie folgenden Bearbeitung der Fohlenhufe. Hier wird der Grundstein für die günstig oder ungünstig gestellte Gliedmaße gelegt. Fohlen kommen in der Regel mit funktionstüchtigen Hufen auf die Welt. Deren optimale Form im Fohlenalter zu erhalten oder, wenn nötig, in Ausnahmefällen auch herzustellen, ist die unerlässliche Basis und fast schon die Garantie für lebenslang gesunde Hufe.

Wenn man Ernst nimmt, dass der Huf das Fundament der Gliedmaße bildet, dann kann man nicht zulassen, dass ein Huf regelmäßig außer Form gerät, sondern man sorgt dafür, dass die optimale Form stets erhalten bleibt. Nicht nur beim Fohlen, sondern auch beim erwachsenen Pferd haben unphysiologische Huffundamente weitreichende Auswirkungen. Dabei geht es nicht nur um die Folgen für die Funktionstüchtigkeit der Muskeln, Sehnen und Bänder und deren pathologische Gestaltveränderungen, sondern auch um die nachhaltigen und nachteiligen Einflüsse auf den Knochenapparat. Wenn Pferde in schiefen Hufen stecken, kann mit Sicherheit davon ausgegangen werden, dass sie mittlerweile auch mit gleichermaßen schiefen Knochen ausgestattet sind, denn die Verformungen der Hornkapsel gehen notwendigerweise Hand in Hand mit einer Verformung der Zehenknochen und Zehengelenke. Betroffen von diesen adaptiven Formveränderungen ist neben den Zehenknochen zudem auch der distale (bodennahe) Gelenkanteil des Röhrbeins.

Die Biomorphose der Knochen sorgt für die Anpassung der knöchernen Strukturen, an die mit dem Huffundament vorgegebene Belastungssituation. Dies gilt dabei sowohl für die negative Entwicklung, hin zu einer unphysiologischen Hufsituation, wie auch für die positive Entwicklung, zurück zu einer physiologischen Belastungssituation. Die mit den Umbauvorgängen einhergehenden Veränderungen der Zehenknochen sind ihrer Natur nach reversibel. Diese Tatsache ermöglicht es, dass schiefe und untüchtige Hufe mit Hilfe der Huforthopädie wieder zu tüchtigen Fundamenten geformt werden können. Dieselbe Tatsache gebietet jedoch auch, dass die Rückführung zu einer physiologischen Belastungssituation, also die Wiederherstellung einer optimalen Hufform, in gleicher Weise vonstatten geht, wie der vorhergehende Form- und Funktionsverlust. Aus diesem Grund schafft und erneuert die Huforthopädie mit ihrer Arbeit am Huf auch stets »nur« die Ausgangsbedingungen für eine positive Formveränderung, ohne diese unvermittelt herzustellen. Die huforthopädische Arbeit zielt darauf, den Huf so zu bearbeiten, dass er sich langsam, und allein bestimmt durch das Tempo seines alltäglichen Gebrauchs, in eine tüchtige Form zurückläuft. Huforthopädie bedeutet *Werden lassen.* Dem Huf wird wie gesagt keine Form aufgezwungen, sondern er wird so bearbeitet, dass sich das Pferd die optimale Form in der nachfolgenden Zeit von selbst anläuft.

2. Fallanalysen typischer Problemhufe

Im folgenden Kapitel werden ausgehend von Fotobeispielen aus der huforthopädischen Praxis verschiedene typische Hufzustände erklärt. In den Fotos sind dabei des Öfteren für das Gros der Pferdebesitzer wie Huffachleute unauffällige Hufe festgehalten. Wer das Kapitel 1 allerdings nicht übersprungen, sondern aufmerksam gelesen hat, ahnt bereits, dass es sich auch hierbei mitnichten um unproblematische Hufe handeln wird.

Um dem Leser das Zurechtfinden innerhalb der vielgestaltigen Hufproblematik zu erleichtern, folgt die Darstellung der einzelnen Beispiele einer mehr oder weniger strengen Logik. Ausgangspunkt bildet im 1. Abschnitt jeweils die genaue Beschreibung, der im Fotobeispiel abgebildeten Hufe. Der Leser wird auf die verschiedenen mehr oder weniger sichtbaren Phänomene hingewiesen und lernt so Schritt für Schritt im Huf zu lesen. Ausgehend davon begeben sich die Autoren im 2. Abschnitt auf die Suche nach den Ursachen. In einer auch für den Huflaien nachvollziehbaren Weise wird aus huforthopädischer Sicht erläutert, wie es zu der abgebildeten Hufform gekommen ist. Im Anschluss hieran werden in einem 3. Abschnitt die Folgen für den Bewegungsablauf der Gliedmaße beschrieben. Ein 4. Abschnitt widmet sich den Prozessen der Knochenbiomorphose und zeigt zudem die weitreichenden irreversiblen Konsequenzen problematischer Hufsituationen auf. Der 5. Abschnitt schließlich zeigt die Möglichkeiten und Grenzen der Huforthopädie bei der Rückführung der prekären Hufsituation. In einigen Fällen werden hier auch konventionelle Behandlungsmethoden vorgestellt sowie deren Grenzen und vor allem deren aus unserer Sicht negativen Auswirkungen auf Huf und Gliedmaße aufgezeigt.

2.1 Der unsymmetrische Huf

2.1.1 Stadium 1

(1) Die Fotos 1 und 2 zeigen einen linken Hinterhuf. Der Huf weist, wie in der Vorderansicht (Foto 1) deutlich zu erkennen ist, eine höhere und schrägere Innenwand (im Bild links) und eine im Verhältnis niedrigere, steilere Außenwand auf. Auch die Sohlenansicht (Foto 2) offenbart eine Asymmetrie der Hornkapsel. Die mediale (innere, rechts im Bild) Hufhälfte ist insgesamt etwas breiter, als die gegenüberliegende laterale Hufhälfte. Die mediale Eckstrebe ist wie die diesseitige Seitenwand (Foto 1, links im Bild) deutlich schräger als ihr laterales Pendant. Der Strahl kippt leicht zur medialen Hufseite

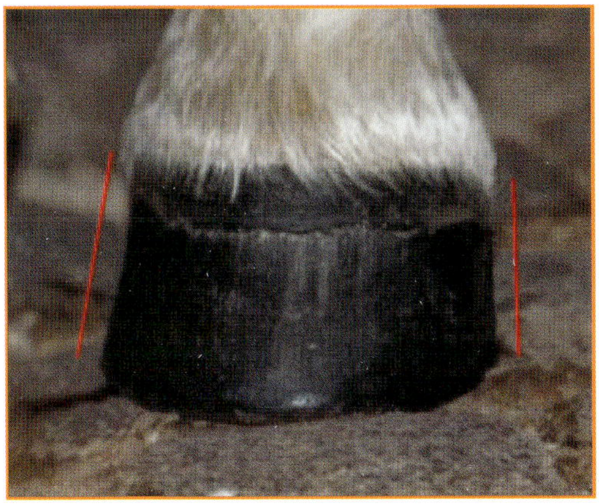

Foto 1 (Unsymmetrischer Huf 1)

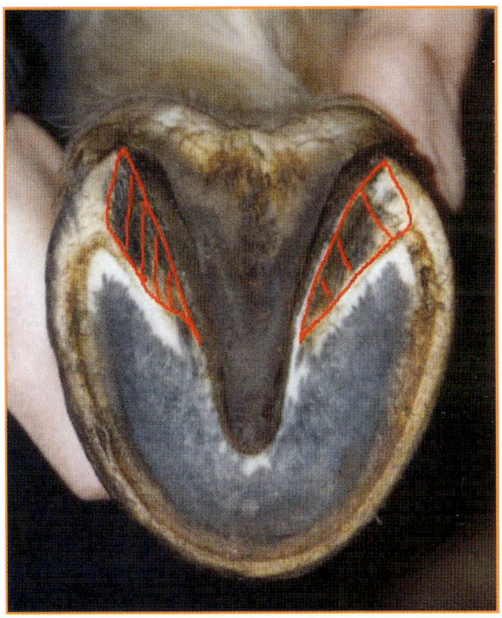

Foto 2 (Unsymmetrischer Huf 1)

Foto 3 (Unsymmetrischer Huf 1)

und verdeckt vor allem im hinteren Teil die seitliche Strahlfurche.

Foto 3 zeigt einen linken Vorderhuf. Auch hier findet sich eine schrägere und höhere mediale Hufseitenwand (links im Bild) und eine um einiges kürzere, steilere laterale Hufwand. Im Unterschied zu dem im vorhergehenden Fotobeispiel dargestellten Huf, weist die schräge Hufseitenwand in Foto 3 eine deutliche Verbiegung auf.

(2) Die Ursache der in den Beispielen dargestellten Asymmetrie der Hufe ist ein ungleichmäßiger Hornabrieb. Letzterer resultiert in erster Linie aus dem individuellen Bewegungsablauf und der Stellung der Gliedmaßen des einzelnen Pferdes. Auch können momentane einseitige Belastungen durch die Nutzung des Pferdes, Fehler in der Hufbearbeitung oder Faktoren in der Lebensumwelt des Pferdes (bestimmte Haltungsbedingungen) durchaus zu einseitig verstärktem Hornverlust führen. Aber auch ohne diese genannte Fremdeinwirkung belastet kaum ein Pferd seine Hufe vollkommen gleichmäßig. Die Grundlage hierfür wird im Fohlenalter geschaffen, durch fehlende oder falsche Hufkorrektur. Wir sind der Meinung, dass es mit der heutzutage praktizierten Art und Weise der Hufbearbeitung nicht gelingt, Fohlen mit symmetrischen Hufen aufwachsen zu lassen. Auf den nicht verhinderten schiefen Fundamenten bilden die heranwachsenden Pferde ihre individuellen schiefen Gliedmaßen und ihre dazu passenden spezifischen Bewegungsabläufe heraus. Eine einmal ausgebildete, einseitig stärkere Belastung der Hufaußenseite, wie wir sie in unseren Fotobeispielen sehen, führt zu einem höheren Hornabrieb der äußeren Tragewand. Die Hornröhrchen der lateralen (äußeren) Hufseite kürzen sich aus diesem Grund schneller, als die der medialen (inneren) Hufseite. Der Huf wird außen niedriger und bleibt innen höher. Das sich weniger abnutzende Röhrchenhorn der Hufinnenseite hebelt den Huf auf dieser Seite hoch, wodurch sich die Belastung der ohnehin schon kürzeren lateralen Hufwand und somit auch der dort stattfindende Hornabrieb noch verstärkt.

Mit dem Steilerwerden der stärker belasteten lateralen Huftragewand geht ein Engerwerden der gesamten lateralen Hufseite einher. Die eigentliche Beweglichkeit der Hornkapsel nach außen (Aufspreizmöglichkeit) wird an dieser Stelle durch die steilere Wand beschränkt, die Hufseite wird dadurch tendenziell eingeengt. Das genaue Gegenteil geschieht auf der gegenüberliegenden weniger belasteten Hufseite. Deren schräg zum Boden stehende Tragewand wirkt bei jeder Lastaufnahme aufweitend. Die Hufinnenseite wird insgesamt breiter.

Auch das Strahlhorn formt sich entsprechend der Belastungssituation unsymmetrisch. Es weicht dem Gegendruck des Bodens und legt sich in Richtung der geringeren Belastung. Dabei passiert es häufig, dass die seitliche Strahlfurche der weniger belasteten Hufhälfte, durch das Strahlhorn zugedeckt wird. Erde und Mist bleiben an dieser Stelle leichter am Huf haften und leisten Fäulnisprozessen Vorschub. Aber auch auf der gegenüberliegenden, mehr belasteten Hufseite sorgt das Engerwerden des Hufes für eine enge und in der Folge tiefe Strahlfurche, die ebenfalls Verschmutzung und damit Hornzersetzung befördert.

Allerdings sorgt nicht nur die eben beschriebene ungleiche Verteilung der Last im Moment der größten Lastaufnahme für ungleichmäßigen Abrieb und damit für eine unsymmetrische Verformung des Hufes. Auch die Art und Weise, wie das Abfußen erfolgt, hinterlässt Spuren – nämlich einen stärkeren oder schwächeren Hornverlust im einen oder anderen Bereich der vorderen Hornkapsel. Im hier gezeigten Beispiel fußt das Pferd im Prinzip, also am häufigsten, über den äußeren Bereich der Zehe ab. Die Zehenwand erfährt in diesem Bereich einen deutlichen Mehrabrieb. Daneben, im vorliegenden Beispiel vor allem im Bereich der Zehenmitte und der medialen Zehenwand, bleibt unabgeriebenes Horn stehen. Die Zehenwand wird an dieser, weniger Abrieb erfahrenden Stelle länger, höher und aufgrund ihrer Schräge auch breiter. Das stehen bleibende Zehenwandhorn bildet mit der Zeit ein Abfußhindernis, den so genannten Zehenabweiser. Wird nicht per Hufbearbeitung eingegriffen, entwickelt sich aus dem individuellen Abfußprinzip für das Pferd mit der Zeit ein Abfußzwang.

Der im Foto 3 abgebildete Huf ist dem ungleichen, mit einer stärkeren lateralen Belastung einhergehenden Abnutzungsprozess sichtlich länger ausgesetzt gewesen, als der zuvor beschriebene Huf. Die sich weniger abnutzende und darum im Verhältnis höher werdende, mediale Hufseitenwand, hat bereits begonnen, sich zu verbiegen. Dies ist ein untrügliches Zeichen dafür, dass die Grenze der seitlichen Beweglichkeit der Zehengelenke endgültig erreicht ist. Eine weitere Zunahme der Höhendifferenz zwischen lateraler und medialer Hufseite ist nicht möglich; die dennoch stets länger werdenden, weil im Verhältnis zu wenig abgeriebenen Hornröhrchen der medialen Hufseite, biegen sich in der Folge zur Seite weg. Der Huf befindet sich kurz vor dem Übergang zum ➤*Stadium 2.*

(3) Das Pferd, welches mit einem solchen unsymmetrischen Huf ausgestattet ist, wie er oben anhand zweier Beispiele beschrieben wurde, fußt nicht auf ein gleichmäßiges Podest. Es wird beim Gehen durch die Form des Hufes auf die Hufaußenseite gezwungen. Bei nachgiebigem Boden, wie beispielsweise Sand, sinkt die schmale und zudem mehr belastete laterale Hufseite stärker ein, was die Fehlbelastung für die Gelenke potenziert. Durch die fehlende Symmetrie des Hornstrahles wird zudem ein sicheres Fußen in schwierigem Gelände, zum Beispiel an einem rutschigen Abhang, erschwert. Der Huf wird entsprechend der sich nach medial verbreiternden Strahlform nach innen gelenkt.

Die ungleichmäßige Belastung der Hornkapsel birgt die Gefahr der Entstehung von ➤*Hornrissen und Hornspalten.* Auf die Anfälligkeit für Fäulnisprozesse im Bereich des Strahles wurde schon hingewiesen, aber auch im Bereich der Hornwände ist die Wahrscheinlichkeit von Fäulnisprozessen erhöht. So wirken die schrägen Wandanteile der weniger belasteten inneren Hufhälfte als Hebel, welche Zerreißungen der Blättchenschicht provozieren. Die so entstehenden Horneinreißungen bilden Eintrittspforten für Erde, Steinchen und Fäulnisbakterien, die nach dem Eindringen weitere Hornzerstörungen hervorrufen. In der Folge können sich ➤*Hufgeschwüre* einstellen bzw. spätere ➤*Hufabszesse* können zu Lahmheiten führen. Auch der Tragrand der mehrbelasteten äußeren Hufhälfte kann unter der Überlast Schaden nehmen und aufsplittern. Er wird so ebenfalls angreifbar für weitere mechanische Zerstörung und das Eindringen von Keimen. Die gefürchtete ➤*white line desease* nimmt hier ihren Anfang, ebenso wie das Phänomen der ➤*Hohlen Wand*. Dies alles trägt dazu bei, die Belastungssituation am betreffenden Huf zu verschärfen.

(4) Es ist anzunehmen, dass in diesem Stadium zunächst geringgradige Veränderungen an den Zehenknochen stattfinden. Die stattfindende Höhen- und Breitenverschiebung des Hufes bewegt sich hier noch im Rahmen des horizontal physiologischen Gelenkspieles, also im Rahmen der vorgegebenen Beweglichkeit der Zehengelenke. Die Gliedmaßenspannung verändert sich langsam aber stetig. Es kommt dabei bereits zu punktuellen Mehrbelastungen (Zonen erhöhter Belastung) in den Gelenken sowie zu einer Veränderung des physiologischen Spannungszustandes der Kollateralbänder (Seitenbänder), die auf der einen Seite vermehrt unter Spannung gesetzt werden, umgekehrt auf der gegenüberliegenden Seite an Spannung verlieren. Adaptive Reaktionen des Gewebes, wie beispielsweise beginnende Ossifikationsprozesse (Umwandlung des Bändergewebes in Knochengewebe) im Insertionsbereich (Ansatzbereich) der Bänder, tragen zum einen zur Stabilisierung der fehlbelasteten Gelenke bei, schaffen andererseits jedoch problematische Zonen, indem sie die elastisch federnde Verbindung, wie sie mit den Kollateralbändern ursprünglich gegeben ist, stören und die peripheren Gelenkzonen verändern. Die zuletzt genannten Prozesse stellen im Unterschied zur oben beschriebenen Biomorphose der Knochen irreversible Veränderungen dar (➤*Schale*).

Es kann mit Sicherheit davon ausgegangen werden, dass das horizontale Gelenkspiel dann ausgereizt ist und eine partielle Überbelastung der Gelenke dann beginnt, wenn sich eine höher und schräger werdende, weniger belastete Hufwand zusätzlich nach außen verbiegt (➤*Stadium 2*).

(5) Die huforthopädische Behandlung beginnt an der mehrbelasteten, schmaleren Hufhälfte (in Foto 2, links im Bild) mit der steileren Eckstrebe, die aufgrund Ihrer Mehrbelastung und infolge des höheren Hornabriebs weniger Hornsubstanz aufweist. Die Arbeit mit den Hufmessern beschränkt sich in diesem Anfangsstadium eines ständig unsymmetrischer werdenden Hufes, auf der belasteten Seite auf das Herausschneiden der geringen Strahlhornüberlappung am Übergang zum Ballenhorn sowie auf das Herstellen eines Eckstrebentragrandes. Im Falle des in Foto 1 und 2 abgebildeten Hufes kommt noch das Säubern und Glätten der aufgerissenen weißen Linie mittig der mehr belasteten Hufhälfte hinzu. Auf der weniger belasteten medialen Hufhälfte (Foto 2, rechts im Bild) wird der deutliche Strahlhornüberhang im Ballenbereich und im Verlauf der rechten Strahlfurche entfernt, wobei eine möglichst symmetrische Strahlform angestrebt wird. Nachdem beide seitlichen Strahlfurchen identisch hoch freigelegt wurden, kann die unterschiedliche Höhe beider Eckstreben erkannt und die höhere mediale Eckstrebe mit dem Hufmesser auf die Höhe der lateralen Eckstrebe zurückgeschnitten werden. Bei dem Beschneiden der Eckstreben ist darauf zu achten, dass diese nicht an die Hufsohle angeglichen werden, sondern mit von oben innen nach unten außen gerichteter Messerhaltung mit einem Tragrand versehen werden. Das Sohlenrandhorn und das Blättchenhorn des Hufbein- bzw. hier Hufknorpelträgers hinter der rechten, etwas herausgebogenen hinteren Seitenwand wird entfernt, da es die ohnehin schräge Wand zusätzlich nach außen drängt (Drängelhorn). Dabei wird Wert darauf gelegt, einen möglichst senkrechten Innentragrand herzustellen. Der in diesem Bereich infolge der Wandschräge breitere Tragrand wird bis

auf seine normale Breite rieddachmäßig beraspelt, um das weitere Herausdriften der Hufwand zu unterbinden. Das beschriebene Vorgehen versetzt die Hornkapsel in einen Zustand, der dem Pferd ein Zurücklaufen in eine symmetrische Form ermöglicht. Die weniger belastete Hufhälfte wird sich in der Folge dank der Reduzierung der Hebelkräfte und aufgrund der Forcierung des Hornabriebes schneller kürzen, als die gegenüberliegende mehrbelastete Hälfte der Hornkapsel, auf welcher materialschonend vorgegangen und der Tragrand in seiner vollen Breite belassen wurde.

2.1.2 Stadium 2

(1) Die Fotos zeigen einen rechten Vorderhuf. Der Huf wird medial (innen, rechts im Bild) stärker belastet als lateral (außen). Auf der Ansicht von vorn ist zu sehen, dass die mehr belastete Innenwand des Hufes vergleichsweise steiler zum Boden steht, als die weniger belastete Außenwand. Die Innenwand weist zudem eine größere Bodenhöhe auf, als die im Verhältnis weniger belastete Außenwand. Der Kronrand ist dadurch lateral tiefer als auf der gegenüberliegenden medialen Hufseite.

Foto 1 (Unsymmetrischer Huf 2)

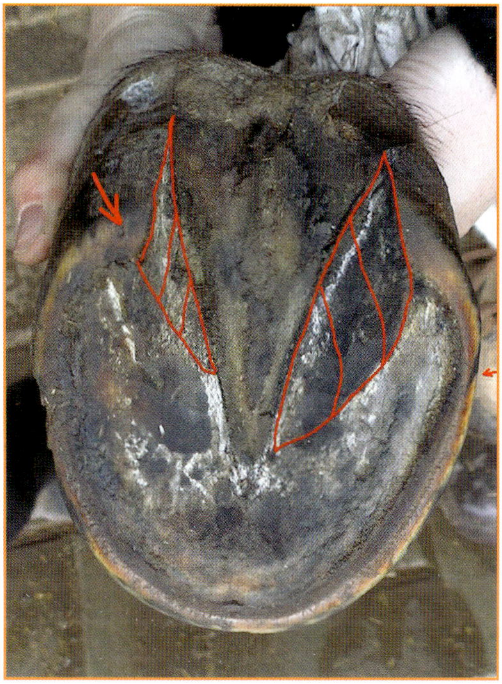

Foto 2 (Unsymmetrischer Huf 2)

Auf der Sohlenansicht sind spiegelbildlich zur bereits beschriebenen Belastungssituation der Hufwände eine steilere mediale Eckstrebenwand (links im Bild) und eine schrägere laterale Eckstrebenwand zu sehen. Die schrägere, weniger belastete Eckstrebe legt sich auf die Hufsohle. Beide Trachten tragen im Verhältnis zu den Seiten- und Zehenwänden der Hornkapsel zu viel Last und neigen sich nach innen. Die mehrbelastete mediale Trachtenwand ist deutlich unter den Huf geschoben (großer Pfeil). Der ohnehin schmalere Tragrand der belasteten medialen Seitenwand ist leicht ausgebrochen. Der breitere Tragrand der weniger belasteten Außenwand wurde von außen beraspelt, so dass an seiner breitesten Stelle jetzt ein regelrechter »Engpass« besteht (kleiner Pfeil). Der

Strahl neigt sich zur weniger belasteten Hufseite und leidet unter Strahlfäule, im Bild besonders zu sehen im Bereich der mittleren und der medialen Strahlfurche. Die Ballen des Hufes sind verschieden hoch und auch unterschiedlich geformt.

(2) Hält die unter dem ➔ *Stadium 1* beschriebene unsymmetrische Hufsituation an, das heißt, erfolgt keine huforthopädische Korrektur, so verformt sich der Huf in der hier gezeigten Weise. Die im Verhältnis zur mehr belasteten inneren Hufwand stets höher werdende Außenwand gelangt an die Grenze der seitlichen Beweglichkeit der Zehengelenke. Die weiterhin (im Verhältnis) länger werdenden, weil sich weniger abreibenden Hornröhrchen der Außenwand gehen den Weg des geringsten Widerstandes und weichen nach außen aus. Dies wird ihnen dadurch erleichtert, dass sie ohnehin schon schräg zum Boden stehen. Der Bodengegendruck wirkt auf diese schrägen Hornröhrchen zunehmend seitlich und nach außen hebelnd ein und wird nicht mehr, wie bei einem physiologischen Winkel zum Boden, vertikal aufgefangen.

Mit Zunahme der Schräge der Hornwand zum Boden nimmt das Wegpendeln der Tragwand zu und ihre Tragefunktion damit immer mehr ab. Durch das seitliche Ausweichen erfahren die sowieso schon geringer belasteten Hornröhrchen noch weniger Abrieb. Sie werden länger und im gleichen Maß schräger. Die Hornwandhöhe nimmt dabei allerdings wegen des stets schräger werdenden Winkels zum Boden ab. Die schon bestehende ungleiche Lastverteilung verschärft sich, da in dem Maß, in dem die äußere Tragwand die Tragefunktion einbüßt, die Innenseite Last übernehmen muss.

Bei dem hier abgebildeten Huf wurde in der traditionellen Art und Weise korrigierend eingegriffen. Das heißt, die weniger Abrieb erfahrende, längere, schrägere und zunächst höhere Außenwand wurde durch das Kürzen von unten lediglich niedriger als zuvor. Aufgrund ihrer unverändert schrägen Ausrichtung zum Boden, wird sie aber dennoch nicht in die Lage versetzt, zu tragen. Die Hufsituation wird darüber hinaus dadurch verschlimmert, dass die nun – durch den unsachgemäßen hufbearbeiterischen Eingriff – höhere, steile Innenwand, Last auf die schräge und nicht tragfähige Außenwand verlagert. Die Folge ist, dass die gesamte, bereits niedrigere Hufhälfte unter dem vermehrten Gewicht noch weiter nach unten außen ausweicht. Durch einen solchen Eingriff wird also der Verlust an Bodenhöhe, wie er auf der lateralen Seite deutlich zu sehen ist, immens befördert. Ohne eine derartige Hufkorrektur wird sich ein unsymmetrischer Huf wesentlich langsamer und nur unter massiver Faltenhornbildung in der beschriebenen Weise verformen.

(3) Die Folgen für den Bewegungsablauf der Gliedmaße wurden im vorhergehenden Abschnitt zum Stadium 1 bereits beschrieben. Die Ungleichmäßigkeit des Fundaments ist allerdings hier deutlich potenziert.

(4) Auch dieses Stadium zieht notwendig eine Adaption von Knochen und Bandapparat an die veränderte Hufform und an die damit einhergehende Belastungssituation der gesamten Gliedmaße nach sich. Die Knochen der Knochensäule verformen sich entsprechend der Belastung und werden unsymmetrisch. So wird das Hufbein auf der belasteten Seite schmaler, auf der weniger belasteten Hufseite breiter, parallel der Hornkapsel, die durch ihre Formveränderung die Biomorphose der Knochen initiiert. Die mediale Knochensubstanz weicht im Verlauf ihrer natürlichen Umbauvorgänge der Druckbelastung der strahlwärts enger und insgesamt steiler werdenden Hornwand. Die laterale Knochensubstanz dagegen wird durch die

Zugbelastung der sehr mobilen und ständig nach lateral ausweichenden Hornwand in diese Richtung geformt und wird also zunächst breiter werden, um dann der schräg wegpendelnden Hornwand letztlich nach unten zu folgen und niedriger zu werden. Die auf den Hufbeinästen aufsitzenden Hufknorpel verändern analog der Hufveränderung ihre Position. Im vorliegenden Beispiel sinkt der laterale Hufknorpel mit der diesseitigen Hufhälfte nach unten, was auch bei der Betrachtung des Hufes von vorne (Foto1, S. 31) an dem tieferliegenden Ballen (Hufknorpel) deutlich erkennbar ist.

Einhergehend mit der Veränderung des Hufbeins verändert sich die Gelenkfläche des Hufgelenks. Die mediale Gelenkmulde wird schmaler und tiefer, die laterale Gelenkmulde wird breiter und flacher. Das Strahlbein als Bestandteil des Hufgelenkes adaptiert mit seiner Gelenkfläche an die Gelenkfläche des Hufbeines und wird auf der medialen Hälfte kürzer, mit der Folge einer kürzeren und schmaleren medialen Sehnengleitfläche. Die negative Folge ist eine ungleichmäßige Hufrolle mit ungleichmäßiger Druckverteilung. Infolge des beschriebenen Ungleichgewichtes bei der Lastübernahme und des daraus resultierenden horizontalen Ungleichgewichts mit Kippneigung auf die mehr belastete Hufhälfte, verlagert sich die Tuberositas (höckrige Ansatzstelle) der tiefen Beugesehne an ihrem Hufbein unter den Schwerpunkt des zu transportierenden Gewichtes. Auch diese prozesshafte Verlagerung der Ansatzstelle der tiefen Beugesehne stellt als Bestandteil der Biomorphose der Hufknochen eine sinnvolle Hilfsmaßnahme dar und ist ebenso wie die Adaption der Zehenknochen unabdingbarer Bestandteil der systematischen Vorgänge an den Bewegungsorganen.

(5) Hufe, bei denen die – aufgrund der geringeren Belastung und dem damit einhergehenden geringeren Hornabrieb – ursprünglich höhere und schrägere Hufwand durch Verbiegung und Ausweichen bzw., wie im Fotobeispiel, durch unsachgemäßes einseitiges Kürzen niedriger wurde, können nur durch konsequentes Dezimieren der ungünstigen Hebelwirkungen (Rieddachstruktur) des niedrigeren Wandabschnittes und durch sorgfältiges Heraustrennen des so genannten Drängelhorns korrigiert werden. Auf keinen Fall darf jetzt zusätzlich versucht werden, die zu hohe und steilere Hufwand ebenfalls zu kürzen, weil hiermit unabdingbar weitere Last auf die nicht sehr tragfähige schräge Parallelwand übertragen wird. Das einzige Behandlungsziel kann bei einem dermaßen außer Form geratenen bzw. manipulierten Huf deshalb nur darin bestehen, die bisher schräge Hufwand aufzurichten, damit ihre Tragefunktion wieder hergestellt wird. In dem Maße, in dem die niedrige, schräge Wand ihre Tragefähigkeit wiedererlangt, wird sie auch wieder an Höhe gewinnen. Werden dann die huforthopädischen Bearbeitungsgrundsätze für das ➔ *Stadium 1* beachtet, also mit Hilfe der Hufbearbeitung ein gleichmäßiger Abrieb trotz ungleichmäßiger Belastung gewährleistet, so erhält der Huf auf gliedmaßenschonende Weise seine Tüchtigkeit zurück.

2.2 Der Diagonalhuf

(1) Die Fotos zeigen einen rechten Vorderhuf. Auch dieser Huf wird medial (innen) stärker belastet als lateral (außen). Auf der Ansicht von vorn (Foto 1) ist zu sehen, dass die mehr belastete Innenwand des Hufes (rechts im Bild) bereits übersteil zum Boden steht. Die weniger belastete Außenwand ist deutlich schräg und weist eine geringere Bodenhöhe auf, als die mehr belastete Innenwand.

Auf der Ansicht des Hufes von hinten (Foto 2) erkennt man deutlich, dass sich mit der Wand auch der laterale Ballen abgesenkt hat.

Auch auf der Sohlenansicht (Foto 3) finden wir innen eine steile Eckstrebenwand (im

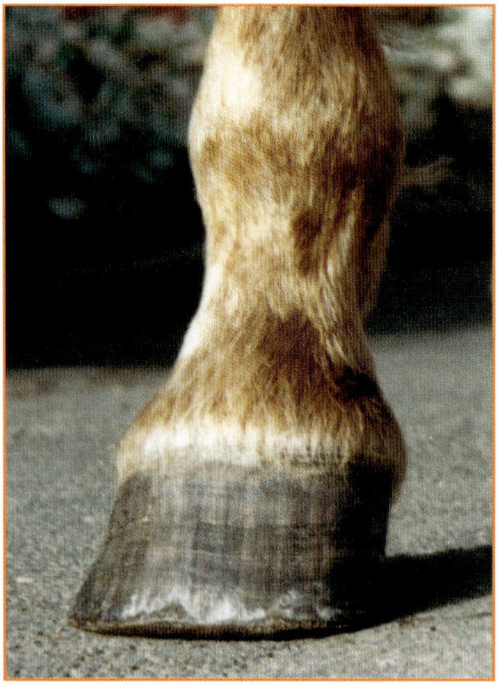

Foto 1 (Der Diagonalhuf)

Bild links), außen eine schräge Eckstrebenwand vor. Die mediale Hufseite ist deutlich schmaler, die laterale Hufseite deutlich breiter mit einem rund herausgebogenen Tragrandverlauf. Gleiches gilt für den Strahl, welcher auf der mehrbelasteten Hufseite deutlich schmaler ist und dort eine enge, tiefe seitliche Strahlfurche aufweist. Die mediale Trachtenwand ist nach innen gezwängt. Im Unterschied zu dem unter ➛*Stadium 1* besprochenen Huf fußt dieser Huf über die seinem Belastungsschwerpunkt entgegengesetzte Seite ab. Lateral der Zehenmitte ist eine deutliche Zehenrichtung erkennbar. Zu beiden Seiten dieser Zehenrichtung bleibt Tragrandhorn stehen, welches nicht abgerieben wird. Wir finden dort also jeweils einen vergleichsweise breiteren Tragrand vor.

(2) Im Prinzip gilt hier das bereits im Abschnitt ➛*Der unsymmetrische Huf* Gesagte. Die Mehrbelastung der medialen Hufseite bewirkt zunächst einen größeren Hornverlust auf dieser Seite. Die im Verhältnis weniger Abrieb erfahrende Außenwand wird länger und schräger und weicht letztlich zur Seite aus. In der Folge verliert die weniger belastete Hufseite und damit auch der gleichseitige Hufballen an Bodenhöhe. Auch in diesem Fall wurde diese Verformung der Hornkapsel durch eine Hufkorrektur befördert, die versucht hat, die mangelnde Symmetrie im Huf durch einseitiges Kürzen der längeren, weniger belasteten Hufwand zu beheben.

Hinzu kommt bei diesem Huf nun noch ein diagonales Abfußen, welches für Hornabrieb im Zehenwandbereich der eigentlich weniger belasteten Hufhälfte sorgt. Das zu beiden Seiten dieses Abfußungsabriebs stehen bleibende Zehenwandhorn wirkt auch hier als Abweiser – das heißt, es wird für diesen Huf immer schwieriger, über die sich beidseits ansammelnden Hornmassen hinweg abzufußen. Wurde zunächst nur bevorzugt in Zehenrichtung abgefußt – je nach Boden- oder Geländebeschaffenheit konnte durchaus auch mittig oder nach innen abgefußt werden – so wird ohne

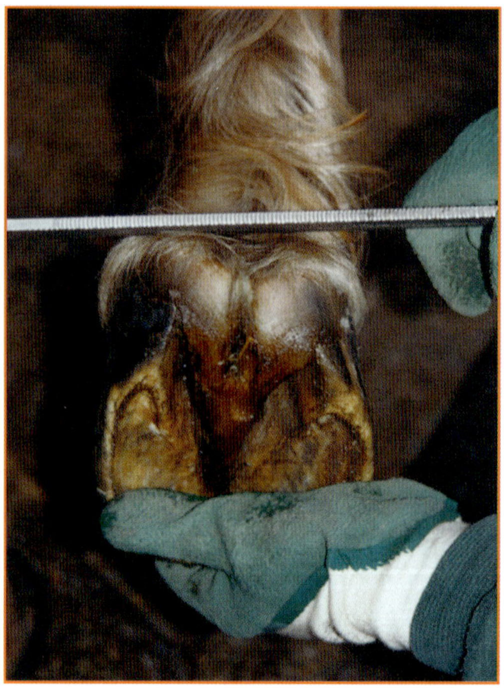

Foto 2 (Der Diagonalhuf)

huforthopädische Hilfe auch hier die Zehenrichtung zum Zwang. Hält dieser Zustand dauerhaft an, wird mit der Zeit die gesamte Hufseite, über die abgefußt wird, nach hinten verschoben.

(3) Siehe hierzu Punkt 3 ➤ *Der unsymmetrische Huf*. Hinzu kommt, dass für den hier beschriebenen diagonalen Abfußvorgang, bei dem der Huf regelrecht von einer Seite auf die andere gestemmt werden muss, eine wesentlich größere Muskelkraft nötig ist. In der Folge wirken auch stärkere Formkräfte auf den Huf, als dies beim gleichseitigen und mittigen Rausfußen der Fall ist. Diese höhere Kraftaufwendung führt zu einer stärkeren Verformung des Hufs. Die unphysiologischen Veränderungen sind demgemäß auch weit schwieriger zurückzuführen, als dies bei den vorab geschilderten nicht diagonalen Hufen der Fall ist.

(4) Siehe hierzu die unter Punkt 4 ➤ *Der unsymmetrische Huf* erläuterten Prozesse

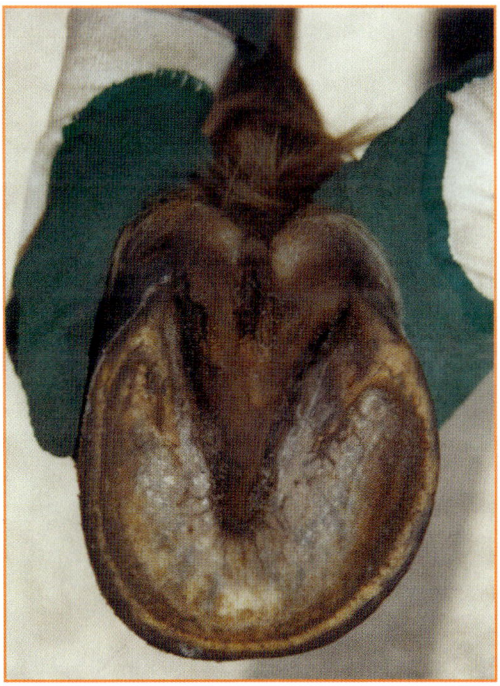

Foto 3 (Der Diagonalhuf)

der Knochenbiomorphose. Zusätzlich wird sich der Knochen des Hufbeins entsprechend der Horizontalverschiebung der Hornkapsel verformen. Wie oben beschrieben wird die Hornkapsel mit der Zeit durch die stete hohe Kraft im Zusammenhang mit der erzwungenen einseitigen Abfußrichtung gegeneinander verschoben. Die Hufhälfte, über die abgefußt wird, wird dabei allmählich aber unaufhaltsam nach hinten geformt. In dem Maße wie dies geschieht, formt sich auch der Knochen des Hufbeins nach hinten.

(5) Bei der Behandlung der schrägeren Wand des Diagonalhufes wird nach den üblichen huforthopädischen Prinzipien, wie sie in den vorhergehenden Abschnitten für zu schräge Hufwände bereits beschrieben wurden, vorgegangen. Das heißt, das sohlenseitige gegen die Hornröhrchen der schrägen Wand drängelnde Horn wird entfernt und es wird eine adäquate Rieddachstruktur angelegt. Auch innerhalb des Zehenabweisers wird das nachgerückte Drängelhorn entsprechend den hierfür geltenden Bearbeitungsprinzipien entfernt; der überbreite Tragrand des diagonalen Zehenabweisers muss bis auf eine noch funktionstüchtige Breite zurückgeraspelt und mit einer ausreichend hohen Rieddachstruktur versehen werden.

2.3 Der Flachhuf (Platthuf)

(1) Bei dem abgebildeten Huf handelt es sich um einen linken Vorderhuf. Der medial (innen) stärker belastete Huf besitzt schräge, massiv verbogene Wände, wobei die Verbiegung in der lateralen Seitenwand (im Bild rechts) am deutlichsten ausgeprägt ist. Die laterale Hufhälfte ist um einiges niedriger, als die gegenüberliegende mediale Hufhälfte. Deren Kronsaum wirkt nach oben gestaucht. Das Horn liegt in Wellen. Der Tragrand ist ringsherum ausgebrochen, in der Zehenwand zeigen sich neben deutlichen Hornwand-

Foto 1 (Flachhuf)

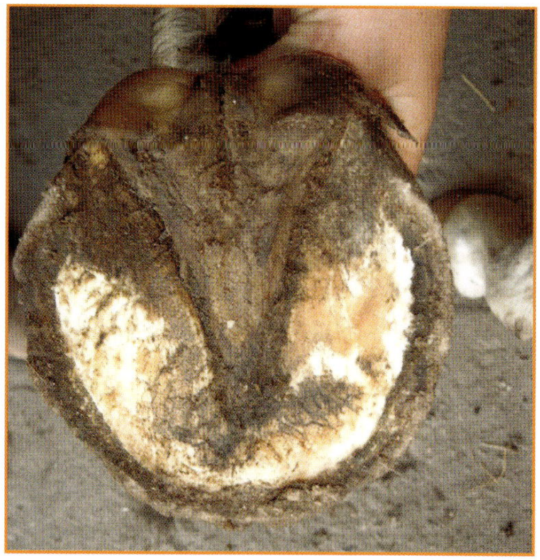

Foto 2 (Flachhuf)

ausbrüchen einige Risse im unteren Bereich der Tragewand. Die Sohlenansicht in Foto 2 zeigt, dass der Huf kaum Bodenfreiheit besitzt. Der vorhandene Tragrandüberstand wächst schräg nach außen davon, schafft also keine Höhe, und verhilft der Sohle somit nicht zu einem physiologischen Abstand vom Boden. Die Wände der Eckstreben (Hufknorpelwände) sind wie die übrigen Hufwände sehr schräg und liegen auf der Sohle, lateral (im Bild links) ist dies aufgrund der Belastungssituation des Hufes stärker ausgeprägt als medial. Der Strahl ist prinzipiell breit und gut entwickelt, allerdings sowohl in der mittleren, als auch in den seitlichen Strahlfurchen durch Fäulnisprozesse in Mitleidenschaft gezogen. Das Strahlhorn legt sich über die laterale seitliche Strahlfurche (im Bild links). Die Sohle besitzt keine natürliche konkave Form, sondern wölbt sich dem Boden leicht entgegen. Besonders entlang der seitlichen Strahlfurchen, in den Sohlenrandbezirken und im gesamten Bereich zwischen Strahlspitze und Zehe gibt es Hornansammlungen. Die Blättchenschicht ist ringsum aufgerissen und mit Fäulnis besetzt.

(2) Den zu flachen Huf findet man bevorzugt bei Pferden mit weiten Hufen und schrägen Wänden. Ursache ist eine fehlerhafte Hufbearbeitung, bei der es nicht gelingt, die mit den Wandschrägen einhergehenden, latent ungünstigen Hebelkräfte in den betroffenen Wandabschnitten in physiologisch verträglichen Grenzen zu halten. Indem die reduzierten Tragefunktionen die schrägen Hufwände bei jeder Lastaufnahme verbiegen und nach außen spreizen, wird das nachschiebende Horn, wie in Foto 1 zu sehen, bis in das Kronsegment hinein in ausgeprägten, oft rundum verlaufende Hornringen abgelegt. Aufgrund der Hornringe wechseln sich dick- und dünnwandige Wandabschnitte ab, wobei die Einschnürungen quasi wie Sollknickstellen wirken und die Hufwände sich dadurch noch weiter terrassenförmig nach außen verformen. Der mit der Ringbildung einhergehende, wechselseitig breite bzw. dünnere Tragrand hat bedeutenden Einfluss auf den Hornabrieb und macht diesen unberechenbar. Die nicht regelmäßig angeordneten und in ihrem natürlichen Verlauf veränderten Hornröhrchen sind instabil, mit der Folge erhöhter Hornerosion im Tragrandbereich. Es bilden sich insbesondere in den distalen (bodennahen) Hufbereichen Hornrisse (die so genannten Windrisse) und in der Folge besonders im Zehenbereich unterschiedlich hoch reichende Hornspalten (➔ *Hornrisse und Hornspalten*).

Infolge des sich nach unten außen Wegbiegens der schrägen Hufwände geht die Sohlenfreiheit verloren. Die Hufsohle trägt breitflächig. Daraus folgt eine vermehrte Produktion von Sohlenhorn und die Bildung von regelrechten Hornwülsten oder -schwielen, die häufig gelb bis rot eingefärbt sind (➤ *Verfärbtes Hufhorn*). Das mobile, nachrückende Sohlenrandhorn (Drängelhorn) drückt die Tragewände zusätzlich nach außen. Die mit dem Weghebeln der Wände verbundene starke Spreizwirkung lässt den Hufbeinträger einreißen und eröffnet ihn für das Eindringen von anaeroben Fäulnisbakterien (➤ *Hufgeschwüre und Hufabszesse*).

(3) Die stark eingeschränkte Tragefähigkeit der Hufwände macht das Laufen in diesen Hufen für das Pferd sehr unangenehm. Das Fehlen jeglicher Bodenfreiheit zwingt das Pferd dazu, auf der Sohle zu laufen. Zudem hebeln die Wände unter Lastaufnahme, also bei jedem Schritt, nach außen und machen sich über den Hufbeinträger schmerzhaft bemerkbar. Das Röhrchenhorn der hebelnden Hornwände zerrt über das mit ihm verbundene Blättchenhorn bei jedem Schritt des Pferdes an den hochsensiblen Blättchen der Wandlederhaut. Der Verlust der Bodenfreiheit hat außerdem einen erhöhten Abrieb des Sohlenhorns zur Folge. Die Hufsohle ist deshalb, trotz der beschriebenen Hornwülste, dünn und besonders im Bereich des Hufbeinrandes, hier zwischen der Strahlspitze und dem Zehentragrand oft hypersensibel. Folglich laufen Pferde auf harten Böden vorsichtig bis fühlig, es kommt besonders häufig zu ➤ *Hufgeschwüren*. Aufgrund der starken Hebelwirkungen der schrägen Hufwände und der damit einhergehenden Spreizwirkung auf den Hufbeinträger sind Hufe mit zu schrägen, flachen Wänden auch besonders anfällig für Reheerkrankungen (➤ *Hufrehe*).

(4) Der Knochen des Hufbeins folgt den Hufwänden nach außen unten. Das Hufbein wird weiter und niedriger und verliert nach und nach an Sohlenwölbung. Die Hufbeinäste samt der auf ihnen sitzenden Hufknorpel senken sich mit der Zeit mehr und mehr nach unten. Durch den steten Zug der Hornröhrchen aufgrund der hebelnden Tragewände wird der Hufbeinträger insbesondere in seinen bodennahen Abschnitten über die Maßen strapaziert. Der Hufbeinrand (margo solearis) kann hierüber Schaden nehmen. Häufig findet sich an den Hufbeinen der beschriebenen Flach- oder Platthufe eine deutliche crena (Einziehung bzw. Einkerbung des Hufbeinrandes in der ungefähren Zehenmitte).

(5) Die Behandlung des flachen Hufes zielt darauf, die zu schräg gewordenen Hufwände wieder zum Tragen zu bringen. Zu diesem Zweck werden sämtliche Wandschrägen mit der Hufraspel von außen bearbeitet, mit der Absicht, sie in einem steileren Winkel zum Boden auszurichten. Dabei ist es wichtig, eine hohe und harmonisch federnde Rieddachstruktur anzulegen. Letztere ist geeignet, die Hebelkräfte auf die unteren Hufabschnitte zu beschränken. Ferner wird das hinter den weghebelnden Tragewänden nachrückende Sohlenrandhorn (Drängelhorn) entfernt, wobei ein möglichst senkrechter Innentragrand hergestellt wird. Das Bearbeiten der Hufsohle beschränkt sich auf das vorsichtige Glätten der Sohlenhornwülste. Auf keinen Fall darf versucht werden, ein Gewölbe in die Hufsohle hineinzuschneiden.

2.4 Der Zwanghuf

Je nach Ausgangshufform und Entstehungsgeschichte lassen sich drei verschiedene Arten von Zwanghufen unterscheiden. Zum einen gibt es den einseitigen oder auch Spreiz-Zwanghuf genannten Zwanghuf, wie er sich bei schiefen Hufen ausbilden kann (➤ *Der unsymmetrische Huf*). Zum anderen gibt es den

Zwanghuf, der auf einer engen, steilen Hufform basiert. Zum dritten gibt es den durch manipulative Bearbeitung erzeugten Zwanghuf.

2.4.1 Zwang bei engen, steilen Hufen

(1) Die Vorderansicht in Foto 1 zeigt einen Huf mit sehr steilen Seitenwänden. Es handelt sich um einen linken Hinterhuf. In der lateromedialen Aufnahme (Foto 2) sieht man, dass das Pferd auch mit einer sehr steilen Fessel ausgestattet ist. Allerdings ist die Hufbein-Kronbein-Fesselachse deutlich nach hinten gebrochen, der gesamte Huf ist nach hinten unten gekippt. Im Bereich der lateralen (äußeren) Trachtenwand ist der Tragrand nach innen unter den Huf gebogen (Foto 3, im Bild links) – er erscheint in der Sohlenansicht (Foto 4, im Bild links) deshalb breiter als der Tragrand der gegenüberliegenden Seite. Das Pferd läuft an dieser Stelle bereits auf der Außenwand des Tragrandes. Hier befindet

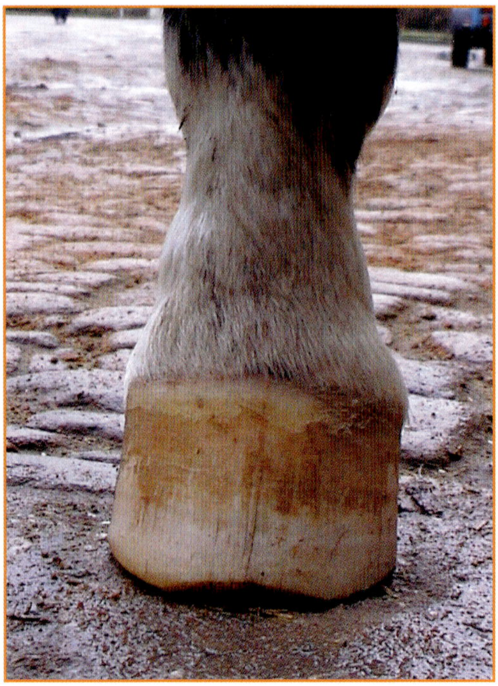

Foto 1 (Zwanghuf 1)

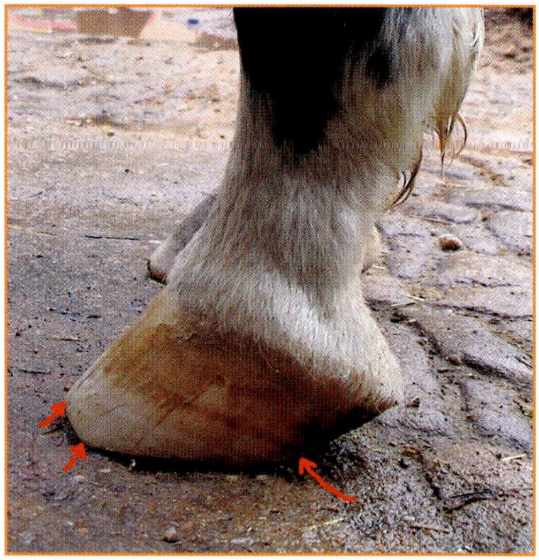

Foto 2 (Zwanghuf 1)

sich auch der Punkt der größten Last (siehe Pfeil). Insgesamt besteht im vorderen Bereich der Hornkapsel ein ungleich breiterer Tragrand, als im hinteren Teil. Zumindest gilt dies beiderseits der Zehenmitte, also da, wo sich das Pferd nicht durch sein Abfußen und den damit verbundenen Hornabrieb von der überbreiten Hornwand befreien konnte. Das Pferd hat sich eine deutliche Zehenrichtung angelaufen. Welche Energie bislang nötig war und in geringerem Maße auch immer noch nötig ist, über dieses Hornwandhindernis im Zehenbereich abzufußen, zeigt sich an dem nach oben geschoben Kronsaum oberhalb der Zehe (Foto 1). Als deutliche Anzeichen der ungünstigen Belastungssituation zeigen sich mehrere Hornrisse in der Zehen- und der äußeren Seitenwand sowie rote Hornverfärbungen dicht unterhalb des Kronsaums (Foto 1 und 2) sowie massive Fäulnisprozesse im Bereich der Strahlfurchen. Die mittlere Strahlfurche ist bis hoch in die Ballenregion gespalten (Foto 3).

(2) Der hier beschriebene Zwanghuf entsteht, wie die Bezeichnung vermuten lässt, im Zusammenhang mit dem Vorhandensein von engen, steilen Hufen. Er sollte aber

nicht mit dem physiologisch engen Huf verwechselt werden, mit dem Pferde mit steiler Schulter und steiler Fessel passenderweise ausgestattet sind. Die Ursache für die Entwicklung eines solchen Zwanghufes liegt in der unsachgemäßen Bearbeitung dieser engen Hufe. Im vorliegenden Fall wurde eine Überbelastung des hinteren Hufabschnittes provoziert. Wodurch die Lastverlagerung auf die hinteren Bereiche des Hufes geschah, ob hier z.B. übermäßiger Trachtenabrieb unter dem Eisenbeschlag oder ein übermäßiges Kürzen der Trachten bei der Hufbearbeitung ursächlich war, ist zum jetzigen Zeitpunkt nicht mehr nachzuvollziehen und darüber hinaus auch irrelevant. In jedem Fall werden die bei den abgebildeten Hufen ohnehin zum Boden stehenden Trachtenhornröhrchen aufgrund der vermehrten Last nach innen gezwängt. Durch das Kippen des Hufes nach hinten erhält die Zehenwand einen schrägeren Winkel zum Boden und gewinnt damit an Tragrandbreite. Schrägerer Winkel und breiterer Tragrand verlangsamen den Hornabrieb in diesem Bereich. Im gleichen Maße erhöht sich der Abrieb im Bereich der somit mehr und mehr belasteten Trachten.

Es gibt jedoch noch eine zweite Möglichkeit, der auf fehlerhafter Bearbeitung beruhenden Entwicklung individuell enger Hufe zum Zwanghuf. Diese soll hier nicht unerwähnt bleiben. Durch die steilen, geraden Tragewände, die enge Hufe aufweisen, unterliegt die Hornkapsel und insbesondere der hintere Hufabschnitt kaum einer aufweitenden Wirkung des Bodengegendruckes. Bei vernachlässigter und falscher Hufbearbeitung kann sich leicht das genaue Gegenteil, nämlich eine Hebelwirkung nach innen einstellen. Die vormals senkrecht zum Boden stehenden hinteren Anteile der Seitenwände werden wie die Trachtenwände zu übersteilen Wänden und formen sich unter dem Bodendruck nun immer weiter nach innen. Ursache ist hier eine Minderbelastung im hinteren Hufbereich, während im Fotobeispiel ein zu viel an Last hinten zum Zwang führte. Die beiden tatsächlich gegensätzlich verursachten Fälle zeigen auf, wie schmal der Grat doch ist, auf dem sich eine gesundheitsfördernde Hufbearbeitung unter Umständen bewegen muss.

Ausgangspunkt für die Entstehung dieser Form des Zwanghufs bilden neben den

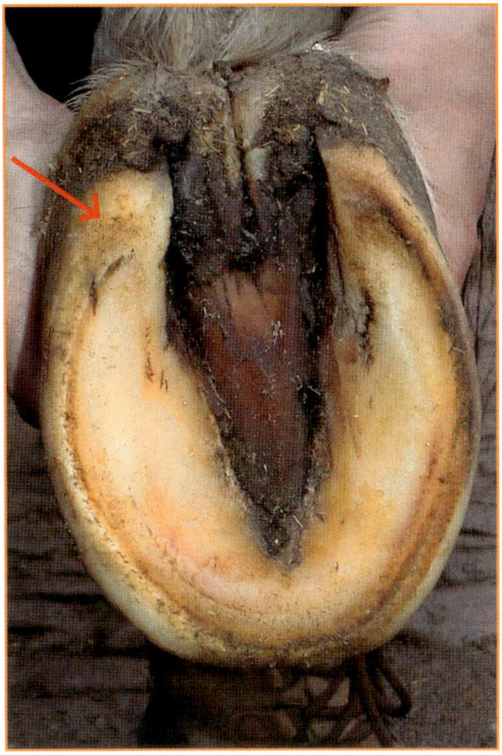

Foto 4 (Zwanghuf 1)

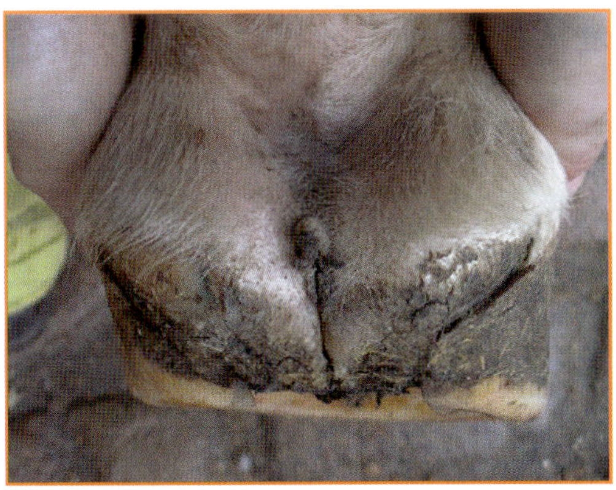

Foto 3 (Zwanghuf 1)

physiologisch engen Hufen auch und vor allem angeborene oder erworbene Fehlstellungen, wie beispielsweise der ➛*Sehnenstelzfuß* sowie krankhafte Veränderungen im Bereich des Strahlbeines (➛*Hufrollenentzündung*). Den genannten Fehlstellungen wie der Erkrankung gemeinsam ist, dass das Pferd bei der Benutzung der betroffenen Gliedmaße bemüht ist, den hinteren Bereich des Hufes zu entlasten. Mit dieser verminderten Fersenlast geht ein erhöhter Hornabrieb im Bereich der Zehe einher. In der Folge wird der Huf progressiv steiler und damit enger.

Befördert wird die Verengung des hinteren Hufabschnitts in allen Fällen durch die Ansiedlung von Fäulnisbakterien und die Entstehung von Strahlfäule. Die bei engen, steilen Hufen ebenfalls engen und tiefen Strahlfurchen bieten den Fusobakterien eine lauschige Heimstatt. Die damit einhergehende Mazeration (bakterielle Hornzersetzung) des Strahlhorns und – oftmals hinzukommend – des Ballenhorns lässt den Huf noch enger werden. Solange diese Hufsituation anhält ist es nahezu unmöglich die Entstehung von ➛*Strahlfäule* zu verhindern; die permanente Reizung und Schädigung der Lederhäute birgt zudem die Gefahr der Entstehung von ➛*Hufkrebs*.

(3) Wie bei engen Hufen findet beim Zwanghuf weniger Hufmechanik statt. Die Gliedmaße ist aus diesem Grund insgesamt höheren Erschütterungen ausgesetzt. Die Tragwände des Zwanghufes werden in die Höhe statt in die Breite geformt. Die Seiten- und Trachtenwände werden tendenziell nach innen gezwungen und in der Folge wird die Hornkapsel im hinteren Bereich schmaler. Der Huf verliert mit der Zeit seine rundovale Form und wird langoval. Aufgrund der mit dieser Form einhergehenden geringeren seitlichen Stabilität ist damit für das Pferd eine verminderte Trittsicherheit verbunden. Darüber hinaus kommt es zu einem verzögerten Auffußen und einem veränderten Schwingbogen, was eine synchrone Bewegung der Gliedmaßen für das Pferd erschwert, wenn nicht gar unmöglich macht. Der Zwang der hinteren Hufbereiche führt insgesamt zu einem klammen, vorsichtigen Gang. Aufgrund der stattfindenden Verformung der Hornkapsel besteht die Gefahr der Entstehung von ➛*Hornrissen und Hornspalten* in der mittleren Zehenwand. Diese Hornwanddefekte können, wie auch die nahezu immer bestehende Strahlfäule zu Lahmheiten führen.

(4) Die oben beschriebene Verformung der Hornkapsel hin zu einer langovalen Form geht mit einer Umformung des Hufbeinknochens einher. Dieser ändert seine Form entsprechend, er wird schmaler und nimmt eine längliche Form an. Das bedeutet auch, dass ein solcher Zwanghuf mit einem schmaler geformten Hufgelenk ausgestattet ist. Durch die Verengung des hinteren Bereiches der Hornkapsel werden zudem die Hufknorpel nach innen gezwungen, wodurch sich unter anderem der Raum zwischen ihnen und dem Knochen des Kronbeins verringert. Das Ausweichen der Hufknorpel nach innen bewirkt darüber hinaus ein Zusammenzwängen des Strahlkissens sowie der tiefen Beugesehne.

(5) Die Arbeit des Huforthopäden richtet sich auch hier zu allererst darauf, das Ungleichgewicht in der Belastungssituation zu minimieren. Die jeweilige Vorgehensweise ergibt sich dabei aus der konkret vorliegenden Situation. Wenn wie im Fotobeispiel der Huf durch unabgeriebenes Zehenwandhorn, sowie durch verhärtetes, ausgedehntes, hügelähnliches Sohlenhorn in der Zehenmitte – nach hinten unten abfallend – hochgehoben wurde, kommt es zunächst darauf an, den Huf im dorsalen (vorderen) Sohlenrandbereich durch Herstellen der physiologischen Sohlendicke auf

den Tragrand zu stellen. Da mit dem Entfernen des unphysiologischen, harten und zu dicken Sohlenrandhornes ebenfalls der Druck von der distodorsalen (vorn/unten) Zehenwand genommen wird, kommt es bei der Bearbeitung der veränderten Zehenwand nun darauf an, dem Huf durch korrektes Beraspeln der rücken- bzw. säulenförmig veränderten Zehenwand mit weit nach proximal (oben) reichender, gleichmäßiger Rieddachstruktur das Abfußen über die Zehenspitze zu erleichtern. Erreicht wird damit gleichermaßen eine Minimierung der Stauchkräfte auf die Zehenwand nach oben.

Ist der Zwanghuf durch eine Minderbelastung im hinteren Hufbereich verursacht, so zielt das Ausdünnen des Tragrandes im Trachtenbereich und hinteren Seitenwandbereich darauf, dass der Huf trotz der Minderbelastung im Fersenbereich ein zukünftig höheres Maß an Abrieb erfährt. So wird verhindert, dass die Gliedmaße aufgrund des schwächeren Abriebs hinten stets noch steiler wird.

2.4.2 Der manipulierte Zwanghuf

(1) Die Fotos 1–4 zeigen die Vorderhufe von drei verschiedenen Pferden. Diese Pferde sind in drei verschiedenen Bundesländern zu Hause, zeigen also nicht die Arbeit eines einzelnen Hufbearbeiters, wohl aber die einer bestimmten Hufschule. Die Ähnlichkeit in der Form oder besser in der Verformung der Hornkapsel ist unverkennbar. Die Sohlenansichten (Fotos 1 bis 3) machen deutlich, dass die Hufe ihre ursprüngliche, für Vorderhufe typische runde Form zugunsten einer oval-rechteckigen Form verloren haben. Das Foto 1 zeigt dies bereits in relativer Vollendung, während sich die Hufe in den Fotos 2 und 3 noch auf dem Weg dahin befinden. Ins Auge fällt neben der unnatürlichen Form das beinah gänzliche Fehlen der Trachten (bei Foto 2 und 3 noch in Rudimenten vorhanden). Im Foto 2 (Pfeil) ist zu erkennen, dass die Trachtenendkante

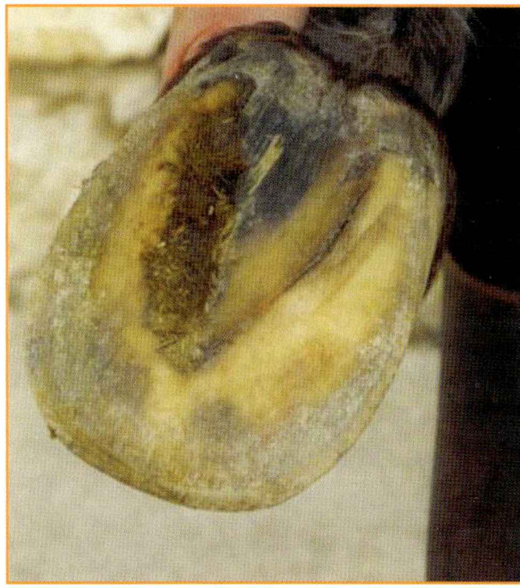

Foto 1 (Zwanghuf 2)

im Zuge der Hufbearbeitung entfernt wurde. Die Hufe sind im Trachtenbereich eng, mit steilen Eckstreben und sich im Trachtenbereich nach innen unter den Huf neigenden Tragewänden, sofern selbige noch vorhanden sind. Bei Foto 1 hat der Ballen bereits Bodenkontakt, das heißt das Pferd läuft auf dem Ballenhorn, welches die flexiblen Hufknorpel überzieht und physiologisch

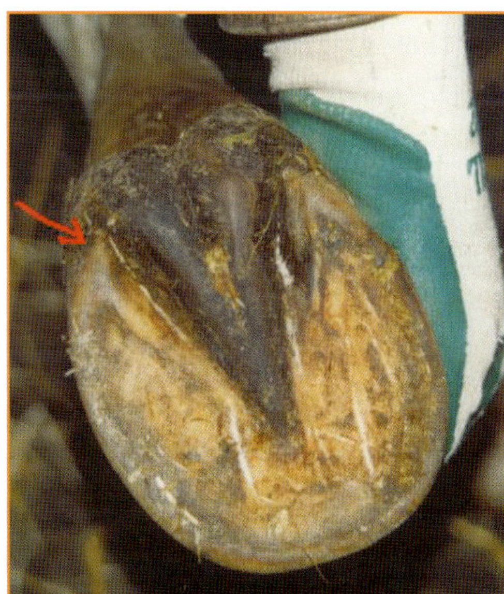

Foto 2 (Zwanghuf 2)

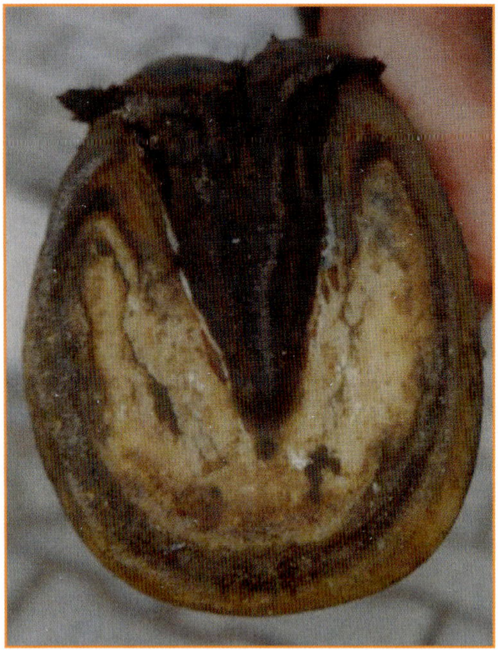

Foto 3 (Zwanghuf 2)

keineswegs zum Tragen gedacht ist. Im Zehenbereich sind die dargestellten Hufe eckig breit, mit mächtigen Zehenabweisern beidseits der nahezu mittig angelaufenen Zehenrichtungen. Die Hufe weisen keine nennenswerte Sohlenwölbung mehr auf. Foto 4 zeigt den in Foto 3 dargestellten linken Vorderhuf in lateromedialer (äußerer Seiten-) Ansicht. Deutlich zu erkennen ist die konkave Verbiegung der Zehenwand mit entsprechender Faltenbildung und bullnasig angelaufener Zehenrichtung. Im oberen, sich unmittelbar an den Kronsaum anschließenden Bereich der Zehenwand zeigt sich die tatsächliche Stellung des Hufbeins, welches steiler zum Boden steht, als die Fessel der zugehörigen Gliedmaße (➤ *Der erworbene Sehnenstelzfuß*).

(2) Dieser Zwanghuf verdankt sich einzig und allein falscher Hufbearbeitung. Im Bestreben, jedem Pferdehuf eine vorgestellte Idealform zu geben und eine Bodenparallelität des Hufbeins herzustellen, werden die Trachten des Hufes gekürzt. Damit ist – je nach vorliegender Hufstellung und Hufform – ein mehr oder weniger starkes Kippen des Hufes nach hinten unten verbunden. Dadurch kommt es zu einer – wiederum mehr oder weniger heftigen – Lastenverlagerung auf die hinteren Bereiche des Hufes. Infolge der vermehrten Last werden die ohnehin übersteil zum Boden stehenden Trachtenhornröhrchen durch den Gegendruck des Bodens nach innen gezwängt. Verschärft wird die fürs Pferd unangenehme und der Hufgesundheit abträgliche Belastungssituation zusätzlich durch das Wegschneiden der Trachtenendkanten (»Trachten öffnen«), wie es auf Foto 2 zu sehen ist. Das Kippen des Hufes bewirkt weiter, dass die Zehenwand schräg zum Boden gestellt wird; in gleichem Maße aber, wie hinten die Last erhöht wird, wird die Zehe von Last befreit. Die Folge ist, dass im Zehenbereich nunmehr kaum Hornabrieb stattfinden kann. Das Röhrchenhorn der Zehe wächst unter dem Huf heraus und verliert damit seine Tragefunktion. Die sich unmittelbar anschließenden vorderen Seitenwandröhrchen folgen diesem Weg, werden schräg und büßen ihre Trageeigenschaften ebenfalls ein. Das beständige Kürzen des gesamten Hufes von unten, wenn auch stets bei stärkerem Kürzen im Trachtenbereich, setzt die Pferde vollends auf die Sohle. Dies ist bei der hier besprochenen Hufbearbeitungsschule unseres Erachtens auch erwünscht.

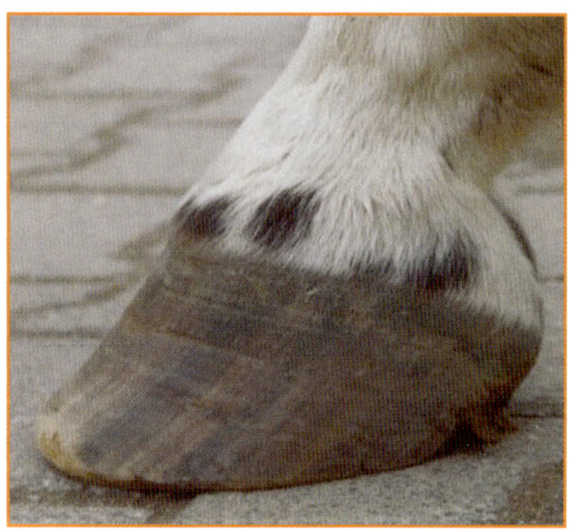

Foto 4 (Zwanghuf 2)

Die Sohle soll in den Sohlenrandbereichen mittragen.

Das insgesamt starke Kürzen des Hufes und damit der schrägen Tragrandüberstände hat zumindest ein Positives – die Hebelkräfte werden auf diese Weise deutlich minimiert. So kommt es – arbeitet der Hufbearbeiter prinzipientreu – zumindest kaum zur Bildung von Rissen und Spalten und auch die Zerreißung der Blättchenschicht hält sich in der Regel in Grenzen. Wird allerdings eher zögerlich zu Werke gegangen, weil man die Radikalität der Methode doch scheut, dann sind auch diese Folgen vorprogrammiert. Dies zeigt sich beispielhaft an Foto 3, wo die aufgerissene und mit Fäulnis besetzte Blättchenschicht massiv geschädigt ist. In jedem Fall – ob moderat oder grundsatztreu – bedeutet die Herstellung einer Tragesohle, wie sie diese Art und Weise der Hufbearbeitung anzielt und bewerkstelligt, das Gegenteil von lustvollem Laufen für das mit solchen Hufen versehene Pferd (➛ *Anatomischer Index: Sohle*).

Die Fotos 3 und 4 zeigen allerdings nicht nur die Wirkungen eines vorsichtigeren Umsetzens der beschriebenen Hufbearbeitungsprinzipien, sondern machen auch deutlich, wie sich diese Hufbearbeitung auf eine Gliedmaße bzw. deren Huf auswirkt, wenn eine Flexion (Beugung) im Hufgelenk vorliegt. Wird hier im Trachtenbereich gekürzt um den Huf in einen flacheren Winkel zum Boden zu bringen, so verbiegt sich die Zehenwand in der abgebildeten Weise (➛ *Der erworbene Sehnenstelzfuß*).

(3) Einem Pferd mit solcherart verformten Hufen wird das Abfußen, genauer das Abrollen enorm erschwert. Aus dieser Tatsache folgt ein stark verändertes Bewegungsmuster – die Hufe müssen zunächst erst deutlich gehoben werden, bevor sie gebeugt und nach vorn geführt werden können. Um mit diesen Hufen zu laufen, ist für das Pferd sehr viel Muskelarbeit nötig. Der Huf muss zunächst von hinten unten herausgezogen und hiernach höher gehoben werden, als dies bei der natürlichen Hufform der Fall wäre.

Die Pferde zeigen neben einer deutlichen Trachtenfußung einen klammen Gang, der durch Schmerzen im gezwängten Trachtenbereich und im schräg hebelnden Zehen- und Seitenwandbereich sowie durch den erzwungenen ständigen Bodenkontakt der Sohle verursacht wird. Durch das manipulative Kippen des Hufes nach hinten unten und das permanente Niederhalten in dieser Stellung wird der Bereich der Hufrolle einer starken Belastung ausgesetzt. Der Zug der tiefen Beugesehne und damit der Druck auf den Hufrollenschleimbeutel (Bursa podotrochlearis) und das Strahlbein wird erheblich verstärkt. Es besteht die Gefahr einer ➛ *Hufrollenentzündung* aufgrund der ständigen Überlastung; es erhöht sich aber zudem auch das Risiko spontaner Verletzungen in diesem bereits arg angespannten Bereich. Die schrägen Wände im Zehen- und vorderen Seitenwandbereich üben eine starke Belastung auf den Hufbeinträger aus. Dies wiederum befördert die Entstehung einer ➛ *Belastungsrehe*. Werden die hebelnden Wände nicht um den Preis eines noch schmerzhafteren Gehens möglichst kurz gehalten, erhöht sich diese Gefahr noch. Zudem wird dann auch der Zerreißung im Bereich der Blättchenschicht und der Ausbildung von ➛ *Hufgeschwüren und Hufabszessen* Vorschub geleistet.

(4) Für die meisten Pferde (mit Ausnahme von sehr weich gefesselten) geht diese Art und Weise der Hufbearbeitung, bei der ein flacher Hufwinkel angezielt wird, mit einer Hyperextension (Überstreckung) im Hufgelenk einher.[19] Fessel- und Kronbein stehen steiler als das Hufbein, die Huf-Fesselachse

19 Eine Ausnahme bilden auch Pferde, die wie im Fotobeispiel 3 und 4 unter einem ➛ Erworbenen Sehnenstelzfuß leiden. Hier bewirkt eine verkürzte tiefe Beugesehne eine Flexion im Hufgelenk und wirkt einer Hyperextension entgegen. Bevor die tiefe Beugesehne eines erwachsenen Pferdes nachgibt, tut dies die Hornkapsel, sprich sie verbiegt sich in der oben (Foto 4) gezeigten Weise.

ist nach hinten gebrochen. Es wurde bereits darauf hingewiesen, dass diese Stellung eine große Belastung für den Hufrollenkomplex darstellt. Neben der tiefen Beugesehne gerät hierbei auch der Aufhängeapparat des Strahlbeines unter Stress. Insbesondere das Hufbein-Strahlbein-Band wird durch diese Hyperextensionsstellung unter enormen Zug gesetzt. Metaplasien (durch chronische Reize in Gang gesetzte Gewebsumwandlung) in den Insertionsbereichen (Ansatzstellen) der Bänder sind die Folge. So reagiert das Gewebe auf die verstärkte Zugbelastung mit der Bildung von Faserknorpel und späteren Knochengewebsinseln. Diese Gewebsumwandlungen stellen zum einen eine Art Selbstheilungsprozess des Organismus dar, der sich durch die Veränderung der Gewebearchitektur an die veränderte Situation anpasst. Allerdings hat diese Reparatur- und Anpassungsmaßnahme zur Folge, dass *»die Kontinuität der elastisch federnden Verankerung unterbrochen wird«* (WEILER 2001: 388). Dieser Verlust an Elastizität birgt neuerliche Risiken. Faserrupturen und nachfolgende weitere Reparaturversuche sind die Folge. In gleicher Weise kann es auch zu Knochenanbau an den Bandansatzstellen selbst kommen. Das Strahlbein verändert sich hierdurch in seiner Form; der eigentlich eher würfelförmige Knochen erscheint so im Querschnitt längsoval verändert. Aber auch am Hufbein können Umbauprozesse stattfinden. So kann es durch den ständigen, unphysiologisch verstärkten Zug des Hufbeinträgers besonders am Rand des Hufbeines zu Deformationen wie der Ausbildung der so genannten Hutkrempe kommen. In Röntgenaufnahmen erscheint der Hufbeinrand (margo solearis) in der Folge nicht mehr klar konturiert und glatt, sondern uneben und ausgefranst.

(5) Es gibt kaum eine dankbarere Aufgabe und zugleich größere Herausforderung an die Huforthopädie als die Behandlung manipulierter Hufanomalien. Bei den in den Fotobeispielen dargestellten massiven Hufveränderungen kommt es darauf an, die nach hinten unten gezwungenen Hufe wieder aufzurichten. Aufgrund der kontraproduktiven Wirkungsweisen von Keilen oder anderen künstlichen Schenkelerhöhungen in solchen Situationen (➤ *Untergeschobene Trachten*) können Korrekturen ausschließlich durch die Bearbeitung nach huforthopädischen Prinzipien erreicht werden. Die Vorgehensweisen entsprechen denen der Korrektur einer zu schrägen Hufwand. Nachdem mit der Hufuntersuchungszange die Hufsohle auf Schmerzhaftigkeit untersucht worden ist und auf diese Weise Punkte erhöhter Sohlendicke festgestellt worden sind, werden diese vorsichtig geglättet. Das Hauptaugenmerk richtet sich auf die Bearbeitung der Hufzehe. Hierbei wird das oft sehr ausgiebig angesammelte Sohlenrandhorn samt Blättchenhorn im gesamten Zehenverlauf entfernt, wobei ein möglichst rechtwinklig zur Hufsohle ausgerichteter Innentragrand mit Überstand angestrebt wird. Der Zehentragrand wird anschließend mit der Hufraspel auf die gleiche Breite reduziert, die er im seitlichen Verlauf aufweist und insbesondere beidseitig der Zehenrichtungen sorgfältig und schlank nach oben ausschleichend beraspelt (Rieddachstruktur).

2.5 Untergeschobene Trachten

Die Fotos zeigen den linken Vorderhuf eines Pferdes. Die Trachten des Hufes sind weit unter den Huf geschoben. Die Hornröhrchen der Trachten haben ihren physiologischen Winkel zum Boden völlig eingebüßt. Verfolgt man die Röhrchenstruktur der Seitenwände, wird deutlich, dass diese ihre funktionale Stellung zum Boden ebenfalls verloren haben. Der Huf scheint eher von hinten nach vorn zu wachsen, denn von oben nach unten. Das

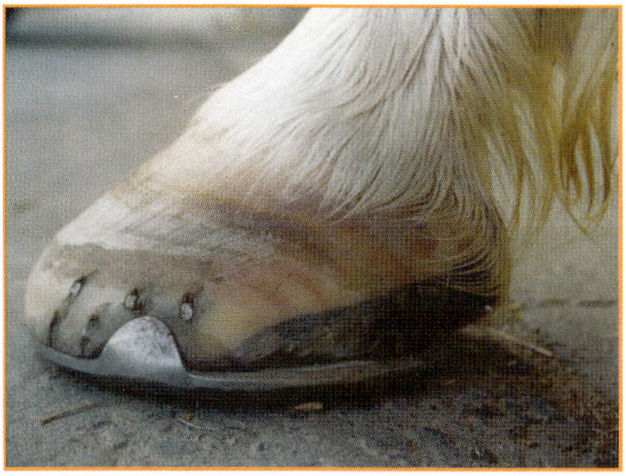

Foto 1 (Untergeschobene Trachten)

Hufbild wird dadurch »geschönt«, dass die Zehe stark zurückgenommen ist, sprich bullnasig gekürzt wurde. Verlängert man die Zehenlinie über die angebrachte Rundung hinaus, wie dies auf Foto 2 demonstriert wurde, erhält man ein Bild davon, wie lang die Hornkapsel tatsächlich nach vorn unter der Gliedmaße herausgewachsen ist. Ein Hintereisen mit zwei seitlichen Aufzügen soll verhindern, dass die Hornkapsel noch mehr an Form verliert. Die massiven Einblutungen ins Horn (➤ *Verfärbtes Hufhorn*) wie auch die zahlreichen Risse in Längsrichtung der Hornröhrchen (➤ *Hornrisse und Hornspalten*) zeigen an, wie stark die Hornkapsel im wahrsten Sinne des Wortes unter Stress steht. Infolge des Formverlustes der Hornkapsel hat sich eine

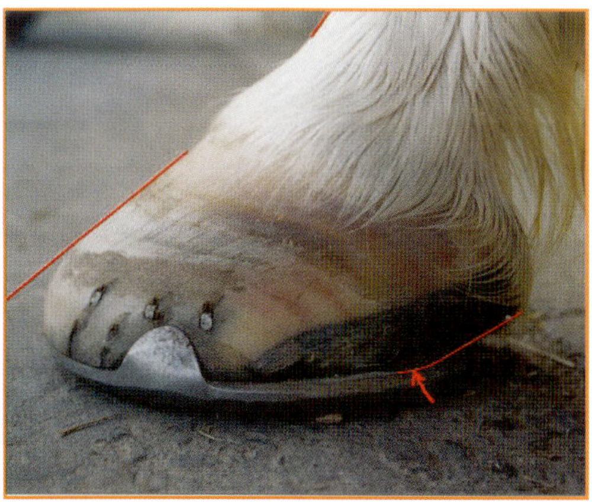

Foto 2 (Untergeschobene Trachten)

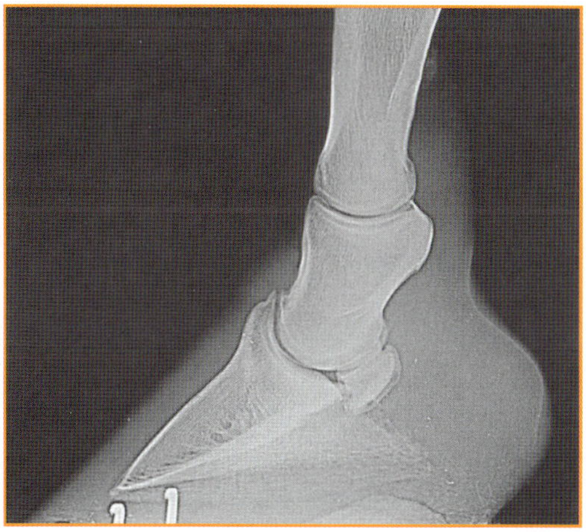

Foto 3 (Untergeschobene Trachten)

nach hinten gebrochene Huf-Fesselachse eingestellt, die mit einer Hyperextension (Überstreckung) im Hufgelenk einhergeht (siehe Foto 3).

(2) Die abgebildete Fehlstellung wurde durch unsachgemäße Hufzubereitung verursacht. Wie im ersten Kapitel dieses Buches bereits beschrieben wurde, ist es eine Wirkung des Eisenbeschlages, dass im Bereich des Trachtenhorns ein relativ starker Hornabrieb stattfindet, während im Zehenbereich kein Abrieb erfolgt. Infolge dieser ungleichmäßigen Abnutzung der Hornkapsel wird der Huf hinten niedriger und vorn höher, was letztlich dazu führt, dass der gesamte Hornschuh nach hinten unten gekippt wird. Die Last der Gewichtsaufnahme verlagert sich hierdurch in den Fersenbereich der Gliedmaße. Wird dieser Prozess nicht absolut regelmäßig und frühzeitig genug gestoppt, also der Beschlag erneuert und die Hornkapsel zurück in Form geschnitten, dann verbiegen sich die Hornröhrchen der Trachten unter der einwirkenden Mehrbelastung und büßen so ihre Tragefunktion ein. Das Kippen des Hufes zwingt aber nicht nur die Hornröhrchen der Trachten in die Knie, auch die Zehenwand und damit deren Hornröhrchen geraten hierdurch in einen ungünstigen, schrägen Winkel zum Boden. Dies mindert

auch im Bereich der Zehe die Tragefunktion des Horns. Die aufgrund des ausbleibenden Abriebs überlangen Hornröhrchen der Zehenwand werden aus ihrer ursprünglichen Stellung – in der sie den Bodendruck zu einem guten Teil vertikal auffangen, und nur zu einem Bruchteil federnd nach außen (in der Horizontale) nachgeben – in eine Stellung gezwungen, wo sie dem Bodendruck mehr und mehr ausweichen.

Ist dieser Zustand einmal eingetreten, kann ein Kürzen der Hornkapsel im vorderen Bereich, wie es beim Umbeschlagen zur Stellungskorrektur in der Regel vorgenommen wird, keine Abhilfe mehr schaffen. Die Kürzungsmaßnahme kann die Stellung der Hornröhrchen zum Boden nicht in eine physiologische zurückführen. Durch die bereits eingetretene Schrägstellung der Zehenwandröhrchen ist ein Zurückkippen des Hufes nach vorn, also aus der Hyperextensionsstellung heraus, nicht mehr möglich. Wenn die Hornröhrchen der Zehe nun wie beim Umbeschlagen üblich in ihrer Länge gekürzt werden, dann bewirkt das in erster Linie eine Verkürzung der Länge des Hufes. Dies ist auf den Fotos deutlich zu sehen. Die unphysiologische Schräge der Hornröhrchen wird auf diese Weise nicht behoben, sondern bleibt erhalten. Das ist aber gleichbedeutend damit, dass der negative Verformungsprozess um so massiver fortschreiten wird. Einmal in diese ungünstige Stellung gebracht, erleiden die Hornröhrchen nunmehr bei jeder Lastaufnahme eine neuerliche Verbiegung, welche letztlich bis an ihre Produktionsstätte heranreicht. Die Hornröhrchen erhalten so schon von vornherein einen Wachstumsimpuls in unphysiologische Richtung. Das Hufhorn wächst der Gliedmaße regelrecht davon.

Untergeschobene Trachten können sich aber auch ohne Eisenbeschlag entwickeln. Auch in diesen Fällen ist ihre Entstehung das Ergebnis unsachgemäßer oder vernachlässigter Hufbearbeitung. Betroffen sind dabei in erster Linie Hufe, die nur wenig Abrieb erfahren. Wächst das Hufhorn ungehindert und ohne Chance auf Abrieb in die Höhe und wird hier nicht oder zu spät hufbearbeiterisch eingegriffen, so verbiegt sich die Hornwand an ihren freien, über den eigentlichen Huf hinausragenden Hornteilen. Mit Glück sorgt ein Ausbrechen dieser Hornwandüberstände für Regulation. Bleiben diese Ausbrüche jedoch aus, beispielsweise bei ständigem Aufenthalt auf nachgiebigem Untergrund wie feuchten Wiesen oder dicker Einstreu, kommt es zu einer starken Verbiegung der überlangen Wandanteile. Dabei werden die schrägsten Wandanteile der Hornkapsel, und das sind in der Regel die der Zehe, am schnellsten und auch am stärksten verbogen. Eine solche verbogene Zehenwand ist nicht mehr in der Lage, den Bodengegendruck tragend aufzufangen. In der Folge müssen die hinteren Bereiche des Hufes mehr Last übernehmen, das heißt, es erfolgt hier, ebenso wie oben beim eisenbeschlagenen Huf, eine Lastverlagerung nach hinten. Die Hornröhrchen der Trachtenwand werden unter dieser Mehrlast regelrecht unter den Huf gebogen, dies um so leichter, da sie durch den fehlenden Abrieb ebenfalls überlang sind. Die Trachtenröhrchen verändern ihre Stellung zum Boden in dem Maße, in dem das Horn der Zehe »wegläuft«. Da an der, der Last ausweichenden Zehe nun erst recht kein Abrieb mehr stattfindet, schreitet die Fersenlastigkeit der Gliedmaße progressiv voran.

Bei weiten Hufen mit eher schrägen Wänden geht diese negative Verformung noch leichter vonstatten, da sich die von vornherein schrägen Wandanteile der Seitenwände der Zehenwand anschließen und sich ebenfalls massiv nach außen verbiegen. Die Trachten werden in diesem Fall bei der Lastaufnahme also nicht nur von der Zehenwand, sondern auch von den Seitenwänden im Stich gelassen.

(3) Das Laufen in solchen Hufen ist für Pferde äußerst mühevoll. Die schräge lange

Zehenwand erschwert das Abfußen über die Maßen. Aus diesem Grund wird im Rahmen der konventionellen Hufbearbeitung die Zehe oft bullnasig gekürzt, wie dies auch im Fotobeispiel zu sehen ist. Das bringt einige Erleichterung, behebt aber nicht das ungünstige Bewegungsmuster, welches eine derart nach hinten unten gekippte Gliedmaße beschreibt. Wie schon im vorhergehenden Fall des ➤*Manipulierten Zwanghufs* muss das Pferd für die Fortbewegung einen vermehrten Kraftaufwand leisten, um den Huf aus der Hyperextensionsstellung herauszuziehen. In der Regel gehen Pferde, die mit solchen Hufen ausgestattet sind, klamm bis fühlig. Die schrägen, hebelnden Hornröhrchen ziehen bei jedem Schritt an den sensiblen Lederhautblättchen der Wandlederhaut und wirken ebenfalls mit jedem Schritt schmerzhaft auf die Kronlederhaut ein, wie die massiven Hornverfärbungen deutlich vor Augen führen. Darüber hinaus geht mit den unter den Huf gezwängten Trachten eine permanente Quetschung der Wand- und Sohlenlederhaut im Trachtenbereich einher, was mit zusätzlichen Schmerzen für das Pferd verbunden ist.

(4) Die Adaptionsprozesse der knöchernen und ligamentösen Strukturen des Hufes entsprechen im Großen und Ganzen den im Rahmen des ➤*Manipulierten Zwanghuf* beschriebenen und können an dieser Stelle nachgelesen werden. Besonderes Augenmerk ist hier wie dort auf die pathologischen Veränderungen im Bereich der Hufrolle zu legen, wobei das erhöhte Risiko von spontanen Verletzungen in diesem Bereich unseres Erachtens den im Eigentlichen entscheidenden Faktor darstellt.

(5) Auch hier liegt die einzige Möglichkeit zur Korrektur in der Beseitigung der Ursachen. In diesem Fall bedeutet das, die auf dem Boden liegenden Hornröhrchen müssen wieder in einen physiologischen Winkel zum Boden gebracht werden. Zehenwandröhrchen, wie im entsprechenden Fall auch die Hornröhrchen der Seitenwände werden so bearbeitet, dass ihre Hebelwirkung weitestgehend aufgehoben wird. Zudem müssen unphysiologische Hornansammlungen im Sohlenbereich entfernt werden, da sie im anderen Fall die ohnehin schrägen Wände zusätzlich nach außen drängen. Die Hufbearbeitung muss sicherstellen, dass ein weiteres Verbiegen der Tragewände nach außen nicht mehr stattfindet. Dies hat in einem drei positive Effekte:

1) Die hebelnde Zehenwand, wie auch die unter Umständen zu schräg gewordenen Seitenwände erhalten ihre Tragefunktion zurück.
2) Dadurch kann in diesen Wandbereichen in Zukunft wieder mehr Abrieb stattfinden.
3) Die für das Pferd schmerzhafte Hebelwirkung wird aufgehoben, das heißt es kann sofort leichter Abfußen und es entfällt das Bedürfnis des Tieres seine Zehe zu entlasten und damit seine Ferse vermehrt zu belasten; der Fersenlastigkeit wird somit entgegengewirkt. Der Huf erhält auf diese Weise die Chance, sich in sein Gleichgewicht zurück zu laufen.

Untergeschobene Trachten sind, das wurde oben bereits beschrieben, mit der üblichen Hufbearbeitungstechnik – ausgleichende Hufverkürzung im vorderen Bereich – nicht mehr zu beheben. Man behilft sich deshalb in der konventionellen Hufbearbeitung, häufig auch auf Anraten des behandelnden Tierarztes, mit Keilbeschlägen. Man tut dies, obwohl die nachteilige Wirkung der Keile mittlerweile hinlänglich bekannt ist. Zwar haben steile bzw. stumpfe Hufe (ab 55° aufwärts) eine niedrigere Belastung auf den Trachten (nämlich 57% der vertikalen Hufkraft) als dies bei flachen bzw. spitzen Hufen (ab 39°

abwärts) der Fall ist – letztere weisen eine sehr hohe Trachtenbelastung (nämlich 75% der Hufkraft) auf. Dies auf einen mit Keilen unterstützten Huf anzuwenden, heißt jedoch die physikalischen Gegebenheiten völlig zu verkennen. Es ist jedoch symptomatisch, dass man so tut, als ob auf eine stumpfe Hornkapsel die gleichen Gesetze wirken, wie auf eine spitze, unterkeilte Hornkapsel. Von wissenschaftlichen Untersuchungen lässt sich diese Vorgehensweise leider nicht irritieren, obwohl es Nachweise über die Schädlichkeit dieser Maßnahme gibt. Sie stellen klar, dass es unter dem Einfluss eines Keiles im Trachtenbereich zu einer erheblichen Kraftverschiebung zwischen Hufspitzen- und Trachtenbereich hin zu letzterem kommt (KLUNDER 2000: 78). Das bedeutet, dass die ohnehin schon verbogenen und liegenden Trachtenhornröhrchen unter noch mehr Last gesetzt werden. Die unausweichliche Folge eines Keileinsatzes ist deshalb stets die Verschlechterung der Hufsituation.

2.6 Der Kotflügelhuf

(1) Bei dem im Foto 1 abgebildeten Huf handelt es sich um einen linken Hinterhuf. Deutlich zu erkennen ist, dass der Huf seine natürliche längsovale Form fast gänzlich eingebüßt und ein beinahe herzförmiges Aussehen angenommen hat. Die Seitenwände des Hufes beschreiben einen Bogen nach außen, der sich bis in die Trachtenwand fortsetzt. Am Übergang der Seitenwände in die Zehenwand sind Einkerbungen entstanden, die darauf verweisen, dass hier der feste Zusammenhang der Hornröhrchen des Tragrandes beeinträchtigt ist.

Vergleicht man die beiden Hufhälften, lässt sich unschwer feststellen, dass diese unterschiedlich breit sind. Wir haben eine breitere laterale Hufhälfte (im Bild links) und eine schmalerer mediale Hufhälfte. Der Huf wird medial stärker belastet als lateral, hierfür sprechen auch die Form des Strahles und der Eckstreben. Der Strahl legt sich in Richtung der geringeren Belastung, so dass die laterale Strahlfurche beinahe zugedeckt wird, auch die Strahlspitze weist in diese Richtung. Die schwarzen Verfärbungen in den seitlichen sowie in der mittleren Strahlfurche zeigen zudem Fäulnisprozesse an.

Beide Eckstreben legen sich deutlich auf die Hufsohle, wobei dies der lateralen Eckstrebe vergleichsweise leichter gemacht ist, da sie aufgrund der am Huf herrschenden Belastungssituation bereits wesentlich schräger zum Boden steht, als die gegenüberliegende, mehr Last tragende und darob steilere mediale Eckstrebe. Zu der breiteren lateralen Hufhälfte kommt auch ein größerer und weiter auslaufender Schwung bzw. Bogen, den die Seiten- und Trachtenwand an dieser Stelle beschreibt und der diese Hufhälfte noch einmal breiter erscheinen lässt. Die Ausbiegung auf der gegenüberliegenden medialen Hufseite fällt im Vergleich dazu kleiner aus, genauer: Sie beschränkt sich hier auf eine kürzere Hornstrecke. Die rundum verlaufende Schwarzfärbung des Blättchen-

Foto 1 (Kotflügelhuf)

Foto 2 (Kotflügelhuf)

hornes (zona alba) zeigt an, dass sich hier in der Verbindungsschicht zwischen Sohle und Tragrand bereits Fäulnisbakterien eingenistet haben. Besonders massiv sind diese Prozesse ganz offensichtlich im Bereich der bogenförmigen Ausbeulungen der Seiten- und Trachtenwände.

Die festgestellte mediale Mehrbelastung des Hufes geht mit einer lateral angelaufenen Zehenrichtung einher. Bei dem abgebildeten Huf handelt es sich folglich um einen ➛*Diagonalhuf*.

Foto 2 zeigt, welche Macht die Eckstreben letztlich entwickeln können, wenn man sie ungehindert wachsen lässt. Bei diesem rechten Hinterhuf haben sich die Eckstrebenwände bereits über die gesamte Hälfte des Hufes gelegt. Der medial (im Bild links) stärker belastete Huf hat seine Funktionsfähigkeit zu einem Großteil eingebüßt. Neben den mächtigen, auf der Sohle liegenden Eckstreben haben die Seitenwände ebenso wie die Trachten ihre physiologische Stellung zum Boden völlig verloren. In der Sohle haben sich im Bereich der Zehe – wie in der Verlängerung des Eckstrebenhornes entlang der seitlichen Strahlfurchen – mittragende Hornansammlungen gebildet. Strahlhorn hat sich über die seitlichen Strahlfurchen gelegt und sorgt dafür, dass sich Erde und Mist im Huf festsetzen können.

(2) Die abgebildete Hufverformung entsteht im Zusammenhang mit einer falschen oder vernachlässigten Bearbeitung der Eckstreben. Genauso falsch, wie es ist, die Eckstreben im Zuge der Hufbearbeitung ganz zu entfernen (➛*Anatomischer Index: Eckstrebe*), genauso falsch ist es, ihr ungehindertes Wachstum zuzulassen oder sie unzureichend zu kürzen. Während im ersten Fall mit den Eckstreben die Haltewand der elastischen Hufknorpel entfernt wird (zu den negativen Auswirkungen ➛*Hufknorpelverknöcherung*), wird im zweiten Fall einer unphysiologischen Verformung der Hornkapsel Vorschub geleistet.

Besonders bei schrägen Wänden (weite Hufe, unbelastete Hufhälfte) kann das harte Röhrchenhorn der Eckstrebenwand nahezu ungehindert wachsen. Da es in dieser Schrägstellung zum Boden kaum Abrieb erfährt und zudem bei jeder Lastaufnahme durch den Bodendruck weiter auf die Sohle gepresst wird, wächst das Horn der Eckstrebe nach und nach über die Sohle. Schreitet die Hufbearbeitung spätestens an diesem Punkt nicht ein, so sorgt das Eckstrebenhorn, welches nun wie ein harter Deckel über dem weicheren Sohlenhorn liegt, dafür, dass sich letzteres nicht wie in den freien Sohlenbereichen abschilfern kann. Das solcherart festgeklemmte Sohlenhorn sorgt gemeinsam mit dem harten, liegenden Eckstrebenhorn für eine vermehrte Hornproduktion in diesem Bereich der Sohle, da die Lederhaut durch den steten Druck in ihrer Produktionstätigkeit angeheizt wird. Auf diese Weise kommt es zu einer Hornansammlung im Sohlenwinkel, die aufgrund ihres zunehmenden Umfangs die angrenzenden Hornröhrchen des Tragrandes nach außen zwingt. Die solcherart nach außen gebeulte Tragewand der Hornkapsel kann, ob ihrer nun bestehenden Schrägstellung zum Boden, den Bodengegendruck jetzt nicht mehr vertikal auffangen, sondern wird bei jeder Lastaufnahme nach außen gehebelt. Umso länger diese Schrägstellung anhält, umso mehr verschärft sich die Hebelwirkung und umso stärker wird wiederum die Verbiegung der Hornröhrchen, also die Schräge der Wände. Die Seiten- und Trachtenwände büßen ihre Tragefunktion in der Folge immer mehr ein. Die Tragfähigkeit der Hornkapsel wird letztlich insgesamt geschwächt.

Die abgebildeten Hufbeispiele zeigen, dass Strahl und Sohle bestrebt sind, die geminderte Tragefunktion der Hornkapsel zu kompensieren. Der Strahl ist in beiden Fällen deutlich breit und im Prinzip gut entwickelt. Allerdings haben auch in beiden Fällen Fäulnisprozesse bereits zu Hornverlusten geführt, was die prinzipielle Mittragfähigkeit des Strahlhornes wieder unterminiert. Auch die Sohle trägt in beiden Fällen einiges an Last, was sich an den unphysiologischen Hornansammlungen in den Sohlenrandbezirken und seitlich des Strahles zeigt. Durch das Wegpendeln der schrägen Hornwände werden vor allem die äußeren Randbereiche der Sohle zu ständigem Bodenkontakt gezwungen; denn mit dem Verlust der Tragefunktion der Wände geht die Bodenfreiheit der Hufsohle weitestgehend verloren. Der nun stattfindende stete Bodenkontakt befördert die Hornproduktion in den lastaufnehmenden Bereichen der Sohle, so dass es zur Bildung von harten, unelastischen Sohlenrandbezirken kommt, die schlussendlich einen regelrechten Tragewulst bilden. Die besonders im Foto 2 zu sehenden Hornansammlungen beidseits des Strahles werden durch das weiter oben auslaufende harte Eckstrebenhorn provoziert. Am Übergang des harten Röhrchenhornes der Eckstrebe in das weichere Röhrchenhorn der Hufsohle bilden sich durch den Druck des angrenzenden härteren Hornmaterials besonders leicht derartige Hornansammlungen. Einmal vorhanden, regen sie die Sohlenlederhaut an dieser Stelle zur vermehrten Hornproduktion und damit zur weiteren Ausbreitung der ungünstigen Hornansammlung an.

(3) Das beschriebene Mittragen der Sohle macht den Huf für das betreffende Pferd sehr ungemütlich. Die Hornansammlungen sorgen in der Folge zudem dafür, dass die Hufsohle entscheidend an Wölbung und Elastizität einbüßt (➛ *Anatomischer Index: Sohle*). Das ist aber längst nicht der einzige und unter Umständen auch gar nicht der stärkste schmerzbereitende Faktor, der mit einer solchen Hufsituation verbunden ist. Auch das liegende harte Eckstrebenhorn selbst drückt wie ein Stein im Schuh permanent auf die Sohlenlederhaut und verursacht im mindesten Fall Unbehagen. Das Schmerzpotential dieser »Steine« kann man beispielsweise an den roten Hornverfärbungen ermessen, die im Rahmen der Hufbearbeitung beim Abtragen der Eckstrebe im Sohlenhorn in der Regel zutage treten. Diese Einblutungen werden noch heute umgangssprachlich als »Steingallen« bezeichnet, was auf den Irrtum früherer Erklärungen verweist, die das Zustandekommen dieser Hornverfärbungen damit erklärten, dass das Pferd tatsächlich auf einen Stein getreten sei (➛ *Verfärbtes Hufhorn*). Vor allem gehen aber auch von den schräg herausgebeulten Seitenwänden schmerzhafte Hebelwirkungen aus. Das Röhrchenhorn der ursprünglichen Tragewände (jetzt vielmehr Hebelwände) zerrt über den mit ihm verbundenen Hufbeinträger bei jedem Schritt des Pferdes an den sensiblen Blättchen der Wandlederhaut. Das Gehen in einem solchen Hornschuh ist, wie man sieht, aus vielfältigem Grund schmerzbelastet.

Zur Schmerzbelastung hinzu kommt die Gefahr der Entstehung von ➛ *Hufgeschwüren* bzw. *Hufabszessen*. Prädestiniert hierfür sind die Bereiche der herausgebeulten Hornwand, wo Zerreißungen in der Blättchenschicht das Eindringen von Fäulnisbakterien möglich machen, sowie die Bereiche unter den Eckstreben, wo sich zwischen dem Horn der Eckstrebe und dem Horn der Sohle Erde, Schmutz und damit Fäulnisbakterien ansiedeln können. Bleiben diese Hufgeschwüre unentdeckt oder werden sie nach ihrer Entdeckung nur ungenügend behandelt, so breiten sie sich in Richtung der sensiblen Hufbereiche aus und können Lahmheiten verursachen.

Es wurde bereits darauf hingewiesen, dass die Verformung der Hornkapsel, wie sie mit einem Kotflügelhuf einhergeht, Zusammenhangstrennungen in der Tragewand provozieren. Die Sollbruchstellen sind auf dem oben abgebildeten Huf deutlich zu erkennen. Häufig zeigen sich auch zwischen Eckstreben- und Trachtenwand, also in unmittelbarer Nachbarschaft der Trachtenendkante, Ermüdungsrisse. Bleibt die unphysiologische Hufsituation bestehen, entwickeln sich die Risse zu ➛*Hornspalten*. Auch dies schafft ausreichend Gründe für Lahmheiten.

(4) Der massive Verlust der Tragfähigkeit der Hufwände, wie er mit der beschriebenen Hufverformung einhergeht, hat weitreichende Konsequenzen vor allem für das Hufbein. Der Knochen des Hufbeins folgt den Hufwänden nach außen unten, er wird weiter und niedriger und verliert in dem Maße, wie das Horn der Wände seine Tragefunktion einbüßt, an Sohlenwölbung. Die Hufbeinäste sowie die Hufknorpel sinken mit den Seitenwänden nach unten. Alles in allem ähneln die Adaptionsprozesse der Hufinnenknochen den für den ➛*Flachhuf* beschriebenen Folgen. Auch hier setzen die hebelnden Tragewände den Hufbeinträger besonders im Bereich der Seitenwände unter starke Belastung. Es kann davon ausgegangen werden, dass der Hufbeinrand (margo solearis) exakt im Bereich der in Foto 1 zu sehenden beiderseitigen Einkerbungen gleichartige Kerben bzw. Einziehungen aufweist.

(5) Bei der Behandlung der Kotflügelhufe konzentrieren sich die Bemühungen wie bei allen unphysiologischen Wandschrägen auf das Ausschalten oder Reduzieren der ungünstigen Hebelkräfte infolge der schräg nach außen herausgedrückten Hufseitenwände. Hierfür werden zunächst die auf der Hufsohle liegenden so genannten Eckstreben (Hufknorpelwände) auf ihre natürliche Höhe zurückgeschnitten, respektive bis an den Beginn ihrer senkrechteren Ausrichtung von der Hufsohle abgetragen. Bei dem anschließenden Herausschneiden des nun freigelegten Sohlenhügels ist darauf zu achten, dass der Innentragrand und das anschließende Blättchenhorn samt Sohlenrandhorn hier einen möglichst rechten Winkel bilden sollen. Zu diesem Zweck wird der Innentragrand nur innen unten angeschnitten, um ihn möglichst senkrecht zum Boden zu stellen. Ziel der Bearbeitung ist, die nach außen drückenden Hornansammlungen (Drängelhorn) in den so genannten Eckstrebenwinkeln auf die physiologische Hufsohlendicke zu reduzieren, eine Arbeit die stets mit der Hufuntersuchungszange kontrolliert werden muss. Bei dem anschließenden Beraspeln der unphysiologischen Wandschräge darf der Tragrand hier nur soweit angeraspelt werden, dass eine Rieddachstruktur angelegt werden kann. Es muss dabei sehr darauf geachtet werden, dass ein genügend breiter und tragfähiger Tragrand erhalten bleibt.

Wie bei allen Raspelarbeiten an den gerillten oder gefalteten Hufwänden soll die Rieddachstruktur entweder vor der nächst folgenden dominanter ausgeprägten Knickstelle oder Rille enden, oder wenn möglich über diese Knickstelle weiter nach proximal (oben) bis in den günstiger, senkrechter ausgerichteten

Wandbereich reichen, und nicht etwa in einer Rille enden, die dann wie eine zusätzliche Sollknickstelle wirkt.

Einer der Kardinalfehler bei der herkömmlichen Hufbearbeitung ist es, wenn der Huf auf dem Hufbock in »eine regelmäßige Form gebracht« wird und hierbei die herausgebogenen Wandabschnitte gänzlich flach geraspelt (geschönt) werden. Der

Foto 3 (Kotflügelhuf)

damit einhergehende Verlust des Tragrandhornes und die erhöhte Hornerosion in diesem Bereich führt zu der typischen, gerundeten Kotflügelbrücke, wie sie in Foto 3 zu sehen ist und wie sie nahezu an allen konventionell bearbeiteten Hufen mit der so genannten Kotflügelbildung festgestellt werden kann. Die helle Umgrenzung des Brückenbogens infolge des freigelegten unpigmentierten Hornes (innerster Hornwandbereich) ist ein bestimmendes Unterscheidungsmerkmal der Kotflügelbrücke und kennzeichnet diese im Unterschied zum ausgebrochenen Tragrand.

Die Folge dieser Bearbeitungsform ist, dass weite Bereiche der Hufseitenwände nicht mittragen, wodurch die restlichen Wandabschnitte zwangsläufig überbelastet werden. Besonders der jetzt überbelastete Rest der Trachtenwand samt Trachtenendkante wird sich infolge der entstandenen Hornlücke dem Weg des geringsten Widerstand folgend nach vorne verbiegen und unterschieben (➤ *Untergeschobene Trachten*). In der Folge kommt es sehr leicht zur Ausbildung eines ➤ *Pseudokotflügelhufes*, der im folgenden Abschnitt beschrieben wird.

2.7 Der Pseudokotflügelhuf

(1) Foto 1 zeigt den linken Vorderhuf eines Pferdes in lateromedialer (äußere Seiten-) Ansicht. Foto 2 zeigt denselben Huf einige Monate später. Deutlich sichtbar ist die eingetretene Formveränderung der Hornkapsel. Die laterale Seitenwand, die auf dem ersten Foto eine noch vergleichsweise leichte Wölbung nach außen aufweist, beult sich dem Betrachter auf Foto 2 regelrecht entgegen. Bereits auf Foto 1 ist zu erkennen, dass sich die Hornröhrchen im hinteren Hufbereich unter den Huf geschoben haben. Diese Tendenz hat sich in der nachfolgenden Zeit massiv verstärkt, auf Foto 2 verschwinden die Trachten nahezu gänzlich unter dem Huf. Im Zehenbereich wurde der Huf stark beraspelt, so dass nun der Eindruck einer nach vorn gebrochenen Huf-Fesselachse entsteht.

(2) Der Pseudokotflügel, wie die Huforthopäden diese typische unphysiologische Wandkrümmung benannt haben, entsteht infolge einer untergeschobenen Trachte. Dabei ist es unerheblich, ob die Trachte infolge einer extensierten Hufbelastung (Hyperextension im Hufgelenk) unterschiebt oder infolge einer ständigen kapillaren (in Röhrchenrichtung verlaufenden) Hornlücke, die die Trachte infolge der Zusammenhangstrennung des ehemals festgefügten Röhrchenhorns sowie infolge der ständigen Hornlücke dem fehlenden Widerstand nach vorne folgen lässt und nach vorne unterschiebt.

In beiden Fällen der unterschiebenden Trachte rundet sich die naturgemäß flach gerundete Hornwand in ihrer gesamten Höhe nach außen. Es entsteht eine unphysiologische, oft durch eine oder mehrere mehr oder weniger deutliche kapillare

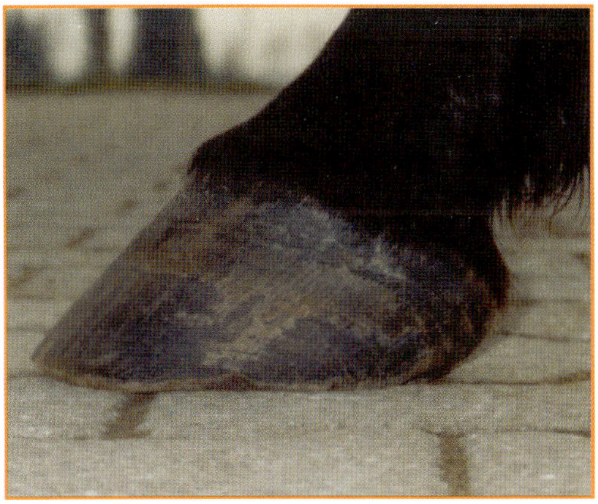

Foto 1 (Pseudo Kotflügelhuf)

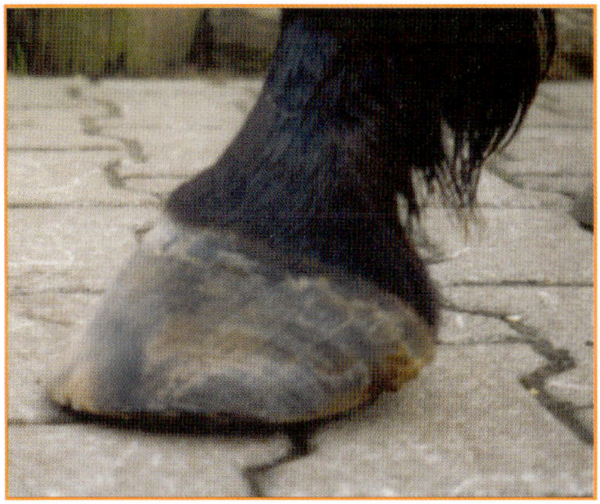

Foto 2 (Pseudo Kotflügelhuf)

Rillen demarkierte Wandrundung, in deren Bereich die federnde Elastizität der Hornkapsel aufgehoben ist. In dem Maße wie ein vertikal belastetes Blatt Papier horizontal gebogen und zu einer Röhre geformt wird, verliert es seine federnde Elastizität bei zunehmender horizontaler und vertikaler Starre und Belastbarkeit, ein Umstand der in dem gleichen Maße auf die unphysikalisch gerundete Wand oder auf einzelne gerundete Wandanteile zutrifft.

Die Folge der unnatürlichen Tragfähigkeit und der dadurch aufgehobenen Federwirkung der unphysiologischen Wandrundung ist eine starre, nach oben einwirkende Lastübertragung, in deren Folge das nachschiebende Wandhorn im Bereich der Rundung zusammengefaltet und nach oben gestaucht wird. Die Hufkrone wölbt sich nach oben und bei nicht pigmentiertem Wandhorn findet man als sichtbaren Ausdruck der Überbelastung der Kronlederhaut oft gelbes bis rotes Hufhorn (➤ *Verfärbtes Hufhorn*). An der groben Rauigkeit und dem höheren Hornverlust des Tragrandes im Bereich der vorgewölbten Hufwand wird deutlich erkennbar, welch übermäßige und unphysiologische Lastaufnahme infolge des Verlustes der federnden Hufmechanik auf diesen Wandanteil einwirkt.

(3) Der Bewegungsablauf der Gliedmaße gestaltet sich nach der vorliegenden Hufsituation und kann je nach Ausgangshuflage beispielsweise in den Abschnitten ➤ *Untergeschobene Trachten* oder ➤ *Unsymmetrischer Huf* nachgelesen werden. Hinzu kommt die Schmerzbelastung und das erhöhte Infektionsrisiko und die damit verbundene Gefahr von Lahmheiten durch die schräg wegspreizenden Wandanteile und das Aufreißen der Blättchenschicht (➤ *Kotflügelhufe*).

(4) Hier gilt das bereits Gesagte. Die Anpassungsleistungen wie auch die irreversiblen pathologischen Veränderungen der Zehenorgane entsprechen den in den oben genannten Abschnitten dargestellten Prozessen und können dort nachgelesen werden.

(5) Die unphysiologischen Wandrundungen infolge von unterschiebenden Trachten stellen bei der Hufbearbeitung eine besondere Herausforderung dar und können nur durch sorgfältige und konsequente Behandlungen zu einem gestreckten Wandverlauf zurückgeführt werden. Um dieses zu erreichen, kommt es wesentlich darauf an, dass die gesamte Rundung bis unmittelbar vor ihre Demarkationsrillen oder Knicke mit der Raspel von außen deutlich ausgedünnt wird, so dass sie ihre starre Tragfähigkeit verliert. Sie sollte dabei allerdings keinesfalls flach geraspelt wer-

den, wie dies leider oft getan wird. Letztere Maßnahme folgt einzig einem ästhetischen Standpunkt des Schönmachens und wirkt sich – wie unter ➤ *Kottlügelhute* bereits beschrieben – negativ auf die Physiologie der Hornkapsel aus.

Der schon stark erodierte Tragrand wird nur von losen Hornteilen befreit und geglättet. Mit dem Entfernen des in der Tragrandbucht angesiedelten Drängelhorns, dem Beschneiden des Innentragrandes und der Winkelgestaltung wird ebenso wie bei allen unphysiologischen Wandschrägen verfahren.

2.8 »White Line Disease«

(1) Die Fotos 1–5 zeigen die Hufe dreier verschiedener Pferde. Auf den Fotos ist zu erkennen, dass alle Pferde Probleme aufgrund von Hornzersetzungsprozessen im Bereich des Tragrandes bzw. in den hier angrenzenden Bereichen haben. Die Fotos 1 und 2 zeigen ein- und denselben Huf. Es handelt sich um einen linken Hinterhuf, welcher sowohl auf der mehr belasteten medialen (Foto 1, rechts im Bild) als auch auf der lateralen Hufseite in der Verbindungsschicht zwischen Hufsohle und Tragewand Fäulnis aufweist. Die Blättchenschicht ist hier über die gesamte Länge der Seitenwände schwärzlich verfärbt, wobei die weniger belastete und noch schrägere Hufhälfte etwas stärker betroffen ist. Auch in den seitlichen Strahlfurchen sind Überreste von Fäulnisprozessen zu erkennen.

Auf der Ansicht des Hufes von vorn (Foto 2) bestätigt sich, was die Sohlenansicht bereits vermuten ließ. Die Seitenwände des Hufes sind unphysiologisch schräg und biegen sich im unteren Drittel unter der Last des Pferdes nach außen. Die weniger belastete laterale Hufwand ist dabei deutlich schräger. Welche enormen Verbiegekräfte auf den abgebildeten Huf wirken, zeigt sich unter anderem an den

Foto 1 (»White Line Disease«)

lebhaften Hornverfärbungen, welche die gesamte Hornkapsel aufweist (➤ *Verfärbtes Hufhorn*).

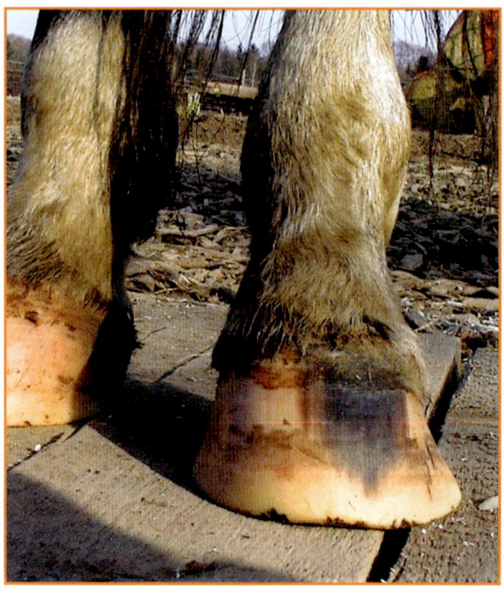

Foto 2 (»White Line Disease«)

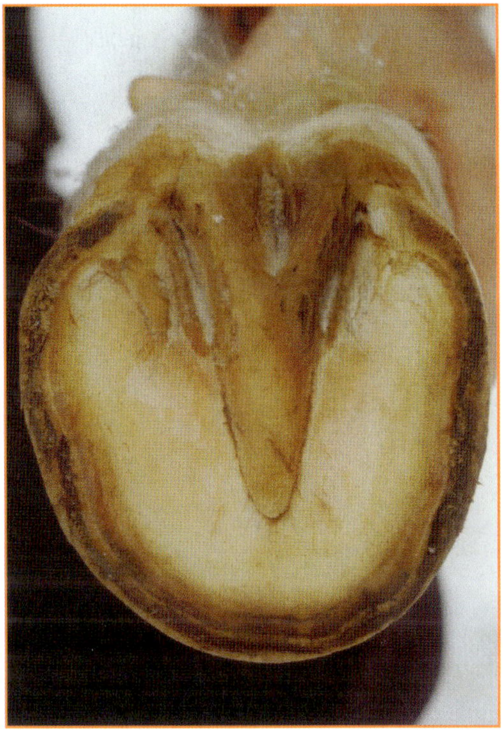

Foto 3 (»White Line Disease«)

Foto 3 zeigt den linken Vorderhuf eines Pferdes, welches ebenfalls massive Probleme im Bereich des Tragrandes hat. Der Tragrand ist sowohl auf der mehr belasteten medialen (rechts im Bild) als auch auf der weniger belasteten lateralen Hufhälfte und zudem auch im Bereich der Zehe aufgespreißelt und bietet Steinchen, Erde und damit auch Fäulnisbakterien Platz. Die Blättchenschicht ist ringsum geschlossen und unversehrt, wird aber in ihrem Verlauf durch die im Tragrand mit Fremdkörpern besetzten Hohlräume verändert. Sie wird an den entsprechenden Stellen regelrecht nach innen gedrückt und erscheint in der Folge geschlängelt, statt wie ursprünglich gerade verlaufend. Der innen stärker belastete Huf fußt über die äußere Zehe ab – es handelt sich also bei diesem Huf um einen ➛ *Diagonalhuf*.

Foto 4 zeigt die beiden Vorderhufe eines Pferdes, welche ebenfalls Defekte im Tragrandbereich aufweisen. Ringsum ist der Tragrand im unteren Bereich weggebrochen. Der Hufbeinträger, genauer die Hornblättchen desselbigen, liegen in diesem Bereich frei. Das gesamte Hufhorn der beiden hier abgebildeten Hufe wirkt qualitativ minderwertig. Über die ganze

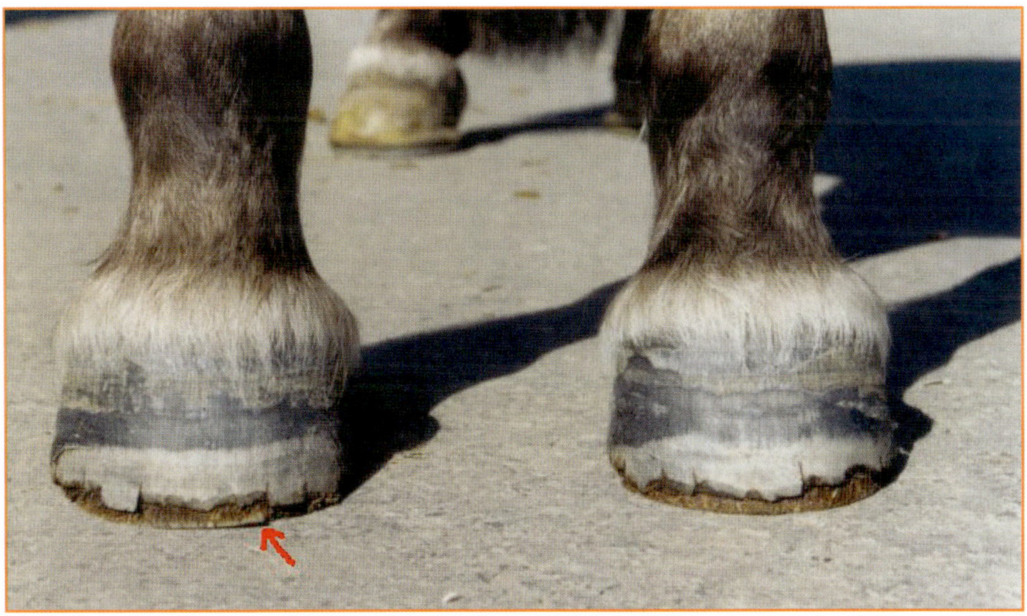

Foto 4 (»White Line Disease«)

Foto 5 »White Line Disease«

Hornkapsel zeigt es sich stumpf und spröde.

Foto 5 zeigt die Sohlenansicht des rechten Vorderhufes des gleichen Pferdes. Neben der lateromedialen Belastungssituation des Hufes, welcher außen etwas stärker belastet ist als innen, sieht man, dass das Pferd nur noch rudimentär über einen Tragrand verfügt. Einzig im Trachtenbereich stehen noch Reste des Tragrandes. Was man im Bereich der Zehe für Tragrand halten könnte (siehe Pfeil), ist – wie man auf der Ansicht des Hufes von vorn (Foto 4, Pfeil) erkennen kann – lediglich der zeitweilig Tragrandfunktion übernehmende verhornte Hufbeinträger (Blättchenschicht). Auch die aus der Sohlenansicht zu sehenden Hornanteile wirken stark angegriffen. Die Eckstrebenwand ist analog zur übrigen Hornwand brüchig und von schlechter Qualität.

(2) Auch wenn es erst vor einigen Jahren als neue amerikanische Entdeckung gefeiert wurde, »White Line Disease« – wenn man es so nennen möchte – gibt es schon so lange es Pferdehufe gibt. Was hier mit »Erkrankung« oder »Krankheit« bezeichnet wird, ist gewissermaßen eine Verkettung ungünstiger Umstände, nämlich die Folge mechanischer Zusammenhangstrennungen aufgrund von unphysiologischen Hufbeinträgerbelastungen mit anschließenden Infektionen, genauer Ansiedlung und fortschreitende Ausbreitung von hornpathogenen Keimen im Hufhorn. Betroffen hiervon ist die weiße Linie (linea alba), also der Bereich des Hufes, der die Grenzlinie zwischen Röhrchenhorn des Tragrandes und Blättchenhorn des Hufbeinträgers bildet.

Vielleicht liegt es an der Begriffsverwirrung, die in Bezug auf die weiße Linie herrscht[20], dass die Diagnose »White Line Disease« auch häufig bei Fällen gestellt wird, wo nicht die weiße Linie, sondern die Blättchenschicht von Fäulnisprozessen befallen ist. Ein solcher Fall ist im Foto 1 (und 2) festgehalten.

Fäulnisprozesse der Blättchenschicht haben ihren Grund, anders als das als »White line desease« bezeichnete Phänomen, in unphysiologischen Schrägen der Tragewände. Durch die schrägen Hufwände, die bei jeder Lastaufnahme nach außen gehebelt werden, wird die Blättchenschicht eröffnet, Fusobakterien und andere Keime können eindringen und Schaden anrichten. Verantwortlich für diese Situation sind einzig und allein die schrägen Hebel am Huf. Werden sie beseitigt, so verschwindet auch die Fäulnis.

Die Fotos 3 bis 5 zeigen im Unterschied hierzu zwei Fälle von »White Line Disease«. Hier ist es tatsächlich die weiße Linie, die mechanisch und durch hornzerstörende Keime in Mitleidenschaft gezogen ist. Besonders deutlich zu sehen ist dies in Foto 3, wo sich die Blättchenschicht vollkommen unversehrt zeigt, auch wenn sie durch die nebenan im Tragrand eingedrungenen Fremdkörper in ihrem Verlauf verändert ist. Im Unterschied zu dem vorher beschriebenen Fall sind es hier keine schrägen Hebel, die Eintrittspforten im Huf

20 häufig wird der Begriff weiße Linie (linea alba) missbräuchlich für die Blättchenschicht (zona alba) verwendet (→Anatomischen Index: Weiße Linie)

schaffen, sondern vielmehr starke vertikale Kräfte die auf die Hufwand einwirken. Aus diesem Grund sind es auch bevorzugt stumpfe, steile Hufe bzw. steile, mehrbelastete Hufwände, die vom Phänomen »White Line Disease« betroffen werden. Besonders auf harten, unebenen Untergründen, wie beispielsweise Kopfsteinpflaster oder gefrorenen Matschausläufen, erfahren steile Hufwände eine starke Beanspruchung durch den Bodengegendruck. Aufgrund ihrer Steilheit zum Boden kann die bei unebenem Boden mitunter stark scherende Vertikalkraft kaum durch horizontale Ausweichbewegung gemindert werden, wie dies bei einem physiologischen Wandwinkel zum Boden möglich wäre. Die inneren Hornstrukturen der Hufwand werden durch die stete übermäßige mechanische Beanspruchung im wahrsten Sinne des Wortes nach und nach zermürbt. Dass hiervon in erster Linie die weiße Linie betroffen ist, beruht unseres Erachtens auf der besonderen Lokalisation und Qualität dieser Hornschicht, die die Nahtstelle zwischen zwei sehr unterschiedlichen Hornstrukturen – Röhrchenhorn einerseits, Blättchenhorn andererseits – bildet.

Die mechanisch geschwächten Hornwandanteile bieten nun allen Arten von Eindringlingen potentiell Einlass. Auch hier ist das Abstellen der unphysiologischen Hebel die einzige Garantie dafür, dass die Zersetzungsprozesse in der Hornwand gestoppt werden. Allerdings gestaltet sich dies, vor allem in den Fällen, wo sich eine steile Hornkapsel – egal ob angeboren oder ob durch Fehlbearbeitung oder krankheitsbedingt erworben – bereits manifestiert hat, nicht immer einfach. Das Phänomen »White Line Disease« zeichnet sich deshalb mitunter durch eine gewisse Hartnäckigkeit aus.

Auf der Suche nach der besonderen Qualität dieser ausdauernden Hornzerstörungsprozesse hat man sich von Seiten der Wissenschaft bisher leider nahezu ausschließlich damit befasst, spezifische verursachende hornpathogene Keime zu identifizieren. Als Übeltäter dingfest gemacht wurde eine symbiotische Beziehung von Bakterien und Pilzen, deren Enzyme und Endotoxine, die Protein- und Kollagenanteile der inneren Hornwand zerstören. Die Kombination unterschiedlicher Keime mache die chemische Bekämpfung so schwierig und die Erkrankung deshalb so dauerhaft. Zahlreiche Wissenschaftler suchen in ihren Labors seither nach wirksamen chemischen Mitteln zur Bekämpfung von »White Line Disease«. Statt auf die Suche nach der ultimativen chemischen Keule zu gehen, sollte man unseres Erachtens die Aufmerksamkeit auf die Prophylaxe richten. Entscheidend ist: Die Keimbesiedlung wird nur dann möglich, wenn die Hornkapsel eröffnet ist. Sind Eintrittspforten vorhanden, ist ein Zusammenwirken von anaeroben Bakterien und aeroben Pilzen mit Sicherheit besonders erfolgreich und zerstörerisch. Beide Keimarten können sich quasi gegenseitig den Weg in die Hornkapsel freimachen. Kapriziert man sich hier nun aber auf die Bekämpfung der Keime, hat man den Kampf von vornherein verloren.

(3) Zunächst fällt der Bewegungsablauf der Gliedmaße entsprechend der vorliegenden Hufsituation, sprich gemäß dem konkreten Hufproblem aus (siehe hierzu Punkt 3 im jeweiligen Abschnitt beispielsweise ➤*Der Unsymmetrische Huf* oder ➤*Der erworbene Sehnenstelzfuß*). Hinzu kommt die Gefahr von Lahmheiten aufgrund der massiven Hornzerstörung und dem damit einhergehenden Verlust der Tragfähigkeit der Hornkapsel. Auch können sich Lahmheiten infolge von ➤ *Hufgeschwüren und Hufabszessen* einstellen.

(4) Hier gilt ebenfalls das bereits Gesagte: Je nach konkret vorliegender Hufsituation kann es zu Prozessen der Knochenbiomorphose sowie zu irreversiblen pathologischen Veränderungen an den knöchernen und ligamentösen Strukturen des

Hufes kommen (siehe hierzu Punkt 4 im entsprechenden Abschnitt). Zudem können die zunächst aseptischen Infektionsprozesse innerhalb der Hornkapsel bei längerem Andauern auf die lebenden Strukturen des Hufes übergreifen und septische Entzündungen der Huflederhäute sowie auch des Hufbeinknochens selbst hervorrufen (➤ *Hornsäulen*).

(5) Wie oben bereits beschrieben, gibt es eine ganze Reihe chemischer Substanzen, die für die Bekämpfung der »White line disease« erprobt werden bzw. auch explizit entwickelt wurden. Ob ein Einsatz solcher Mittel im einen oder anderen Fall sinnvoll ist, soll an dieser Stelle nicht entschieden werden. Zu bedenken geben möchten wir jedoch, dass der Einsatz chemischer »Waffen« lediglich dazu dient, die vorhandenen Keime abzutöten. Für deren Nachschub ist in einer pferdegemäßen Umgebung aber in jedem Fall gesorgt. Überdies sind zur erfolgreichen Bekämpfung der Keime auch wahre »Hämmer« nötig. Deren Schadwirkung auf das Hufhorn selbst torpediert mitunter die Sanierungsbemühungen. Das Wichtigste jedoch ist der Tatbestand, dass die Infektion mit Keimen nur ein sekundärer Prozess ist, welcher ein primäres Hufproblem voraussetzt. Es ist deshalb in erster Linie zwingend nötig, das bestehende Hufproblem zu lösen und die unphysiologischen Belastungsverhältnisse am Huf zu beheben.

Darüber hinaus ist die Prophylaxe das A und O bei der Bekämpfung von »White Line Disease«. Werden unphysiologisch steile Wände, wie sie beispielsweise mit einseitig überbelasteten Hufen einhergehen, huforthopädisch bearbeitet, wird den Keimen keine Angriffsfläche geboten. Werden unphysiologisch steil gestellte Hufe bei der Zucht und bei der Bearbeitung der Fohlenhufe bereits als Problem erkannt, so werden ungünstige Voraussetzungen verhindert (➤ *Der erworbene Sehnenstelzfuß*).

Haben sich die symbiotisch sehr effektiv arbeitenden Keime einmal ans Werk gemacht, kann eine Therapie auch nur soweit erfolgreich sein, wie es gelingt, eine physiologische Belastungssituation am Huf herzustellen. Die huforthopädische Bearbeitung richtet sich nach dem im einzelnen Fall konkret vorliegenden Problem (siehe hierzu Punkt 5 im entsprechenden Abschnitt).

2.9 Hohle Wand

(1) Das Foto zeigt einen Ausschnitt eines linken Vorderhufes. Abgebildet ist die mediale, mehrbelastete Hufhälfte der Gliedmaße, die im gesamten Seitenwandbereich massive Hornschäden aufweist. Tragrand und Sohle sind zu großen Teilen völlig voneinander separiert. Dadurch ergibt sich eine hohle Wand. Die Verbindung der Hufwand zum Hufbeinträger ist unterbrochen. Im dargestellten Fall beschränkt sich diese Trennung noch auf den unteren Bereich der Hornkapsel. Die benachbarte Blättchenschicht zeigt sich völlig unversehrt.

(2) Das Phänomen Hohle Wand ergibt sich als Folge der im vorherigen Abschnitt (➤ *»White Line Disease«*) beschriebenen Hornzersetzungsprozesse im Bereich der weißen Linie (linea alba). Wenn das mechanisch initiierte und durch Bakterien und Pilze fortgeführte Zerstörungswerk im Bereich der inneren Hufwand nicht gestoppt wird, sondern ungehindert fortschreitet, verliert die Hufwand ihre Verbindung zum Hufbeinträger und büßt somit weitgehend an Stabilität ein. Die durch die Zusammenhangstrennung geschaffenen Höhlen bieten eindringenden Fremdkörpern Platz, so dass sowohl eine weitere mechanische als auch eine weitere, durch hornpathogene Keime verursachte Zerstörung vorprogrammiert ist. Um so mehr die Hufwand sich von ihrer Verankerung am Hufbeinträger separiert, um so stärker wird

Foto 1 (Hohle Wand)

auch die mechanische Schadwirkung, die von der freien Beweglichkeit der Wand ausgeht. Da dieses Phänomen bevorzugt an steilen Hufwänden auftritt, kommt es eher seltener zum Ausbrechen der unterhöhlten Hufwandanteile.

Die im vorhergehenden Abschnitt ebenfalls beschriebene, weil häufig mit dem Phänomen »White Line Disease« verwechselte Zerstörung der Blättchenschicht (zona alba), führt indes in der Regel nicht zu der Entstehung einer hohlen Wand. Zwar kommt es auch hier zu einer Separierung von Sohle und Tragrand, erreicht die Zusammenhangstrennung jedoch ein gewisses Ausmaß, befördern die schrägen Hebel, die die Trennung ursprünglich provoziert haben und die im Zuge der Hornzerstörung zwingend zunehmen, ein Ausbrechen der unterminierten Hornwand. Die untenstehende Zeichnung verdeutlicht dies.

(3) Der Bewegungsablauf der Gliedmaße richtet sich zunächst nach der realen Belastungssituation des Hufes und der damit zusammenhängenden Schwere und konkreten Ausgestaltung der Hufproblematik und kann in den entsprechenden Abschnitten nachgelesen werden. Darüber hinaus kann die Zusammenhangstrennung zwischen Hufbeinträger und Hornwand aufgrund des Ausmaßes des Horndefektes sowie aufgrund des höheren Infektionsrisikos (➤ *Hufgeschwüre und Hufabszesse*) zu schwerer Lahmheit führen.

(4) Je nach konkret vorliegender Hufsituation können sich die Zehenknochen und -gelenke prozesshaft verändern und so an die vorliegende Belastungssituation anpas-

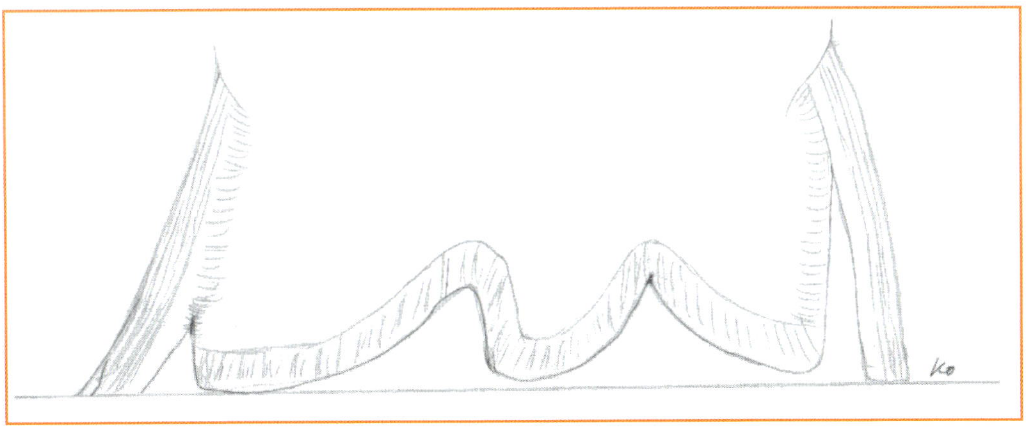

Unterschied Fäulnis in der Blättchenschicht (links im Bild) – Hohle Wand (rechts im Bild)

sen (siehe hierzu Punkt 4 im jeweiligen Abschnitt). Außerdem kann es aufgrund der großflächigen Unterminierung des Schutzes der Hornkapsel zu septische Entzündungen der Huflederhaute und in deren Folge zu einer Beschädigung der Knochenstrukturen des Hufbeins selbst kommen (➤ *Hornsäulen*).

(5) Oberste Priorität hat bei der Therapie der Hohlen Wand die Wiederherstellung einer physiologischen Belastungssituation am betreffenden Huf. Die Hufbearbeitung hat sicherzustellen, dass die in der Regel steile und überbelastete Wand, in welcher die Zusammenhangstrennung stattgefunden hat, entlastet wird. Dies geschieht in der Weise, dass die übrigen Hufwände in ihrer Tragefunktion bestärkt werden. Hier arbeitet die Huforthopädie in gewohnter Weise mit der Nutzung und Steuerung der Kräfte des Hornabriebs und Bodengegendrucks.

Zusätzlich muss verhindert werden, dass sich in der Hohlen Wand Infektionen ausbreiten. Hierzu wird die Höhlung zunächst gesäubert und mit einem Mittel behandelt, dass geeignet ist, ein bakteriostatisches (die bakterielle Vermehrung hemmendes) oder auch unter Umständen ein antibakterielles (die Bakterien vernichtendes) Klima herzustellen. Nach dieser Behandlung wird die Hohle Wand mit Hanf, Mull oder anderen tauglichen Materialien so verschlossen, dass dem neuerlichen Eindringen von Schmutz und anderem vorgebeugt wird. Diese Materialien müssen, wie das antiinfektive Klima auch, regelmäßig erneuert werden. Die Häufigkeit der Behandlung richtet sich dabei nach der Schwere des Hornschadens sowie nach dem Ausmaß der bereits bestehenden Infektionsprozesse. Unter Umständen ist eine tägliche Behandlung nötig, in weniger schwerwiegenden Fällen reicht ein Vier-Tages-Rhythmus aus. Hat sich bereits eine septische Infektion eingestellt, ist in jedem Fall ein Tierarzt hinzuzuziehen.

Herkömmlich werden Pferde mit Hohlen Wänden häufig jedoch behandelt, indem der Teil der Hornwand, hinter dem sich die Hohle Wand verbirgt, gänzlich entfernt wird. Davon ist unserer Meinung nach unbedingt abzuraten, da sich diese Maßnahme gänzlich kontraproduktiv zu der eigentlich an dieser Stelle nötigen Wiederherstellung einer gesunden Belastungssituation verhält. Letztere wird hierdurch geradewegs massiv verschlechtert; ein Umstand der auch keineswegs dadurch ausgeglichen werden kann, dass der so offensiv hergestellte Hornschaden mit anderen Materialien, wie Kunsthornen und ähnlichem verschlossen wird. Selbstredend benötigt ein derart misstherapierter Huf dann auch ein Eisen.

Ganz abgesehen davon, dass diese Vorgehensweise die unphysiologische Belastungssituation verstärkt, ist sie auch, gemessen an dem mit ihr im eigentlichen verfolgten Zweck, völlig übertrieben. Das Entfernen der Wand zielt meist darauf, mögliche oder bereits stattfindende Infektionsprozesse hinter der Wand zu stoppen. Dies gelingt aber in der Regel auch mit den oben genannten huffreundlichen Methoden. Letztere haben zudem den Vorteil, dass der Zugang nicht versiegelt wird, regelmäßige Kontrolle und Säuberung der in der Tiefe freigelegten Hornstrukturen also möglich ist. Wird eine entfernte Hornwand mit Kunsthorn ersetzt oder werden Hufe mit Hohlen Wänden, wie dies gern getan wird, mit Deckeleisen beschlagen, stellen sich nicht selten schwere Infektionen ein, da eine Kontrolle und Behandlung nicht mehr möglich ist.

Das Gesagte gilt auch in dem Fall, in dem sich bereits eine septische Entzündung eingestellt hat. Auch hier sind minimalistisch orientierte Horneröffnungen vorzuziehen. So kann beispielsweise vom Tierarzt als Drainage ein Kanal in die Hornwand gebohrt werden (wobei sehr darauf zu achten ist, die Lederhaut nicht zu verletzen), um so eine Abflussmöglichkeit für Eiter zu schaffen und die Möglichkeit zu erhalten, den Hohlraum hinter der Wand spülen und medikamentös versorgen zu können.

2.10 Verfärbtes Hufhorn (Blutergüsse)

2.10.1 Verfärbtes Hufhorn in der Hornkapsel

(1) Die Fotos zeigen einen linken Vorderhuf in lateromedialer Ansicht (Foto 1) sowie einen linken Hinterhuf aus der Ansicht von vorn (Foto 2). Auf beiden Hufen lassen sich deutliche Hornverfärbungen von gelb bis tiefrot und violett erkennen. Der Vorderhuf weist sehr schräge Zehen und Seitenwände auf. Die sichtbare äußere Trachte ist untergeschoben. Die durch die untergezwängte Trachtenendwand herausgebeulte Seitenwand (➤ *Pseudokotflügel*) ist kürzlich ausgebrochen. Im vorderen Seiten- und Zehenwandbereich, aber auch im Bereich der gesamten Hornbeule bis dicht unter den Kronsaum zeigen sich unterschiedliche Hornverfärbungen.

Der abgebildete Hinterhuf (Foto 2) befindet sich ebenfalls in einer deutlich ungünstigen Form. Der Huf ist lateral (im Bild rechts) um einiges niedriger als medial, der Kronsaum verläuft in diesem Bereich in einem Bogen nach unten. Die laterale Hufwand ist konkav

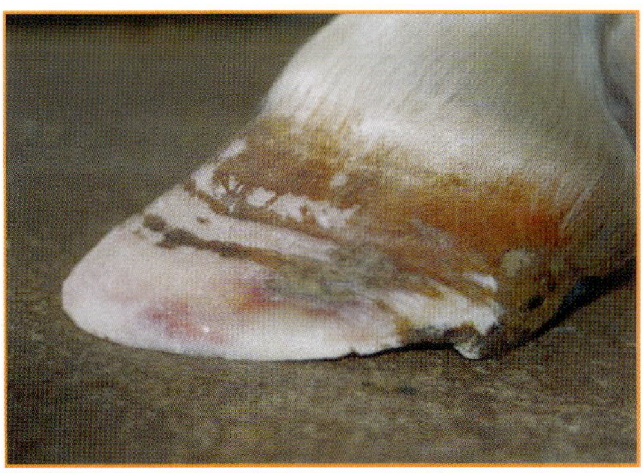

Foto 1 (Verfärbtes Hufhorn 1)

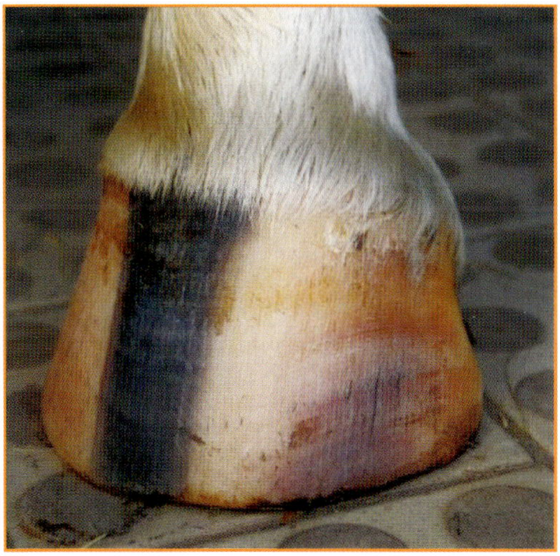

Foto 2 (Verfärbtes Hufhorn 1)

verbogen, das Horn ist hier gelb verfärbt. Davor, im Bereich der vorderen Seitenwand und übergreifend auf die Zehenwand ist eine große rote Hornverfärbung zu sehen. Oberhalb dieser ist die Hornwand sichtbar nach oben gestaucht – erkennbar am Faltenwurf und am nach oben verschobenen Kronsaum. Vor allem im Bereich des rot verfärbten Hornes zeigen sich einige in Röhrchenrichtung verlaufende ➤ *Hornrisse*.

(2) Hornverfärbungen dieser Art entstehen, wenn starke Hebel am Huf wirken. Überlange und in der Folge verbogene Hornröhrchen weichen dem Bodengegendruck nach außen seitlich aus. Die hierüber auf die Hornröhrchen einwirkende Hebelkraft setzt sich nach oben von außen nach innen fort und wirkt als übermäßiger Druck auf die Basis der Röhrchen und damit auf die Papillen der Kronlederhaut. Dieser Druck geht weit über das, die Hornproduktion anregende physiologische Maß hinaus. Die Lederhautpapillen produzieren gewissermaßen unter Stress, so dass bei der Produktion Blutplasma (Gelbfärbung) bzw. Blut (Rotfärbung) in die neuentstehenden Hornzellen eingeschlossen wird. Die im vorderen und unteren Seitenwandbereich sichtbaren Hornverfärbungen des linken Vorderhufes

(Foto 1) liegen also schon einige Monate zurück, ebenso wie die große violette Verfärbung in der unteren Hälfte des Hinterhufes. Neueren Datums sind die Verfärbungen am Übergang von der Trachten- zur Seitenwand, wie sie ca. 1 cm unter dem lateralen Kronsaum des Vorderhufes und auch etwa 1 cm unterhalb des Kronsaumes der schrägen Wand des Hinterhufes zu erkennen sind. Im ersteren Fall hat der mittlerweile ausgebrochene Hebel am Übergang von der Seiten- zur Trachtenwand (➤ *Pseudokotflügel*) für unphysiologischen Druck auf die Kronlederhautzöttchen gesorgt.

Auch bei mehr belasteten Hornwandanteilen sind die beschriebenen Einblutungen möglich, werden aber wegen der geringeren Hebelkraft der kürzeren Hebelarme, die an diesen Wänden für gewöhnlich wirken, seltener angetroffen. Verfärbungen finden sich beispielsweise bei übersteilen Wänden, die vom Bodengegendruck nach innen gezwängt werden und die dadurch an ihrer Basis einen starken Zug auf die Kronlederhautzöttchen ausüben.

Absurd ist die Vorstellung, Pferde mit derartigen Verfärbungen in der Hornkapsel würden sich diese Hornverfärbungen darüber zuziehen, dass sie mit ihren Hufen an der Boxenwand oder an anderen Dingen anschlagen würden. Nichtsdestotrotz hält sich diese Vorstellung auch heute noch wacker und ist nach wie vor Bestandteil der offiziellen Lehrmeinung. Tatsächlich muss zwischen einer spontanen Traumatisierung einer Huflederhaut und den hier beschriebenen Hornverfärbungen unterschieden werden. Erstere entspräche in etwa unserem traumatisierten Fingernagel. In dem Fall sammelt sich austretendes Blut hinter dem Horn und trennt das Horn in Form einer Blutblase von dem durchbluteten Gewebe.

Bei den Hornverfärbungen der Hufe, die leider nicht in pigmentierten, aber in allen hellen Hufhornen sichtbar werden, wird der Farbstoff während der Hornproduktion infolge der sich ständig wiederholenden oder andauernden unphysiologischen Druck- oder Zugbelastungen auf die Horn produzierenden Lederhäute prozesshaft hinzugegeben, wobei die geringere Traumatisierung der Lederhäute zunächst ausreicht das dünnflüssigere Blutplasma aus der Lederhaut austreten zu lassen, die sich steigernde und intensivere Traumatisierung lässt in der Folge zusätzlich die größeren roten Blutplättchen aus den betroffenen Lederhäuten austreten.

Hieraus folgt, dass alle unphysiologischen Hornverfärbungen in ihren Lederhäuten entstehen und mit dem nachschiebenden Horn weitertransportiert werden. Bei eingefärbtem Wandhorn, wie in den zuvor beschriebenen Fällen, wurde der entsprechende Anteil der Kronlederhaut während vieler Monaten dauerhaft traumatisiert; wie lange ein solcher Zustand andauert, ist an der eingefärbten Hornstrecke erkennbar, wobei ein Zentimeter etwa einen Monat intensive Quetschung der Kronlederhaut bedeutet.

2.10.2 Verfärbtes Hufhorn in der Blättchenschicht

(1) Foto 1 und 2 zeigen einen linken Hinterhuf. In der Sohlenansicht deutlich zu erkennen, ist die gelbrote Verfärbung im Bereich der Blättchenschicht. Sie zieht sich nahezu über die gesamte laterale Hufhälfte (im Bild links) und zeigt im zentralen Seitenwandbereich eine besondere Intensität.

Foto 3 und 4 bilden den linken Vorderhuf eines anderen Pferdes ab. Auch hier sind in der Sohlenansicht Verfärbungen im Bereich der Blättchenschicht zu erkennen. Allerdings unterscheiden sich diese von denen in Foto 1. Hier ist keine gleichmäßige Hornverfärbung der gesamten Schicht zu sehen, sondern zwischen den Hornblättchen und den Hornzellen des

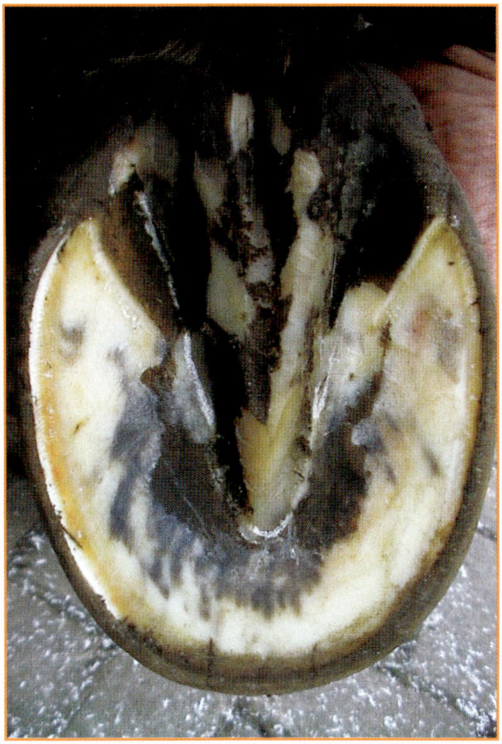

Foto 1 (Verfärbtes Hufhorn 2)

Terminallagenhorns ist Blut und Blutplasma eingeschlossen. Foto 4 zeigt denselben Huf aus der Ansicht von vorn. Die mediale, weniger belastete Hufwand (im Bild links) ist stark nach außen gebogen.

(2) Auch hier sind es starke Hebelkräfte, die die Hornverfärbung provozieren. Im Falle des Hinterhufes (Foto 1,2) übt die in der unteren Hälfte schräg nach außen verbogene laterale Seitenwand des Hufes, wie man sie in der Seitenansicht sieht (Foto 2), einen übermäßigen Zug auf den Hufbeinträger aus. Die mit den verbogenen Hornröhrchen innig verbundenen Hornblättchen zerren an den Lederhautblättchen der Wandlederhaut. Infolgedessen geben diese Blut und Blutplasma in die so unter Stress produzierten Hornzellen des Begleithorns ab. Auch die Terminalzotten am distalen (bodennahen) Ende der Lederhautblättchen sind einem unphysiologischen Zug ausgesetzt und produzieren blutig eingefärbtes Terminallagenhorn, welches die Zwischenräume zwischen den Hornblättchen ausfüllt. Die auf der lateromedialen Aufnahme (Foto 2) auf halber Hufhöhe sichtbare tiefe Einschnürung zeigt das Ende der Verbiegung der Hornwand an. Ab dem Zeitpunkt, wo diese Stelle als Tragrand den Boden erreicht, wird keine Verfärbung mehr auftreten.

Foto 3 zeigt die Auswirkungen einer ungleich stärkeren Hebelkraft, die aller Wahrscheinlichkeit nach auch zu einer partiellen Funktionsbeeinträchtigung des Hufbeinträgers geführt hat. Die Blättchenschicht ist verbreitert. Sie ist zudem an einigen Stellen aufgerissen, was, dies zeigen die schwarzen Einschlüsse, Fusobakterien Zutritt verschafft hat. Die heftige Hebelkraft, die von der medialen Seiten-

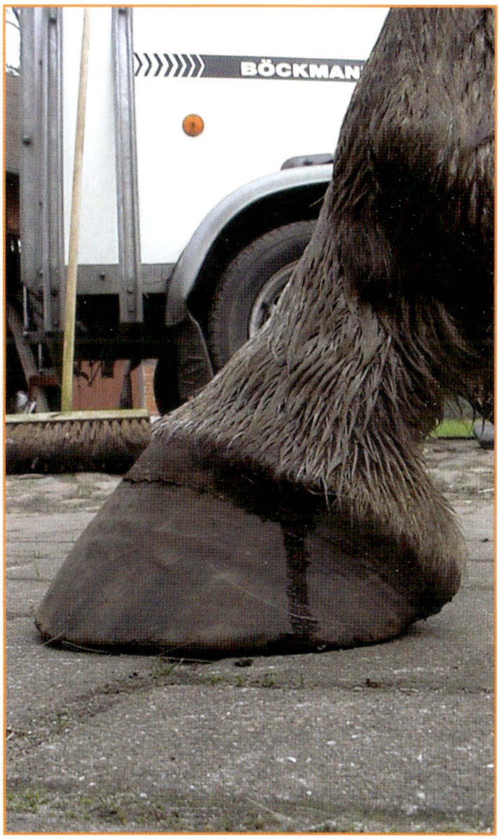

Foto 2 (Verfärbtes Hufhorn 2)

Foto 3 (Verfärbtes Hufhorn 2)

wand verbunden mit einem sehr hohen (= schrägen) Tragrandüberstand ausgeht, hat lokal zu einer Minderdurchblutung der Lederhautblättchen (aufgrund von Vasokompression) geführt, gefolgt von Zusammenhangstrennungen im Hufbeinträger. In die dabei entstehenden Hohlräume wurde

Foto 4 (Verfärbtes Hufhorn 2)

blutiges Exsudat (Entzündungsbedingt ausgetretene Flüssigkeit aus Blut- und Lymphgefäßen) abgesondert, was nun im Bereich des Tragrandes sichtbar wird (➤ *Belastungsrehe*).

2.10.3 Verfärbtes Hufhorn im Sohlen- und im Strahlhorn

(1) Die Fotos 1 bis 3 zeigen den rechten Vorderhuf eines Pferdes. Wie auf der Ansicht des Hufes von vorn zu erkennen ist, ist der Huf in schlechter Verfassung. Die Hornkapsel ist regelrecht nach innen unter dem Gewicht des Beines herausgewachsen. Der aufgeworfene Kronsaum, das stumpfe Wandhorn, die Faltenbildung im Bereich der äußeren Hufwand, dies alles zeigt an, dass die unphysiologische Belastungssituation des Hufes schon geraume Zeit anhält und sich bereits nachhaltig negativ auf die Qualität der Hornproduktion ausgewirkt hat.

Auf Foto 2 lassen sich im gesamten Bereich der Hufunterseite zahlreiche Hornverfärbungen erkennen. Zum einen weist die mediale Hufseite (im Bild links) die bereits oben beschriebenen Verfärbungen im Bereich der Blättchenschicht auf. Hinzu kommt eine deutliche Gelbfärbung des Sohlenrandhornes in diesem Bereich.Auch auf der mehr belasteten lateralen Hufseite (rechts im Bild) sind Verfärbungen am Sohlenrandhorn zu erkennen. Daneben haben sich in dem unter der Überbelastung aufgespreißelten Tragrand Fäulnisbakterien Eintritt verschafft. Die weiße Linie, welche den Übergang zwischen Hornröhrchen und Hornblättchen bildet, ist zerstört – Schmutz und Keime sammeln sich in der entstandenen Eintrittspforte (➤ *»White Line Disease«*). Wir sehen den Beginn einer ➤ *Hohlen Wand*. Im vorderen Bereich der Sohle ist eine halbmondförmige rote Verfärbung zu sehen. Auch an der Strahlspitze findet sich eine Horneinfärbung und direkt davor ein kleiner Fäulnisherd (➤ *Hufgeschwür*).

Die Fotos 4 und 5 zeigen den linken Vorderhuf eines anderen Pferdes. Für Foto 5 wurden die Sohlenhügel links und rechts des Strahles mit dem Hufmesser abgetragen. Im Bereich dieser vorherigen Hornansammlungen zeigen sich rote Hornverfärbungen.

Foto 1 (Verfärbtes Hufhorn 3)

(2) Die Entstehungsursache der Verfärbung in der Blättchenschicht wurde bereits im vorhergehenden Abschnitt erörtert. Auch hier handelt es sich um eine schräge und deshalb hebelnde Tragewand (siehe Foto 1). Die sich direkt hieran anschließenden Hornverfärbungen im Sohlenrandhorn lassen darauf schließen, dass die Hornwand an dieser Stelle die Tragefunktion soweit aufgegeben hat, dass der äußere Bereich der Sohle in Bodenkontakt kam und mitgetragen hat. Die Lederhaut reagierte auf diesen beständigen Druckreiz mit vermehrter Hornproduktion. Der sich so bildende Sohlentragwulst übte noch einmal verstärkt Druck auf die Sohlenlederhaut aus, die wie die übrigen Lederhäute reagiert und bei der Hornproduktion Blutplasma aus den Zöttchen presst. Dies geschieht überall da, wo sich in der Sohle unphysiologisch Horn anreichert. So auch vor den Eckstreben, wo unter den liegenden Eckstreben festgehaltenes Sohlenhorn wie ein Stein im Schuh drückt. Auch auf der gegenüberliegenden mehr belasteten Hufhälfte (Foto 2, im Bild rechts) war der Sohlenrand gezwungen, mit zu tragen. Die durch

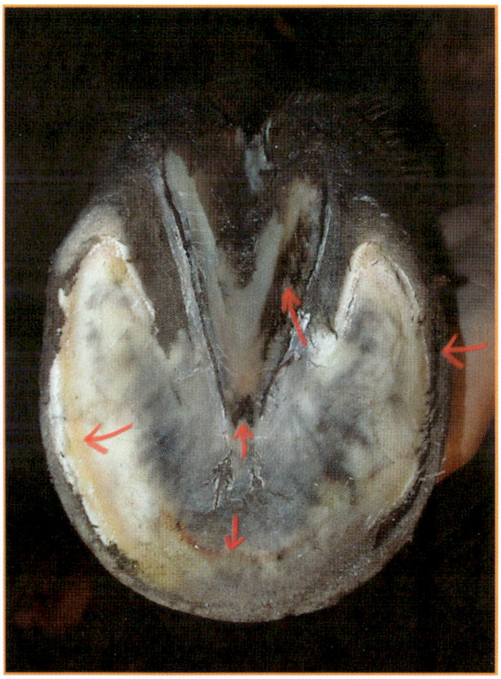

Foto 2 (Verfärbtes Hufhorn 3)

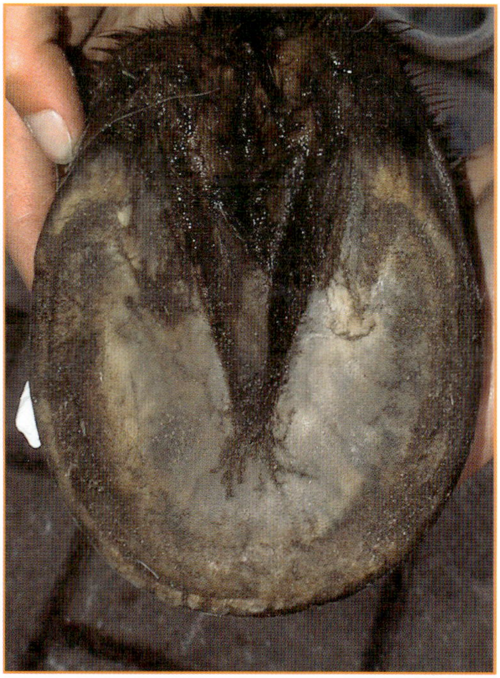

Foto 3 (Verfärbtes Hufhorn 3)

Fäulnis unterminierte Hufwand ist in ihrer tragenden Funktion mehr oder weniger eingeschränkt. Durch die übersteile Stellung der Wand wird zudem hartes Röhrchenhorn samt eingeschlossenem Schmutz und Steinen an den Sohlenrand gepresst. Hornansammlung und Druckreiz sind die Folge.

Vergleicht man die Sohlenansichten nach (Foto 2) und vor (Foto 3) der Bearbeitung so kann man die Entsprechungen von unphysiologischen Hornansammlungen und Hornverfärbungen nachverfolgen. Auch im Bereich der Hufbeinspitze hat sich ein Tragewulst gebildet. Dieser deutet wie sein rotes Hornpendant an der bearbeiteten Sohle darauf hin, dass der Aufhängemechanismus des Hufbeins in Mitleidenschaft gezogen war respektive dieses noch immer ist. An dem strahlwärts verlagerten, halbmondförmig rot eingefärbten Abdruck des Hufbeinrandes wird die Mobilität des sich absetzenden Sohlenhornes deutlich sichtbar, welches infolge des Gegendrucks des Bodens, wie alle Hufhorne, dem Weg des geringsten Widerstandes folgt; in diesem Fall nach hinten oben in die Höhe des Sohlengewölbes hinein.

Horneinfärbungen im Strahlhorn sind, wie hier im Bild, zumeist an der Strahlspitze zu finden. Sie entstehen durch Zughebelwirkung, die dadurch zustande kommt, dass die an ihrer Basis durch Fäulnisprozesse gelöste, freie Strahlspitze bei jedem Auffußen nach hinten gerissen wird. Die mechanische Beanspruchung sorgt für ein weiteres Einreißen des Strahlhornes und damit für verstärkte Reiß- oder Zugwirkung.

Seltener sind Verfärbungen des Strahlhornes, die (wie im Bereich der Sohle) durch Druck provoziert worden sind. Anders als bei der Sohle befindet sich unter der hornproduzierenden Strahllederhaut eine Subcutis (Unterhaut) in Form eines weichen nachgiebigen Strahlkissens, während die Sohlenlederhaut direkt auf

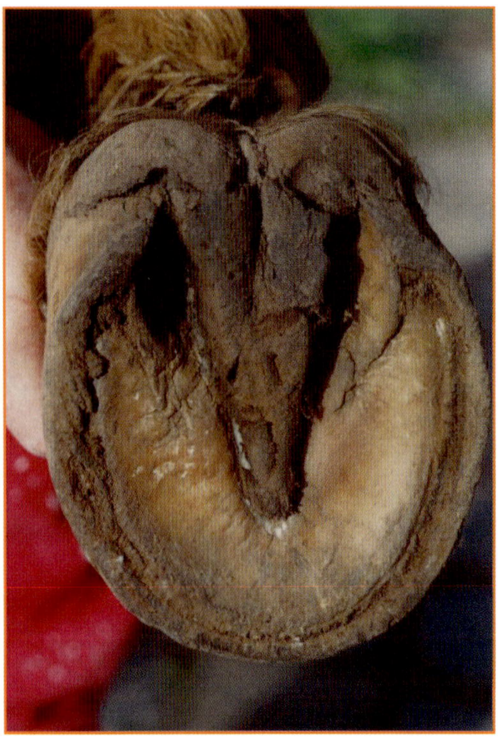

Foto 4 (Verfärbtes Hufhorn 3)

Foto 5 (Verfärbtes Hufhorn 3)

dem Knochen aufliegt. Bei einem großflächig tragenden, kräftig entwickelten Strahl, wie er beispielsweise bei Hufen mit zu schrägen Wänden zu finden ist (➤ *Flachhuf*), ist das Strahlhorn mitunter jedoch insgesamt gelblich verfärbt. Dies verweist auf die größere Beanspruchung des viel Last tragenden Strahlkörpers durch Druckbelastung.

Die Fotos 4 und 5 entstanden einzig zu dem Zweck, noch einen besonders typischen Fall von Hornverfärbungen zu demonstrieren. Auf weitere einzelne Phänomene des Hufes soll an dieser Stelle nicht eingegangen werden. Nur soviel: Es handelt sich um einen lateral (links im Bild) stärker belasteten Huf. Beiderseits des Strahles hat sich etwas Sohlenhorn angesammelt. Entfernt man dieses so wird, wie Foto 5 zeigt, rot verfärbtes Horn sichtbar. Es entsteht durch den Schwielencharakter der Sohlenhügel, die, da sie der Sohlenwölbung entgegenstehen, einen steten Druck auf diese Punkte der Sohlenlederhaut abgeben. Dieser punktuelle dauerhafte Druck führt zu Einblutungen ins Horn.

Dass sich an dieser Stelle beiderseits des Strahles häufig derartige Hornansammlung bilden, verdankt sich zu einem Gutteil dem harten Röhrchenhorn der Eckstrebenwand. Der Druck des angrenzenden härteren Hornmaterials durch die auslaufende Eckstrebe regt die Sohlenlederhaut an dieser Stelle zur vermehrten Hornproduktion und in der Folge zur Bildung dieser Sohlenhügel entlang des Strahles an.

(3), (4) und *(5)* Jegliche Hornverfärbungen sind Anzeiger unphysiologischer Belastungen am Huf. Sie machen quasi sichtbar, wie sehr das Pferd unter der Situation leidet, denn jede dieser Verfärbungen entsteht unter Beteiligung der nicht nur durchbluteten, sondern auch hochsensiblen Lederhäute. Die Bearbeitung zielt demgemäß auf das Abstellen dieser negativen und dem Pferd unangenehmen Belastungssituation.

Der Bewegungsablauf der Gliedmaße, die stattfindenden Prozesse der Knochenbiomorphose wie auch die huforthopädische Bearbeitung der Hufe gestalten sich nach der jeweils konkret vorliegenden Belastungssituation und können in den einzelnen, den verschiedenen problematischen Hufsituationen gewidmeten Abschnitten nachgelesen werden.

2.11 Hornrisse und Hornspalten

Fall 1

(1) Wir betrachten den linken Vorderhuf eines Pferdes (Foto 1), der von unten her in der Zehenmitte etwa 2–3 cm weit nach oben eingerissen ist. Der Huf ist stark ungleich belastet. Die laterale Seitenwand (rechts im Bild) ist steil, die gegenüberliegende mediale Hufwand ist schräg und nach außen verbogen. In gleicher Weise

Foto 1 (Hornspalten 1)

Foto 2 (Hornspalten 2)

verhalten sich die Eckstrebenwände (Foto 2), das Eckstrebenhorn der weniger belasteten Hufseite (rechts im Bild) steht schräg, das der lateralen mehr belasteten Hufseite steht eher steil zum Boden. Die schräge, auf der Sohle liegende mediale Eckstrebenwand drückt die diesseitige Hornwand zusätzlich zu ihrer ohnehin bereits bestehenden Schräge noch vermehrt nach außen (➛ *Kotflügelhufe*).

Die mediale Hufwand erscheint im Tragrandbereich deutlich breiter, als die gegenüberliegende Tragwand der Hornkapsel. Letztere weist vor allem im hinteren Seiten- und Trachtenwandbereich einen – im Vergleich zu den übrigen Hufregionen – sehr dünnen Tragrand auf.

Im Tragrand der Zehe lässt sich, etwas lateral der Zehenmitte, eine Zehenrichtung erkennen. Beidseits dieser Zehenrichtung ist der Tragrand verbreitert. Mittig der Zehe fällt eine Ausweitung im Bereich der Blättchenschicht auf, die an dieser Stelle in die Sohle hineinzuragen scheint. Dort findet sich schwarzes Zerfallshorn.

(2) Verursacht durch die ungleichmäßige Belastung der Gliedmaße und ausbleibende huforthopädische Korrektur hat sich die Hornkapsel unphysiologisch verformt. Lateral stehen die Hornröhrchen der Hornwand annähernd senkrecht zum Boden. Medial befinden sie sich dagegen in einem schrägen Winkel zum Boden. Der Bodengegendruck wirkt in der Folge auf die beiden Hufhälften recht unterschiedlich ein. Während auf der steilen lateralen Seite die Kräfte in starkem Maße von unten nach oben wirken, werden die Hornröhrchen der schrägen Seite eher nach außen oben gespreizt. Diese richtungsverschiedenen Krafteinwirkungen führen zu Spannungen in der Hornkapsel, im vorliegenden Fall kann man diese vor allem im Bereich der Zehenwand lokalisieren.

Zu diesen Spannungen hinzu kommen Hebelkräfte, die auf die Zehenwand des Hufes einwirken. Nicht abgeriebenes Zehenwandhorn sorgt für ein Auseinanderspreizen der unteren Hornwandabschnitte in der Zehe. Das betreffende Pferd fußt mit der abgebildeten Gliedmaße in der Regel etwas lateral der Zehenmitte ab. Es läuft sich also dort Hornmaterial ab. Links und rechts der so hergestellten Zehenrichtung findet dafür weniger Hornabrieb statt, weshalb sich hier mit der Zeit und ohne huforthopädische Korrektur eine größere Tragrandbreite herstellt. Diese beiden Zehenabweiser, wie wir sie nennen, üben beim Abfußvorgang eine Spreizwirkung auf den zwischen ihnen liegenden dünneren Tragrandbereich aus. Das durch die unsymmetrische Belastung ohnehin schon unter Spannung gesetzte Horn der Zehenwand gibt nach. Es kommt zu einer Zusammenhangstrennung zwischen den Hornröhrchen, die in Röhrchenrichtung von unten nach oben verläuft.

Im Falle des abgebildeten Hufes besteht dieser unphysiologische Zustand bereits seit längerer Zeit. An der Stelle, wo das Horn der Hornkapsel den divergierenden Krafteinwirkungen nachgegeben hat, hat auch das Hufbein »nachgegeben«. Die in der Sohlenansicht (Foto 2) etwa zehenmittig zu erkennende Eindellung der Sohlenrandes und die an dieser Stelle scheinbar verbreiterte Blättchenschicht verweist auf eine Atrophie des Hufbeinrandes (➤ *Hornsäulen*). Die am Hufbein anliegende Wandlederhaut, welche das Begleithorn produziert, hat an dieser »Rückzugsstelle« einen weiteren Weg, hin zu dem von oben sich herabschiebenden Blättchenhorn zu überwinden. Dieser weitere Weg wird mit Narbengewebe überbrückt. Bei diesem Narbengewebe handelt es sich um schneller produziertes Begleithorn, welches aus dyskeratotischen Hornzellen (verfrühte unvollständige Verhornung) besteht. Diese Qualitätslücke in der Verbindung von Sohle und Hornwand bildet eine Bresche für aufsteigende Keime, weshalb sich hier sehr häufig, wie auch im vorliegenden Fall, Fäulnis einnistet.

Foto 1 (Hornspalten 2)

Foto 2 (Hornspalten 2)

Fall 2

(1) Die Fotos zeigen einen rechten Vorderhuf. Die Zehenwand weist medial einen Hornspalt auf, der scheinbar vorübergehend durch eine Querrille gestoppt wurde (Foto 1). Bei genauem Hinsehen wird allerdings deutlich, dass der Spalt bereits in den Bereich der Querrille hinein weiter gerissen ist. Auch lateral der Zehenmitte, sowie in der medialen Hufwand (rechts im Bild) sind beginnende Hornrisse zu erkennen. Beide Seitenwände weisen Tragrandausbrüche auf (➤ *Hornwandausbrüche*). ➤ *Verfärbtes Hufhorn* und Faltenbildung in der Hornkapsel sowie das auffällig borkige Saumhorn zeigen wie die Hornrisse und Tragwandausbrüche an, dass sich der Huf in einer unphysiologischen Belastungssituation befindet. Lateral der Zehe zeigt ein herunterwachsender waagerechter kleiner Hornspalt zudem an, dass sich vor einigen Monaten am Kronrand ein ➤ *Hufgeschwür* eröffnet hat.

Die Sohlenansicht in Foto 2 macht deutlich, dass der Huf lateral (rechts im Bild) stärker belastet ist als medial. Die

Hornröhrchen der lateralen Trachtenwand sind unter den Huf gebogen, die sich anschließende Seitenwand ist aufgesplittert und hat sich teilweise nach innen, über die Blättchenschicht und die Sohle gelegt. In der medialen Hufhälfte (links im Bild) sowie im gesamten Bereich der Zehe ist die Hornwand nach außen verbogen und der Huf weist hier einen beachtlichen, schrägen Tragrandüberstand aus. Diese Verbiegung nach außen reicht bis in die laterale Seitenwand hinein und endet in einem Tragrandausbruch. Die Hornkapsel ist nach vorn innen unter dem Gewicht herausgewachsen.

(2) Auch diese Zerreißungen werden provoziert durch die divergierende Krafteinwirkung, der die Hornkapsel bei jedem Auf- bzw. Abfußen ausgesetzt ist. Die im Ergebnis der schlechten Belastungssituation schräg nach außen verbogenen Hornröhrchen der Zehen- und medialen Seitenwand erhalten permanent Kraft- und Bewegungsimpulse nach außen. Hinzu kommt, dass der abgebildete Huf einen deutlichen Tragrandüberstand aufweist, welcher die Hebel- und Krafteinwirkung vergrößert. Die steten Hebel sorgen für die Ermüdung des Hornes und es reißt in der Folge ein. Die neben der Einrissstelle verbliebenen Tragrandkanten üben nun einen zusätzlichen Zerreißeffekt aus.

Überlange, keinen Abrieb erfahrende Hufe sind in Bezug auf die Entstehung von Ermüdungsrissen, die sich später zu Hornspalten entwickeln können, besonders gefährdet. Insgesamt gilt, um so stärker die Asymmetrie der Hornkapsel und um so länger das Röhrchenhorn der Tragwand, um so größer die einwirkenden Hebelkräfte und damit die Gefahr der Entstehung von Rissen und Spalten in der Hornkapsel.

Fall 3

(1) Die Fotos zeigen einen rechten Vorderhuf. In der Ansicht von vorn sehen wir einen von unten nach oben verlaufenden

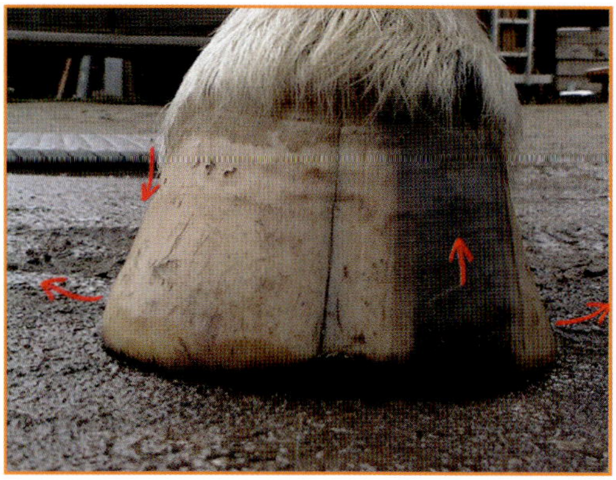

Foto 1 (Hornspalten 3)

Riss, der die Hornkapsel in zwei Hälften teilt. Der Riss reicht bis in die Krone und hebelt unten in Tragrandnähe sichtbar auseinander. Beiderseits des Risses, sind sich wellenförmig nach oben schiebende Falten im Horn zu erkennen. Der Kronsaum ist entsprechend dem Faltenverlauf zu beiden Seiten des Risses ebenfalls nach oben verschoben. Beide Seitenwände sind nach außen verbogen. Die mediale Hufhälfte (im Bild rechts) ist etwas weniger belastet, als die laterale. In der Sohlenansicht kann man

Foto 2 (Hornspalten 3)

in der Zehenmitte im Bereich der Blättchenschicht ebenfalls (wie bei dem Huf in Fall 1) eine bogenförmige Eindellung des Sohlenhornes erkennen.

(2) Die schräg nach außen verbogenen Seitenwände werden bei jeder Lastaufnahme nach außen gehebelt. Die Hebelwirkung wurde durch die Berundung der unteren Tragrandabschnitte etwas eingedämmt, aber nicht ausgeschaltet. Die Sohlenansicht macht deutlich, dass man sich bemüht hat, auch die Hebelwirkung durch die Zehenabweiser durch gleichmäßige Gestaltung der Tragrandbreite aufzuheben. Die schrägen Seitenwände aber hebeln weiter, was man am noch deutlichen Auseinanderklaffen des Risses (Foto 1) im unteren Bereich sehen kann. Auch hier zeigt die sohlenseitig zu erkennende Eindellung in der Zehenmitte an, dass der Zustand schon lange besteht (➤ *Fall 1*).

Fall 4

Die beiden Fotos zeigen einen linken Hinterfuß. Die mediolaterale Aufnahme

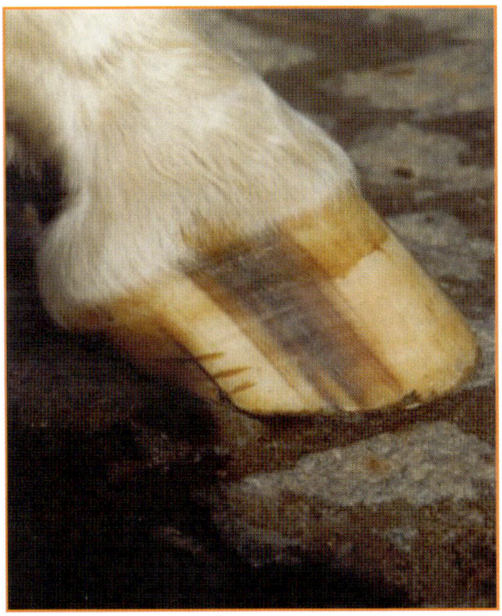

Foto 1 (Hornspalten 4)

Foto 2 (Hornspalten 4)

(innere Seitenansicht) zeigt einen aufklaffenden Hornspalt am Übergang von der medialen Seitenwand der Hornkapsel zur gleichseitigen Trachtenwand. Mit quer angebrachten Rillen wurde wiederholt erfolglos versucht, den Spalt zu stoppen.

Der Spalt befindet sich auf der mehr belasteten medialen Hufseite. Auf beiden Ansichten ist zu erkennen, dass sich die mediale Trachtenwand einwärts unter den Huf gedreht hat. Aber auch die laterale Trachte ist, dies zeigt die Sohlenansicht in Foto 2, etwas unter den Huf gebogen. Der Tragrand ist im Seitenwandbereich beider Hufhälften, jedoch auf der belasteten medialen Hufhälfte deutlich mehr, aufgespreizt. Die inneren Hornröhrchen des Tragrandes sind nach innen umgebogen und haben sich auf die Sohle gelegt.

(2) Der abgebildete Huf ist in der Vergangenheit durch die individuelle Benutzung seines Besitzers, des Pferdes also, und durch fehlende huforthopädische Korrektur so außer Form geraten, dass sich

eine Überbelastung des hinteren medialen Hufbereiches eingestellt hat. Insgesamt trägt der gesamte hintere Hufabschnitt zu viel Last, weshalb beide Trachten unter den Huf gezwangt wurden (➤ *Untergeschobene Trachten*).

Da der Huf zudem innen mehr Last übernehmen musste als außen, veränderte die Trachtenwand ihre Stellung zum Boden. Der Huf verengte sich in diesem Bereich, die Hornröhrchen der Trachtenwand bogen sich zusätzlich nach innen unter den Huf. Jede weitere Lastübernahme, drückt die bereits verbogenen Röhrchen nunmehr in die Biegerichtung. Dieser beständige Hebel nach innen formt die Trachte unter den Huf und ermüdet gleichzeitig den Zusammenhang von Trachten- und Seitenwand. Hat das Horn an dieser Stelle erst einmal nachgegeben, verstärkt sich die Hebelwirkung um ein vielfaches. Die Zusammenhangstrennung ermöglicht eine größere Beweglichkeit der nunmehr separierten Hornwände und sorgt somit für ein weiteres Einreißen der bereits bestehenden Bruchstelle.

Foto 1 (Hornspalten 5)

Foto 2 (Hornspalten 5)

Fall 5

(1) Bei dem abgebildeten Huf handelt es sich um einen rechten Vorderhuf. Der Huf weist in der medialen Zehe einen gravierenden Hornwanddefekt auf, der von der Krone über die Hälfte des Hufes nach unten reicht (Foto 1). Der Huf ist auf der medialen, stärker belasteten Hufseite (rechts im Bild) höher, die Seitenwand ist konkav verbogen und weist, wie in Foto 2 deutlich zu sehen ist, in dieser Hufwand eine massive Faltenbildung auf. Das Horn dieser Wand wird massiv nach oben gestaucht.

Die laterale, weniger belastete Hufwand (Foto 1, links im Bild) steht schräg, aber unverbogen zum Boden und weist wie der diesseitige Ballen respektive Hufknorpel

Foto 3
(Hornspalten 5)

eine deutlich geringere Bodenhöhe auf, als die restliche Hufwand.

Die Zehe wurde bullnasig gekappt. Dabei wurde in Bodennähe der Hufbeinträger freigelegt. Der Huf besitzt hierdurch im Zehenbereich keinen Tragrand mehr. Aus den Nagellöchern und dem bodennah abgeplatzten Horn am Übergang von der Zehen- zur Seitenwand, kann man ersehen, dass der Huf zuvor mit einem Eisen mit zwei Aufzügen beschlagen war.

(2) Im Unterschied zu den schon beschriebenen Tragrandspalten, die in der Regel infolge einer Spreizwirkung der Hufwand vom Tragrand ausgehend nach oben einreißen, ist die Entstehungsursache der hier abgebildeten Kronspalte eine andere. Kronspalten können auf zweierlei Weise entstehen, entweder infolge einer umgekehrten Hufmechanik, wie das bei einer strahlwärts gekippten, sozusagen übersteilen Hufwand der Fall ist, oder sie ist, und dies ist der häufigere Fall, durch einen Eisenbeschlag verursacht.

Kronspalten entstehen, wenn wie im oben abgebildeten Fallbeispiel versucht wird, das Schrägerwerden und Auseinanderdriften der Hufwände mittels seitlicher Aufzüge am Hufeisen zu stoppen. Die angesichts der untüchtigen Hufform unphysiologische Hufmechanik, deren negative Auswirkung man mit Hilfe der Seitenaufzüge eindämmen möchte, wird nicht ausgeschaltet, sondern fatal verlagert. Sie wirkt infolge der übermäßigen Hebelkraft der schrägen, aber unten blockierten Wände nach oben und stört dort die Kronlederhaut bereits bei der Hornablagerung. Die Folge ist nicht im Zusammenhang abgesetztes Wandhorn, das nun als kapillare Hornlücke und Schwachstelle herunterschiebt und infolge der zusätzlich ungünstig einwirkenden umgekehrten Hebelkräfte weiter einreißen und sich einstülpen kann.

Da die Kronspalte ihren Ursprung in der Hufkrone hat, kommt es infolge der unnatürlichen Mobilität dort häufiger zu verdeckten oder offenen Blutungen, als es bei der vom Tragrand ausgehenden Spalte der Fall ist.

Die Kronspalte ist aufgrund ihrer Ursache und Lokalisation ein Ernst zu nehmendes, bei der Anwendung der huforthopädischen Prinzipien aber ein durchaus lösbares Problem.

Fälle 1 bis 5

(3) und *(4)* Alle in den Fällen 1 bis 5 gezeigten Hornrisse und -spalten haben ihren Grund in Scherkräften, wie sie in unphysiologisch verformten Hornkapseln auftreten. Sofern diese Zusammenhangstrennungen im Horn nicht verletzungsbedingt erworben worden sind,[21] sind sie ein letztes Alarmzeichen, dass die gesamte Gliedmaße unter einer äußerst ungünstigen Belastungssituation leidet. Die Folgen für den Bewegungsablauf der betreffenden Gliedmaßen sowie etwaig stattfindende Umbauprozesse an den Zehenknochen und ligamentösen Strukturen dieser Gliedmaßen ergeben sich aus der im Konkreten vorliegenden Belastungssituation.

Hinzu kommt ein erhöhtes Risiko von Lahmheiten aufgrund von infektiösen Erkrankungen. Die gezeigten Risse und Spalten eröffnen die Hornkapsel und schaffen hierdurch eine Eintrittspforte für Keime. Fäulnis- und später auch Eiterprozesse unterminieren nicht nur um ein weiteres den Zusammenhalt des Hufhornes, sondern beschädigen auch die Produktionsstätten des Hufhornes. Ist dies der Fall, werden also Lederhäute beschädigt oder greift eine solche Infektion gar auf den Knochen des Hufbeins über, so kommt es zur Entstehung von ➤*Hornnarben* oder ➤*Hornsäulen* und damit zu einer dauerhaften Schädigung des Hufes.

Sind Risse oder Spalten einmal vorhanden und wird nicht vernünftig eingegriffen, so ist eine Verschlechterung der Belastungssituation vorprogrammiert. Die Zusammenhangstrennung sorgt, da der Verbund der Hornzellen an dieser Stelle unterbrochen ist, für eine permanente zusätzliche Beweglichkeit der bereits auseinanderdividierten Hornanteile. Hierdurch geht die Stabilität der Hornkapsel in beträchtlichem Maße verloren.

(5) Die Therapie der Hornrisse und -spalten kann nur in der Beseitigung der ungünstigen Belastungssituation bestehen (siehe hierzu die jeweiligen Abschnitte). Darüber hinaus ist es wichtig, die Verbiegekräfte auf die hebelnden Tragwände zu reduzieren. Zu diesem Zweck wird das in der Umgebung der Spalten vorhandene Horn im Wand- und Sohlenbereich so bearbeitet, dass die Spreizwirkung minimiert wird. Das bedeutet zum Beispiel, die besonders langen und stabilen Außenröhrchen so zu kürzen, dass ihre Hebelwirkung reduziert wird und sie darüber hinaus auch die übrigen, unter ihnen liegenden Hornröhrchen stabilisieren (Rieddachstruktur). So wie es gelingt, eine gleichmäßige Belastungssituation herzustellen, wird die Spaltenbildung gestoppt.

Der übliche Gebrauch von Hilfsmitteln wie beispielsweise Spezialbeschlägen, Hornersatzstoffen, Tapes oder das beliebte Querraspeln, wie es in Fall 2 und 4 zu sehen ist, stehen der Ursache gänzlich ohnmächtig gegenüber. Abgesehen davon, dass die Ursache mit dem Anlegen von Querrillen nicht beseitigt wird, lässt sich ein Hornspalt mittels dieser Technik nur dann stoppen, wenn der Zusammenhang der Hornröhrchen wirklich vollständig unterbrochen ist. Bei den auf dem Foto sichtbaren Querrillen hebelt es in den inneren Hornwandschichten munter weiter.

Eine vollständige Unterbrechung der Hornröhrchen würde bedeuten, bis auf den Hufbeinträger zu raspeln. Dies birgt naturgemäß zusätzliche Risiken – eine mechanische Verletzung der Wandlederhaut kann dabei kaum verhindert werden. Zudem wird eine neue zusätzliche Eintrittspforte für die Keimbesiedlung eröffnet sowie die Stabilität der Hornkapsel noch einmal weiter beschädigt. Selbst wenn es mit den oben genannten Dingen auch einmal vorübergehend gelingt, den Zustand zu stabilisieren, also die Spaltenbildung zu stoppen, so wird das ursächliche und fol-

21 Es gibt auch verletzungsbedingte Defekte der Hornwand, wie sie bspw. infolge von Verletzungen der Hufkrone mit Beteiligung der Kronlederhaut auftreten. (➤Hornnarben)

genschwere orthopädische Problem nicht beseitigt, der Schaden fürs Pferd damit nicht behoben, sondern durch sein Fortdauern noch vergrößert. Umso länger und erfolgreicher Hornrisse und Hornspalten mittels Reparaturmaßnahmen und dem Einsatz technischer Hilfsmittel stabilisiert werden, um so länger konserviert man die schädlichen Belastungsverhältnisse am Huf.

Auf eine, der in letzter Zeit immer häufiger und leichtfertiger angewendeten konventionellen Techniken bei der Beseitigung von Hornspalten soll hier näher eingegangen werden, da von ihr unseres Erachtens ein besonders großes Gefahrenpotential ausgeht. Wir möchten jeden Pferdebesitzer ausdrücklich davor warnen, eine solche »Therapie« bei seinem Pferd zuzulassen. Die Rede ist vom Herausfräsen des Hornspaltes.

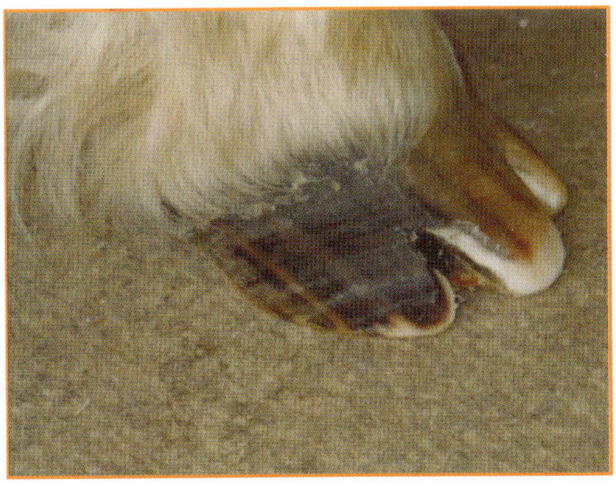

Hornspaltenbeseitigung mittels Fräse

Das abgebildete Foto zeigt die Spaltenbehandlung durch eine Hufpflegerin, derartige »therapeutische« Maßnahmen werden aber auch von Hufschmieden und in Kliniken angewendet. Der Riss oder Spalt wird bei dieser Art der Spaltenbehandlung großzügig herausgeschnitten bzw. gefräst. Dabei wird zwar das Warnsignal für eine sich in einer problematischen Belastungssituation befindlichen Hufkapsel, das Symptom also, entfernt, die Ursache bleibt jedoch im günstigsten Fall unangetastet. Im günstigsten Fall heißt: Die Situation erhält in der Regel durch die beschriebene Handlungsweise eine nicht unwesentliche Verschärfung. Die bis dahin durch den Riss oder Spalt schon in gewissem Maße eigenbeweglichen Hornwände beiderseits der Zusammenhangstrennung werden durch die großräumige Entfernung von Hornmaterial gänzlich voneinander separiert. Letzteres kann durch den Einsatz von Hornersatzmaterialen und Spezialbeschlag nur mühsam und völlig unzureichend kompensiert werden. Hinzu kommt das hohe Infektionsrisiko, das mit dieser Maßnahme verbunden ist.

Die Folgen der beschriebenen Symptombehandlungen sind in jedem Fall nicht behandelte und deshalb sich massiv verstärkende Belastungsprobleme der Gesamtgliedmaße, die sich im Ergebnis dieser Maßnahme in noch ganz anderer und weit nachhaltigerer Weise ungünstig auf die Hufstabilität und Hufform auswirken werden.

2.12 Hornnarben

(1) Das Foto auf Seite 76 zeigt einen rechten Hinterhuf. Auf der, dem Betrachter zugewandten lateralen Hufseite, ist ein über die gesamte Huflänge reichender Hornschaden zu erkennen. Im unteren Bereich ist die Verbindung der Hornkapsel vollständig unterbrochen, im oberen Teil versucht Narbenhorn die Lücke in der Hornwand zu schließen. Ca. 2 cm zehenwärts vor der Hornnarbe befindet sich ein Hornriss, der sich ebenfalls über die gesamte Länge des Hufes zieht. Hieran anschließend folgen in Richtung Zehenwand mehrere kleinere vertikale Risse.

Die sichtbare äußere Trachte ist untergeschoben und biegt bodenwärts nach außen. Der Huf wurde im gesamten seitlichen und vorderen Tragrandbereich stark berundet. Oberhalb der Hornnarbe werden die Haare aufgeworfen, was darauf hindeutet, dass der Schaden sich nicht nur auf das Hufhorn beschränkt, sondern die darüber liegenden lebenden Hautstrukturen mitbetroffen sind.

(2) Die hier gezeigte Hornnarbe entstand als Folge eines über längere Zeit bestehenden Hornrisses, der sich mit der Zeit zu einem Hornspalt entwickelte. Die Situation war dabei ähnlich gelagert wie bei ➛ *Fall 4*, der im vorhergehenden Abschnitt beschrieben wurde. Im Unterschied zu dem vorhergehenden Fall war es hier die laterale Trachtenwand und die gleichseitige Seitenwand, die über einen längeren Zeitraum hinweg stark überbelastet wurden. Nachdem das Horn in der Seitenwand des Hufes nachgegeben hat und eingerissen ist, konnte sich die Wand hinter der Trennstelle unter der nach wie vor bestehenden Mehrlast vermehrt nach innen unter den Huf neigen. Aus dem Riss wurde ein Spalt, der unter der anhaltenden divergierenden Krafteinwirkung die Hornröhrchen bis zu ihrem Ursprung trennte und die Kronlederhaut in Mitleidenschaft zog. Die Verletzung verheilte unter Bildung von Narbengewebe. Die solcherart veränderte Lederhaut ist im vorliegenden Fall offensichtlich nicht mehr in der Lage, funktionstüchtiges Horn zu produzieren. Sie produziert stattdessen selbst eine Art Narbenhorn, welches sich in Aussehen, Aufbau und Funktion von normalem Wandhorn unterscheidet.

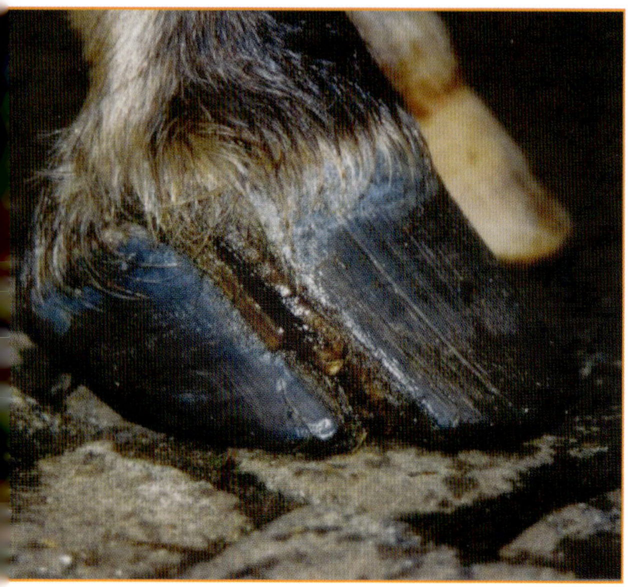

Foto 1 (Hornnarben)

Ob hier die Lederhautzöttchen der Kronlederhaut ihre Produktion gänzlich eingestellt haben und im Narbenhorn nur noch Zwischenröhrchenhorn heruntergeschoben wird, ist offen. In jedem Fall lässt sich in solchem Narbenhorn keinerlei Röhrchenstruktur mehr erkennen.

Bedingt durch ihre andere Struktur und Konsistenz und die damit verbundene geringere Funktionstüchtigkeit bildet die Hornnarbe einen Schwachpunkt in der Hornkapsel. Da die unphysiologische Belastungssituation des Hufes im Fotobeispiel nach wie vor besteht, wird das minderwertige, um Schließung der Spalte bemühte Narbenhorn stets wieder auseinandergerissen. Dies wird noch dadurch befördert, dass sich die freien Hornwände beidseits des Hornspaltes – dies ist wohl auch als eine Art Reparaturversuch des Organismus zu verstehen – zu kräftigen dicken Hornstreben (ähnlich Brückenpfeilern) entwickeln. Die Spreizwirkung auf den Hornspalt erhöht sich hierdurch immens.

(3) und *(4)* Die Folgen für den Bewegungsablauf der Gliedmaße und die möglicherweise stattfindenden Prozesse der Knochenbiomorphose sowie die pathologischen Veränderungen an Zehenknochen und -gelenken richten sich nach den im Einzelnen vorliegenden Hufsituationen. Sie sind in den entsprechenden Abschnitten nachzulesen (siehe auch Punkt 3 und 4 im vorhergehenden Abschnitt). Darüber hinaus erhöht sich mit dem Vorhandensein von Hornnarben in der Hornkapsel im Allgemeinen die Wahrscheinlichkeit von Lahmheiten sowie von infektiösen Hufer-

krankungen mit allen negativen Konsequenzen für das eigentlich durch die Hornkapsel geschützte Hufinnenleben.

(5) Auch hier gilt, die Therapie zielt auf die Beseitigung der unphysiologischen Hufsituation, richtet sich also darauf, den aus der Form geratenen Huf wieder in eine physiologische Form zu bringen. Im vorliegenden Fall bedeutet dies, die Überlastung der lateralen Hufwand zu beseitigen und eine gleichmäßige Belastung der Hornkapsel herzustellen. Darüber hinaus wird eine vernünftige Hufbearbeitung darauf aus sein, die fatale Wirkung der beiderseits der Hornnarbe stehenden »Hornpfeiler« aufzuheben oder zumindest entscheidend zu reduzieren.

In anderen Fällen folgt die huforthopädische Bearbeitung dem in den betreffenden Abschnitten beschriebenen Vorgehen (siehe dort im entsprechenden Abschnitt sowie in Punkt 5 im vorangegangenen Abschnitt).

Im Übrigen bedeutet das Vorhandensein einer Hornnarbe eine dauerhafte Schädigung des Hufes und damit der Gliedmaße. Das Pferd muss mit diesem Narbenhorn leben. Es ist nicht nur falsch, sondern wie der folgende Abschnitt zeigen wird auch schädlich, wenn dieses Narbenhorn im Rahmen der Hufbearbeitung oder auch in einer blutigen Operation bekämpft wird. Das Narbenhorn stellt eine sinnvolle, wenn auch ungenügende Reparaturmaßnahme des Organismus dar. Es gibt hierzu keine Alternative. Unbestritten bleibt eine Hornnarbe immer eine Schwachstelle im Hornschuh. Sie bedarf deshalb besonderer Pflege und hygienischer Aufmerksamkeit.

2.13 Hornsäulen

(1) Bei dem abgebildeten Huf handelt es sich um einen rechten Vorderhuf. Der Pfeil weist auf eine halbkreisförmig in die Sohle hineinragende Verbreiterung im Bereich der Blättchenschicht (zona alba). Von dieser veränderten Hornstruktur ausgehend, zeigt sich ein kleiner rissförmiger Fäulnisherd, der parallel zum Tragrand verläuft.

(2) Bei der wächsern aussehenden, halbmondförmigen Hornveränderung handelt es sich um eine Hornsäule. Eine Hornsäule ist eine spezielle Form der im vorhergehenden Abschnitt beschriebenen Hornnarben. Im Unterschied zur oben behandelten Hornnarbe, die durch einen Defekt der hornwandproduzierenden Kronlederhaut verursacht wird, bildet sich die Hornsäule aufgrund einer Beschädigung der knöchernen Strukturen des Hufes. Ursächlich für die Ausbildung einer Hornsäule ist ein Defekt des Hufbeins, der von einer kleineren Eindellung im Hufbeinrand bis zu einer, sich über die gesamte Länge der Wand des Hufbeines von unten nach oben ziehenden Rinne reichen kann. Solche knöchernen Einziehungen können infolge von langwierigen Hufabszessen entstehen oder sie sind die Folge mechanischer Beschädigungen des Hufbeinknochens, wie sie zum einen durch Unfälle, aber auch durch die unphysiologische Form der Hornkapsel

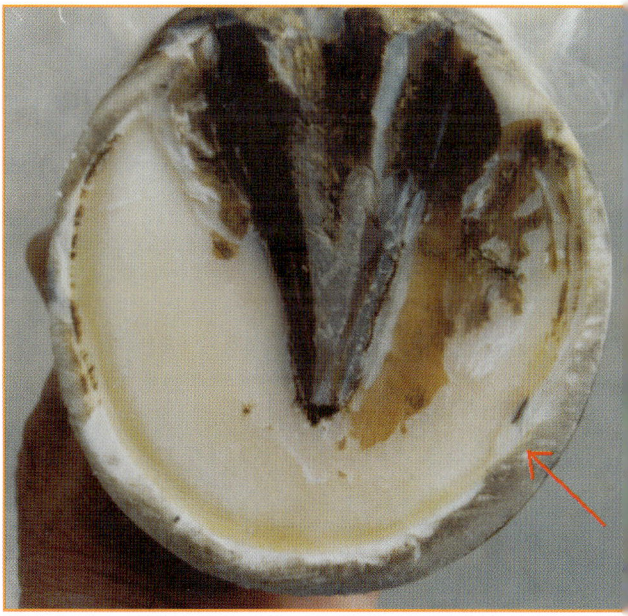

Foto 1 (Hornsäulen)

verursacht werden können. Letzteres wurde bereits im Fall 1 und 3 unter ➛ *Hornrisse und Hornspalten* geschildert. Die häufig anzutreffende, halbkreisförmige Verbreiterung der Blättchenschicht in der ungefähren Zehenmitte, die sich oftmals bei Hufen mit beidseits der Zehenmitte stark ausgeprägten Zehenabweisern findet, ist nichts anderes als eine kleinere Ausgabe einer Hornsäule. Sie entsteht, weil die unphysiologische Form der Hornkapsel zu einer punktuell begrenzten Atrophie (Gewebsschwund) des Hufbeinrandes geführt hat. Ihre Entstehungsursache ist die gleiche, wie die der Mittelrisse und -spalten. Es ist deshalb auch nicht verwunderlich, dass man beide in der Regel gemeinsam vorfindet.

Die Häufigkeit des Auftretens dieser kleinen Zehenhornsäule spricht allerdings keineswegs für deren »Natürlichkeit«, wie dies in Teilen der Veterinärmedizin vertreten wird, sondern liegt in der von uns beklagten Untüchtigkeit der Hufe begründet. Es handelt sich dabei mitnichten um eine natürliche Knocheneinziehung (crena), sondern um die mechanische Folge einer missgeformten Hornkapsel und um die direkte Folge einer hier nicht Abhilfe schaffenden Hufbearbeitung. Dass das Hufbein des neugeborenen Fohlens keine crena aufweist und, dass viele Pferde ohne eine crena im Hufbein alt werden, sollte eigentlich stutzig machen.

Hornsäulen bilden sich auch im Anschluss an Hufbein-Resektionen. Eine solche operative Entfernung von Knochenmaterial wird bei einer Infektion des Hufbeins vorgenommen, wie sie beispielsweise nach einer Vernagelung beim Hufbeschlag, nach einer Verletzung durch einen Nageltritt oder auch nach einem langwierigen ➛ *Hufabszess* vorkommen kann.

Eine Hornsäule kann an jeder beliebigen Stelle der Hufwand auftreten, je nachdem, wo eine Beschädigung des Hufbeinknochens und damit eine veränderte Lage, der an diesem Knochen unmittelbar anliegenden Wandlederhaut vorliegt. Im Fotobeispiel befindet sich die Hornsäule in der lateralen Seitenwand. Verandert der Hufbeinknochen seinen Umriss oder Wandverlauf, sei es durch Knochenatrophie, durch infektiöse Prozesse oder durch operativen Eingriff, so verlagert sich notgedrungen auch die das Hufbein umkleidende Wandlederhaut. Da die Hornwand in gewohnter Weise von oben nach unten, geschlossen und unversehrt produziert wird (die Produktionsstätte des Wandhornes, die Kronlederhaut, ist von dem Hufbeindefekt ja nicht mitbetroffen), ergibt sich ein Zwischenraum zwischen den Wandlederhautblättchen und den sich von oben herunterschiebenden Hornblättchen. Es entsteht so eine Lücke bzw. ein Abstand zwischen den beiden Hufbeinträgerelementen, deren innige Verbundenheit für die Funktionsfähigkeit eines Hufes jedoch unabdingbar ist. Die Wandlederhaut kann mit der normalen Begleithornproduktion keinen Anschluss an die von oben herabschiebenden Hornblättchen mehr finden. Um den durch die Knocheneinziehung entstandenen Abstand zu überbrücken, muss an dieser Stelle deshalb vermehrt Horn produziert werden. Die zurückgezogene Wandlederhaut reagiert mit der Bildung von Narbengewebe (➛ *Hufrehe*). Dieses, im Bereich des Hufbeinträgers produzierte Narbenhorn, bildet die Hornsäule.

Problematisch ist, dass es sich bei dem vermehrt und schnell produzierten Begleithorn zwangsläufig um ein minderwertiges Hornprodukt handelt. Es ist deshalb, wie auch auf dem im Foto abgebildeten Beispiel zu erkennen, besonders anfällig für jegliche Keiminvasion. Nicht selten findet man deshalb, statt einer deutlich erkennbaren Hornsäule, ein mit schwarzem Zerfallshorn gefülltes Loch vor, welches an immer derselben Stelle von der Blättchenschicht aus in die Sohle hineinragt.

Ausgangspunkt der Hornsäule im Fotobeispiel war einer der typischen Hornrisse, die mit einer untergeschobenen Trachte einhergehen, sowie ein daraus resultierender, ausgedehnter Mazerationsprozess in Verbindung mit einer eiternden Lederhautentzündung, die über zwei Jahre hinweg nicht zum Abheilen gebracht wurde. Der Hornriss wurde als therapeutische Maßnahme herausgefräst (➛ *Hornrisse und Hornspalten, Punkt 5*), was die Hufsituation jedoch keineswegs verbesserte und die Infektion nicht stoppte. Die durch die eitrige Entzündung der Lederhaut entstandene Hornsäule wurde dann später operativ entfernt, was mit zusätzlichen Komplikationen einherging und im Verein mit unsachverständiger Hufbearbeitung zu langandauernder Lahmheit führte. Erst durch die huforthopädische Wiederherstellung der korrekten Hufform konnte eine intakte und schmerzfreie Hornkapsel hergestellt werden, in der die notwendig vorhandene Hornsäule keine weiteren Probleme verursacht.

(3) Es wurde bereits darauf hingewiesen, dass die Hornsäule aufgrund ihrer minderwertigen Hornstruktur einen Schwachpunkt in der Hornkapsel darstellt. Leicht kommt es in diesem Bereich zu einer Keimbesiedlung; nachfolgende Infektionsprozesse können schwerwiegende Lahmheit verursachen. Im Übrigen bereitet eine Hornsäule für sich keine Probleme. Der Bewegungsablauf richtet sich allerdings im Weiteren nach der konkret vorliegenden Hufsituation, was in den entsprechenden Abschnitten nachgelesen werden kann.

(4) Der Hufbeinknochen ist infolge der oben beschriebenen Beschädigungen in seiner Kontur verändert, was sich auch röntgenologisch darstellen lässt. Die Konturveränderung entspricht in ihrem Ausmaß und in ihrer Form exakt der Größe und Form der Hornsäule. Im Übrigen entsprechen die Veränderungen der Zehenknochen und der übrigen inneren Hufstrukturen bei diesen Hufen der konkret vorliegenden Belastungssituation der Gliedmaße und der damit verbundenen Form der Hornkapsel.

(5) In den Fällen, wo das Vorhandensein einer Hornsäule mit einer unphysiologischen Form der Hornkapsel zusammenfällt, zielt die Bearbeitung natürlich auf die Beseitigung dieses untüchtigen Zustandes. Darüber hinaus wird besonderes Augenmerk auf die Erhaltung der Unversehrtheit der im Bereich des Narbenhorns der Hornsäule anfälligen Hornkapsel gelegt. Hierzu sind auch bei Bedarf besondere hygienische Maßnahmen zu ergreifen. Ist das Narbenhorn bereits durch Fäulnisprozesse in Mitleidenschaft gezogen, so wird das schwarze Zerfallshorn vorsichtig entfernt. Die entstandenen Hohlräume werden mit milden desinfizierenden Mitteln behandelt. Tamponaden (Hanf, Mull) sorgen dafür, dass sich in der Zeit, bis die Lücke durch nachwachsendes Horn wieder geschlossen wurde, kein Schmutz und Keimmaterial mehr einnisten kann.

Dringend abraten möchten wir von der konservativen Therapie der Hornsäule, die entweder im Anbringen eines Beschlages und dem Schweben lassen und Dünnraspeln des entsprechenden Tragwandanteils besteht oder operativ zu Werke geht. Beide Maßnahmen werden selbstredend erst dann vorgenommen, wenn der betroffene Huf Probleme macht. Dabei ist es in der Regel fraglich, ob die Probleme überhaupt durch die Hornsäule selbst verursacht werden oder ob sie nicht vielmehr auf der schlechten Gesamtverfassung der Hornkapsel überhaupt beruhen. Eine intakte Hornsäule, ohne Fäulnisbesatz, bereitet für sich keine Probleme.

Vor allem die Methode der operativen Entfernung der Hornsäule gründet unserer Meinung nach auf einer falschen Vorstellung der ursächlichen Zusammenhänge. Diese falsche Vorstellung schließt neben dem häufigen Übersehen der eigentlichen Lahmheitsursache (nämlich der insgesamt untüchtigen Hornkapsel) die Idee ein, dass die Hornsäule selbst im Innern des Hufes Schaden anrichtet und Schmerz verursacht. Falsch ist diese Vorstellung, weil die Hornsäule selbst erst die Folge und nicht die Ursache einer Beschädigung des Hufinnenknochens ist. Dass die Hornsäule das Hufbein deformiert, also der Druck der sich verdickenden Hornwand nach innen eine »Druckrinne« am Hufbeinknochen verursacht, heißt das Pferd verkehrt herum aufzäumen. Nicht die Hornsäule lässt das Hufbein atrophieren (schwinden) oder verursacht eine Knocheneinziehung, sondern der bereits bestehende Hufbeindefekt führt zur Bildung der Hornsäule. Bei der Operation der Hornsäule wird die Hornwand des Hufes im Hornsäulenbereich mitsamt ihrer nach innen reichenden Verdickung unter Narkose entfernt. Abgesehen von dem Hornschaden, der damit angerichtet wird, ändert eine solche Operation nichts an der Ursache der Hornsäule (Konturveränderung des Hufbeins). Auch wenn der Huf die Operation ohne Sekundärinfektion und ohne größeren Schaden für die Form und Stabilität der Hornkapsel übersteht, so kann er doch nicht anders herunterwachsen, als unter Bildung einer neuen Hornsäule. Das beschriebene Narbenhorn ist das Ergebnis einer sinnvollen Überbrückungs- und Reparaturmaßnahme der Wandlederhaut. Es bedarf, darauf wurde schon hingewiesen, einer besonderen hygienischen Aufmerksamkeit, seine operative Entfernung ist jedoch völlig unsinnig.

2.14 Hufgeschwüre und Hufabszesse

Hufgeschwür und Hufabszess bezeichnen zwei grundverschiedene Phänomene, die allerdings meist synonym verwendet werden. Die unterschiedslose Verwendung beider Begriffe ist angesichts der Tatsache, dass damit zwei gänzlich verschiedene Prozesse bezeichnet werden, abzulehnen. Zum einen geht es um Prozesse der Hornmazeration, zum anderen um die Ausbildung von Eiterherden innerhalb der Hornkapsel. Wir plädieren dafür, dass diese Begriffsunsauberkeit aufgehoben werden sollte und zukünftig jeweils eine eindeutige Bezeichnung der unterschiedlichen Erkrankungen vorgenommen wird. Ob dabei die von uns vorgenommene Unterscheidung von Hufgeschwür für Hornmazeration und Hufabszess für Eiterherd übernommen wird, oder ob hierfür neue Begrifflichkeiten gefunden werden, ist dabei nicht entscheidend.

2.14.1 Das Hufgeschwür Fall 1

(1) Die Fotos 1 bis 3 zeigen den rechten Vorderhuf eines Pferdes. In der Sohle ist im Bereich der medialen Zehe ein frisch

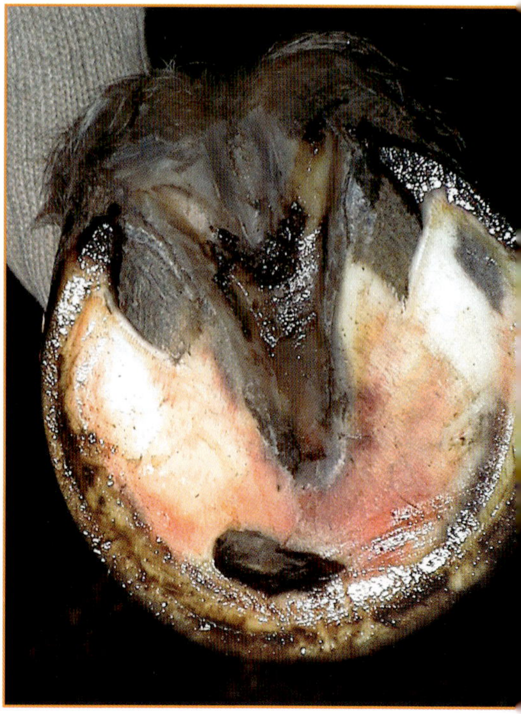

Foto 1 (Hufgeschwür 1)

eröffnetes Hufgeschwür zu erkennen. Es enthält noch Reste von mazeriertem Horn. Auch vor der Strahlspitze befindet sich ein schwärzlich verfärbter Fäulnisherd. Weite Teile der Hufsohle sind blutig rot verfärbt. Schon in der Sohlenansicht wird deutlich, dass der Huf sehr schräge Seitenwände besitzt. Die dorsopalmare Ansicht in Foto 2 bestätigt dies. Beide Seitenwände biegen sich unphysiologisch schräg heraus, medial (rechts im Bild) etwas stärker als lateral. Diese größere Schräge der medialen Hufseite betrifft ausschließlich den vorderen Abschnitt der Seitenwand und die diesseitige Zehenwand. Hier hat sich das Horn der Hufwand terrassenförmig aufgestaucht. In der Zehenmitte, leicht medial versetzt, ist eine deutliche Zehenrichtung vorhanden.

Die lateromediale Ansicht in Foto 3 zeigt zudem, dass die im eigentlichen recht langen Trachten untergeschoben sind. Die laterale Seitenwand beult sich dem Betrachter regelrecht entgegen (➤ *Pseudokotflügel*).

Foto 2 (Hufgeschwür 1)

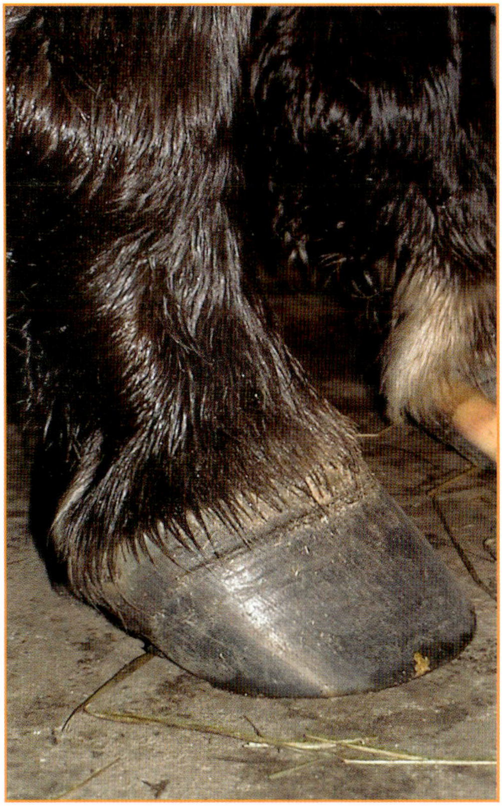

Foto 3 (Hufgeschwür 1)

(2) Der abgebildete Huf befindet sich in einer denkbar schlechten Belastungssituation mit ➤ *Untergeschobenen Trachten*, Pseudokotflügelbildung und insgesamt zu schrägen Wänden. Die unphysiologisch zum Boden stehenden Hornröhrchen der Hufwände haben den Huf seine Sohlenfreiheit weitgehend einbüßen lassen. Die ungünstige Belastung der Sohle wie die spreizenden Hebel der Wände zermürben und eröffnen das Horn und sorgen für mannigfache Eintrittspforten für hornzersetzende Bakterien.

Im Fotobeispiel erstreckt sich die Hornmazeration über einen Großteil der Hufsohle, auch die nicht freigelegten Bereiche zwischen dem eröffneten Bereich in der Zehe und dem Fäulnisherd vor der Strahlspitze sind mit hoher Wahrscheinlichkeit unterminiert und müssen im Zuge der Hufbearbeitung noch freigelegt werden. Das Ausmaß und die Ausgedehntheit des Mazerationsprozesses hat zu einer entzündlichen Reaktion der Sohlenlederhaut geführt, die in der Folge tiefrot ➤ *Verfärbtes Hufhorn* abgesetzt hat.

Fall 2

(1) Das Foto 4 zeigt den rechten Hinterhuf eines Pferdes. Im lateralen (im Bild rechts) vor der Eckstrebe liegenden Sohlenwinkel ist ein ehemaliges, bereits abgetrocknetes Hufgeschwür zu erkennen. Insgesamt weist der Huf sehr schräge Tragewände auf, wie sich aus der Sohlenansicht anhand der breiten Tragrandüberstände, anhand der bereits gekürzten, aber noch immer sehr schrägen Eckstreben und anhand der Form der (platten) Sohle erkennen lässt. In der Blättchenschicht der Seitenwände hat sich Fäulnis eingenistet. Im Bereich der mächtigen Zehe sind gelbe und rote Verfärbungen der Blättchenschicht zu erkennen.

In Foto 2, welches den rechten Hinterhuf eines anderen Pferdes zeigt, sind auffällige

Foto 1 (Hufgeschwür 2)

Foto 2 (Hufgeschwür 2)

Hornzerstörungen im Ballenbereich zu sehen. Auf der lateralen Seite des Hufes (rechts im Bild) hat sich reichlich Ballenhorn abgelöst. Die darunter freigelegten jüngeren Hornschichten sind von Taschen und Einreißungen umsäumt. Im medialen Ballenhorn ist eine horizontale Zusammenhangstrennung zu sehen.

(2) Das freigelegte Hufgeschwür (Foto 1) entstand aufgrund ungepflegter Eckstreben. Die Hufsituation beförderte die Ausbildung sehr schräger Eckstrebenwände. Deren unphysiologische Schräge sowie deren unsachgemäße Bearbeitung führte dazu, dass sich das Horn der Eckstreben auf die Hufsohle legte. Zwischen den beiden Hornanteilen – unter dem harten Röhrchenhorn der Eckstrebenwand, das wie ein harter Deckel auf der Hufsohle liegt – siedeln sich leicht Fäulnisbakterien an. Dies ist im abgebildeten Fotobeispiel geschehen. Die Bakterien zersetzen das zwischen dem Röhrchenhorn der Eckstrebenwand und dem Röhrchenhorn der Sohle liegende Blättchen- und Begleithorn (die Blättchenschicht). Durch das Ausbrechen der Eckstrebe kam der Prozess zum Stoppen und das Mazerationsprodukt – schwärzliches, schmieriges Zerfallhorn, wie es in ➤ *Fall 1* noch zu sehen ist, ist bereits abgetrocknet und herausgebröselt.

In dem im Foto 2 dargestellten Hufbeispiel kam der vorgenannte Prozess nicht zum Stoppen. Das bedeutet: Die hornzersetzenden Bakterien haben sich im Schutze der liegenden Eckstrebenwand innerhalb der Blättchenschicht weiter nach oben gearbeitet und sind in der Folge am Kronsaum des Ballens nach außen durchgebrochen. Da dieses Durchbrechen zumeist ohne größere Schmerzbelastung fürs Pferd geschieht, bleiben diese Hufgeschwüre größtenteils unentdeckt. Festgestellt wird lediglich, dass sich das Pferd des öfteren in die Ballen oder in die hintere Krone tritt. Diese Fehlinterpretation der strichförmigen, parallel zum Kronsaum verlaufenden Zusammenhangstrennung wird in der Regel nicht einmal dann revidiert, wenn der sogenannte »Ballentritt« an einem Hinterbein erscheint. Dann war eben ein anderes Pferd oder eventuell ein scharfkantiger Stein der Übeltäter.

Foto 2 zeigt einen ausgedehnten Mazerationsherd, wodurch weite Anteile des Strahl- und Ballenhorns, sowie der gesamte Hahnenkamm (höckriger Fortsatz der mittleren Strahlfurche nach proximal) unterminiert und von der Lederhaut abgetrennt wurden. Die unterschiedlich hohen und unterschiedlich ausgedehnten Ballenhornverluste lassen erkennen, dass der Mazerationsdurchtritt an dem in der Ansicht rechten, lateralen Ballen schon eine längere Zeit zurückliegt als der Durchbruch an dem in der Ansicht linken, medialen Ballen, der etwa sechs Wochen vor Aufnahme des Bildes erfolgte.

Insbesondere an dem dunkel eingefärbten Sohlenkrater im linken Sohlenwinkelhügel, sowie an dem dort dunklen und unnatürlich gefurchten Röhrchenhorn im unteren Eckstrebenbereich wird deutlich erkennbar, dass die Hornmazeration vor ihrem Durchbruch in der Krone schon erhebliche Anteile der Hufsohle im Sohlenwinkel und die gesamte Basis der Eckstrebe unterminiert hat. Es kann davon ausgegangen werden, dass der bakterielle Prozess hier trotz des Durchbruches noch nicht unterbrochen wurde, sondern zum Zeitpunkt der Aufnahme fortschreitend weitere Bereiche unterminierte.

Fall 3

(1) Foto 1 zeigt ein gerade am Kronsaum eröffnetes Hufgeschwür. Es befindet sich auf der weniger belasteten lateralen Seite eines rechten Vorderhufes. Die schräge und gleichzeitig rund herausgebeulte Hufwand hat den gleichseitigen Kronsaum deutlich nach oben verschoben.

Der in Foto 2 abgebildete linke Vorderhuf weist ebenfalls einen waagerechten, strichförmigen Horndefekt auf, wie er infolge eines Hufgeschwürdurchbruchs an der Krone entsteht. Hier liegt der Durchbruch in etwa einen Monat zurück und ist schon entsprechend weit heruntergewachsen. Die Fotos 3 und 4 verdeutlichen die Belastungssituation dieses Hufes. Das Hufgeschwür befand sich auf der lateralen, mehrbelasteten Hufseite. Der überlastete Tragrand (Foto 4, im Bild links) ist aufgespreißelt, Fremdkörper und Keime tun sich leicht, sich hier einzurich-

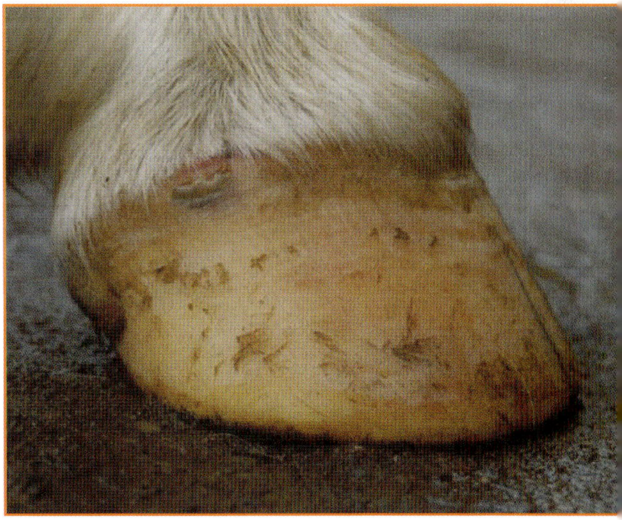

Foto 1 (Hufgeschwür 3)

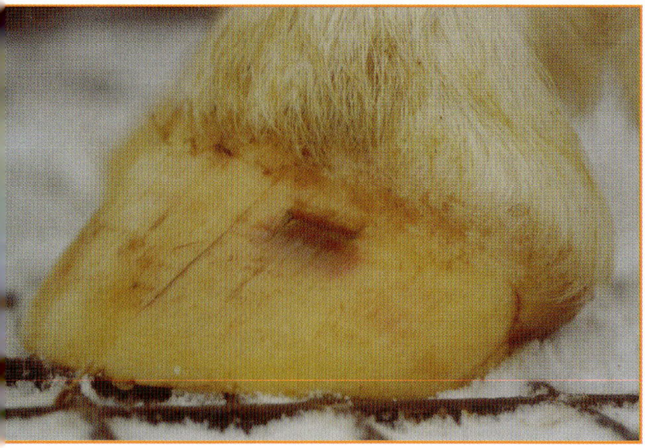

Foto 2 (Hufgeschwür 3)

ten. Haben sich Schmutz und anaerobe Bakterien einmal in der Verbindungsstelle von Wandhorn und Sohlenhorn eingenistet, wandert die Hornmazeration von unten entlang der Blättchenschicht nach oben. Verdeckt durch die Hornwand finden die Keime heimelige Bedingungen: Wärme, Dunkelheit, Sauerstoffabschluss dazu eine ausreichende Feuchtigkeit. Der Fäulnisprozess bewegt sich im weicheren Blättchenhorn kronenwärts und bricht dort, zumeist ohne größere Schmerzbelastung fürs Pferd, durch das Saumhorn nach außen durch. Auch bei diesen Fällen bleiben die Hufgeschwüre häufig unent-

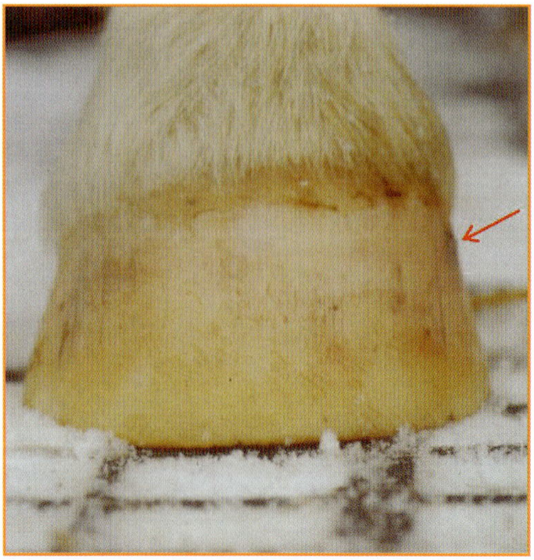

Foto 3 (Hufgeschwür 3)

Foto 4 (Hufgeschwür 3)

deckt, die waagerechten Hornwanddefekte werden mit Verletzungen der Krone erklärt.

Fälle 1 bis 3

(3) Da die Hufgeschwüre selbst dem Pferd meistens keine schmerzhaften Beschwerden verursachen, entfallen nennenswerte Auswirkungen auf den Bewegungsablauf der Gliedmaße. Sicher gibt es auch Ausnahmen, wo die Hufgeschwüre aufgrund ihres Sitzes und ihres Ausmaßes (beispielsweise Fall 1) mit Lahmheiten verbundenen sind. Ein Schmerzsignal tritt dann auf, wenn das innerhalb der Hornkapsel eingeschlossene Mazerationsprodukt einen Druck auf die benachbarten Lederhäute ausübt (vergleichbar einem schmerzenden Bluterguss unter dem Fingernagel).

Die Hufgeschwüre können sich natürlich auch zu ➤ *Hufabszessen* entwickeln, wenn eine septische Entzündung der eröffneten Hufbereiche hinzukommt. Lahmheiten sind hier in jedem Fall die Folge.

Im Übrigen entspricht der Bewegungsablauf der im Konkreten vorliegenden Hufsituation und kann in den entsprechenden, den einzelnen Belastungssituationen gewidmeten Abschnitten nachgelesen werden.

(4) Hufgeschwüre für sich ziehen, anders als die ihnen zugrunde liegende unphysiologische Hufsituation (siehe in den entsprechenden Abschnitten), keine Umbauprozesse an den Zehenorganen nach sich. Sie bergen allerdings die Gefahr der Entstehung von Hufabszessen, welche Schäden am Hufbeinknochen (➤ *Hornsäulen*) und an den hornproduzierenden Lederhäuten (➤ *Hornnarben*) verursachen können.

(5) Da Hufgeschwüre ihre Ursachen nahezu immer in einer unphysiologischen Belastungssituation des Hufes haben, gilt die Aufmerksamkeit der huforthopädischen Arbeit auch in allererster Linie der Herstellung einer physiologischen Hufform. Hinzu kommt die Eindämmung der bakteriellen Zersetzung und die Versorgung der bereits freigelegten Hufbereiche.

Die Hufgeschwürbehandlung, bspw. dargestellt am Hufbeispiel 2.2 (Fall 2, Foto 2), beginnt mit der Entfernung aller unterminierten und separierten Anteile des Strahlhorns, ab der Durchbrüche bodenwärts. Dabei hat auch das Entfernen des oft hoch in den Huf hineinragenden und harten Horns des Hahnenkamms in der engen Hufknorpelspalte konsequent zu erfolgen; zur Vermeidung von Lederhautverletzungen ist hier aber besondere Aufmerksamkeit und Vorsicht nötig. Oft kann dieses nur unter der Kontrolle des Tierarztes seriös vonstatten gehen. Gleicherweise vorsichtig, aber dennoch konsequent sollte das Eröffnen des Mazerationsprozesses im Bereich des Sohlenwinkels geschehen, wobei hier besonderer Wert auf die gründliche Revision der eventuell ebenfalls unterminierten Hufseiten- und Trachtenwände gelegt werden muss. Denn haben sich diese anaeroben Bakterien einmal zwischen Wandhorn und Sohlenhorn eingenistet, schreitet die Hornmazeration unweigerlich nach oben, in Richtung des jüngsten, weniger »gereiften« und deshalb empfindlicheren Horns fort.

Bei der Freilegung, der hinter den Hufwänden sitzenden Hufgeschwüre (auch Fall 3) ist darauf zu achten, dass die Stabilität der Hornkapsel nicht beschädigt wird. Der Mazerationsprozess, der im Bereich der Blättchenschicht vonstatten geht, ist auch nur in diesem Hornbereich , also hinter der Wand und an dieser entlang von unten nach oben arbeitend, freizulegen. Ist er bereits zu weit nach oben fortgeschritten, ist von einem weiteren Hinterherschneiden abzusehen. Durch die regelmäßige Applizierung von Therapeutika, die für ein Bakterien hemmendes Klima sorgen, und durch das Verschließen der Hornlücke mit einem geeigneten,

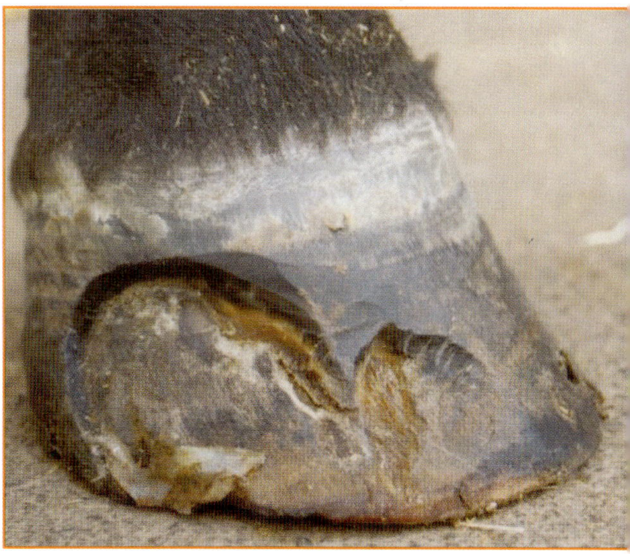

Hornwandresektion bei Hufgeschwüren

regelmäßig ausgetauschten Material (Hanf, Mull), versucht man, das bakterielle Zerstörungswerk zu stoppen. Keinesfalls sollte unserer Meinung nach, im Bestreben den Fäulnisherd freizulegen, die Hornwand entfernt werden, wie dies leider häufig sehr großzügig getan wird.

Das Foto auf Seite 85 zeigt einen Huf, bei dem Hufgeschwüre unter der Hufwand durch das Abfräsen großer Teile der Wand freigelegt wurden. Eine solche Maßnahme schadet der Funktionalität der Hornkapsel und verhält sich kontraproduktiv zu der angestrebten und zwingend nötigen Herstellung einer physiologischen Hufform.

Auch die in der Hufsohle befindlichen Hufgeschwüre, wie sie bspw. in Fall 1 zu sehen sind, erfordern vorsichtiges Vorgehen. Es muss aber dennoch sichergestellt sein, dass die Fäulnisherde vollständig freigelegt werden, da an dieser Stelle sonst größerer Schaden entsteht. Mit der zunehmenden Unterminierung erhöht sich die Gefahr, dass sich Fremdkörper wie Steine oder Hackschnitzel durch die geschwächte Hufsohle bohren, sich dort einnisten und die Lederhaut verletzen. Im Anschluss hieran entwickelt sich leicht ein eiternder Hufabszess, der unmittelbar tierärztlich versorgt werden muss.

Entgegen der üblichen Lehrmeinung vertreten wir den Standpunkt, dass sich Fremdkörper, die wie Steinchen oder Holzstücke keine perforierende Wirkung besitzen, nicht in intakte Hufhorne hineinbohren und Hufgeschwüre oder Abszesse verursachen. Sie können sich aber in schon vorhandenen, durch unphysiologische Hebel eröffneten und durch Hornmazerationen erweiterten Hohlräumen festsetzen.

Nach dem gleichen Prinzip, dass nämlich zunächst ein Hohlraum in Form einer Hornspalte oder Hornnische vorhanden sein muss, in die sich ein Fremdkörper einnisten kann, setzen sich oft auch Steinchen und Sand im überbelasteten, zerrissenen Tragrand fest (Fall 3, Foto 4, links im Bild). Wohl auch aufgrund der irrenden üblichen Lehrmeinung, dass nämlich diese Steinchen etc. in den Tragrandrissen »nach oben wandern können«, sehen sich viele Pferdebesitzer veranlasst, regelmäßig mit spitzen Werkzeugen zu Werke zu gehen, um diese Eindringlinge zu entfernen. Dabei aber eröffnen sie stets neue und größere Nischen für weitere Steinchen, die sich wiederum gewaltsam einnisten und weiteres Tragrandhorn verdrängen und zerstören. Die Säuberungsmaßnahme befördert also eher die Erodierung des Tragrandes. Da sich ein Tragrand aber ausschließlich an ungleichmäßig belasteten Hufen dermaßen aufsplittert, dass sich Steinchen oder ähnliches einnisten können, ist gerade der mit Steinchen besetzte Tragrandanteil ein deutliches Indiz für die Überbelastung dieser Hufwand und ihre zusätzliche mechanische Zerstörung ist darum besonders problematisch. Abhilfe schafft hier nur die Optimierung der Belastungssituation des Hufes. Bei den geschilderten und unserer Meinung nach irrtümlichen Ansichten wird nicht bedacht, dass die Fremdkörper keine Eigendynamik entwickeln können, die sie aktiv nach oben wandern lässt. Im Gegenteil hält das von oben herunterschiebende Horn jegliche Fremdkörper in Bodennähe, wo sie keinen Schaden anrichten werden, sondern einen geschlossenen und abriebresistenten »Tragrand« darstellen.

2.14.2 Der Hufabzess

(1) Die beiden Fotos zeigen den rechten Vorderhuf eines Pferdes, bei dem ein ausgedehnter Hufabszess zu sehen ist. Die eitrige Entzündung reicht von der Sohle bis zur Krone, wo sie bereits aufgebrochen ist.

(2) Infolge von ➛*Hufgeschwüren*, aber auch durch verletzungsbedingte, mechanische Eröffnung der Hornkapsel kann es zur Ausbildung von Hufabszessen kommen.

Ursache ist die Infizierung der durchbluteten Lederhäute bzw. der Hufinnenknochen mit Eitererregern. Damit die im Normalfall gut geschützten, empfindlichen Huforgane infiziert werden können, muss ein Hornschaden dafür sorgen, dass Keime Zugang finden. Neben der Hornzerstörung durch Hornmazeration, wie sie mit dem Hufgeschwür stattfindet, können perforierende Fremdkörper, wie Nägel oder Glasscherben, das Sohlen- oder Strahlhorn durchdringen und die Lederhaut spontan verletzen.

(3) Mit einem Hufabszess geht eine zumeist plötzliche, hochgradige Lahmheit einher. Das Pferd weigert sich häufig, den betroffenen Huf überhaupt noch aufzusetzen. Dies gilt vor allem, solange der Eiter innerhalb der Hornkapsel eingeschlossen ist. Im Übrigen entspricht der Bewegungsablauf der konkreten Belastungssituation und Hufform und kann an entsprechender Stelle nachgelesen werden.

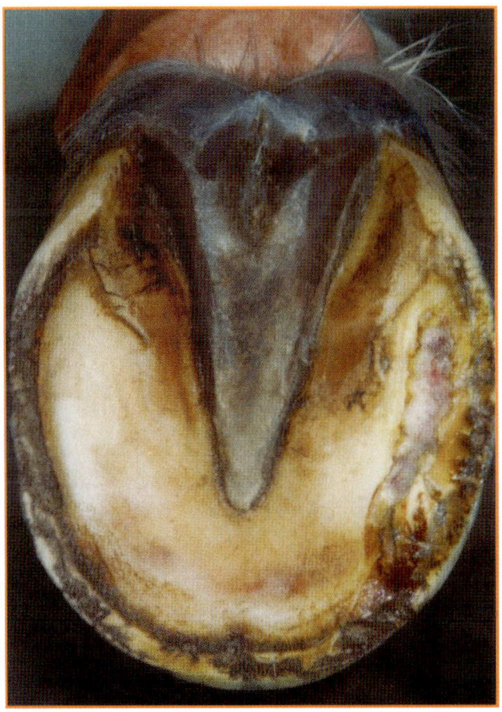

Foto 1 (Hufabszess)

(4) Bleibt ein Hufabszess unbehandelt, kann es zu einer Schädigung der Hufinnenknochen kommen. Im Fall eines auf diese Weise herbeigeführten Hufbeindefektes kommt es in der Folge zur Ausbildung einer ➤*Hornsäule.* Darüber hinaus gestalten sich die Prozesse der Knochenbiomorphose analog der spezifischen Hufsituation bzw. folgen aus dieser pathologische Veränderungen der knöchernen und ligamentösen Strukturen der Zehenorgane.

(5) Jeder Hufabszess bedarf einer tierärztlichen Versorgung. Der Tierarzt wird den Abszess mit der Hufuntersuchungszange lokalisieren und wenn es die Lokalisation zulässt, materialschonend eröffnen. Dabei ist der Horndefekt so klein wie irgend möglich zu halten und es ist von großzügigen Hornwandresektionen (➤*Hufgeschwüre.*) abzusehen, da hiermit die Hornkapsel in eine sehr ungünstige Situation versetzt wird. Dem ist es vorzuziehen, wenn ein Kanal bzw. eine Drainage gelegt wird, worüber das Entzündungsprodukt abfließen kann. So kann beispielsweise vom Tierarzt die Hornwand durch ein kleines, in die Hufwand gebohrtes Loch eröffnet werden (natürlich ohne die Lederhaut zu verletzen), um so eine Abflussmöglichkeit zu schaf-

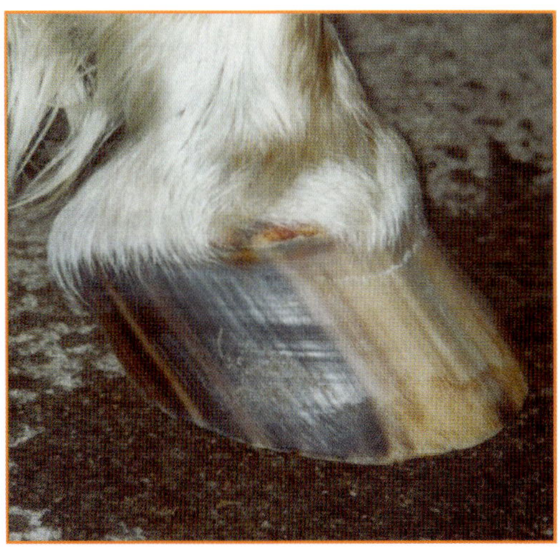

Foto 2 (Hufabszess)

fen. Auf diese Weise kann der Hohlraum hinter der Wand auch gespült und medikamentös versorgt werden. Meist belastet das Pferd den Huf wieder, sobald der Eiter abgeflossen ist.

Die möglichst klein gehaltene Horneröffnung muss in der Folge durch einen Hufverband geschützt und regelmäßig versorgt werden.

Neben der beschriebenen tierärztlichen Versorgung des Hufabszesses ist es unerlässlich, den Huf huforthopädisch zu betreuen. Sofern der Hufabszess nicht durch eine Verletzung entstanden ist, ist die Ursache in einer unphysiologischen Hufsituation zu suchen. Deren Beseitigung ist für die Prophylaxe, die weitere Hufabszesse verhindern soll, unerlässlich. Auch im Falle einer verletzungsbedingten Abszessbildung ist eine huforthopädische Betreuung angeraten, da die im Zuge der Infektion wie der nachfolgenden therapeutischen Hornresektion hergestellte Hufsituation leicht zu einer unphysiologischen Verformung der Hornkapsel führen kann.

Konservativ greift man nach Hufabszessen sehr häufig zum Beschlag. Aus unserer Sicht ist ein solches Vorgehen unsinnig und schädlich. Das Eisen – oft ein Deckeleisen – verschließt den Zugang zu den infizierten Bereichen und verhindert eine regelmäßig notwendige Kontrolle. Ohne diese kann unter dem Eisen weitere Zerstörung stattfinden, die bis zu ihrer Entdeckung bereits immense Schäden anrichten kann. Das Gleiche gilt für ein Verschließen der Hornwunden mit Hornersatzstoffen.

2.15 Hornwandausbrüche

(1) Die Fotos 1 bis 3 zeigen einen rechten Vorderhuf. Auf allen drei Ansichten ist zu erkennen, dass beträchtliche Hornwandausbrüche bestehen. Nur noch an einigen wenigen Stellen ist ein Tragrand vorhanden, der Tragefunktion übernehmen kann. So im Bereich der Trachten und im Bereich der lateralen (im Bild rechts) hinteren Seitenwand (siehe Foto 1). Die schräg nach außen ragenden Reste eines Tragrands in der medialen Zehen- und Seitenwand werden in Kürze ebenfalls wegbrechen. Das Gewicht des Pferdes belastet infolge des Tragrandverlustes weitgehend den sehr gut ausgebildeten Strahl, der im Gegensatz zur ebenfalls stark belasteten Hufsohle hervorragend geeignet ist, einen Großteil der Last zu übernehmen. An dem gelb bis rot eingefärbten Sohlenhorn (➤ *Verfärbtes Hufhorn*) ist erkennbar, dass die Hufsohle durch die unphysiologische Belastung überfordert ist und ihre Lederhaut stellenweise dermaßen gequetscht wird, dass zusätzlich zu dem Horn Blut abgesetzt wird, eine für das Pferd äußerst unangenehme Situation.

Foto 1 (Hornwandausbrüche)

In den Tiefen der seitlichen Strahlfurchen sind leichte Fäulnisprozesse im Gange. Das Sohlenhorn wulstet sich in den am stärksten beanspruchten Bereichen, nämlich in den Sohlenrandbezirken auf. Auch entlang der seitlichen Strahlfurchen und in der Verlängerung der Eckstreben haben sich Sohlenhügel gebildet, insbesondere die mediale Eckstrebe ist im Begriff, sich zur Seite zu legen, beide Eckstreben bohren sich mit ihren Endungen in die Hufsohle und zertrümmern hierbei das umliegende Sohlenhorn. An dem völlig abgenutzten lateralen Tragrand, an der etwas steiler ausgerichteten diesseitigen Eckstrebe sowie an dem etwas nach medial ausgerichteten Strahlhorn kann die momentane laterale Überbelastung dieses Hufes eindeutig erkannt werden. Der Huf fußt ebenfalls lateral ab und wird durch den nebenan liegenden Tragrandüberstand schon bei der Lastaufnahme, insbesondere aber während des Abfußvorgangs auf die laterale und schon überbelastete Hufhälfte gezwungen, die sich infolge der untergeschobenen Trachte unphysiologisch gerundet hat (➤*Pseudokotflügel*). Der durch diese Doppelbelastung größtenteils erodierte Tragrand der lateralen Hufhälfte verdeutlicht das Ausmaß der Fehlbelastung und des Abfußzwangs bei diesem Huf.

Aus der Ansicht von vorne (Foto 2) wird der Grad der Verbiegung der medialen Hufseitenwand und das Ausmaß des hervorgeschnabelten Zehenabweisers (im Bild rechts) deutlich erkennbar. Das Wandhorn

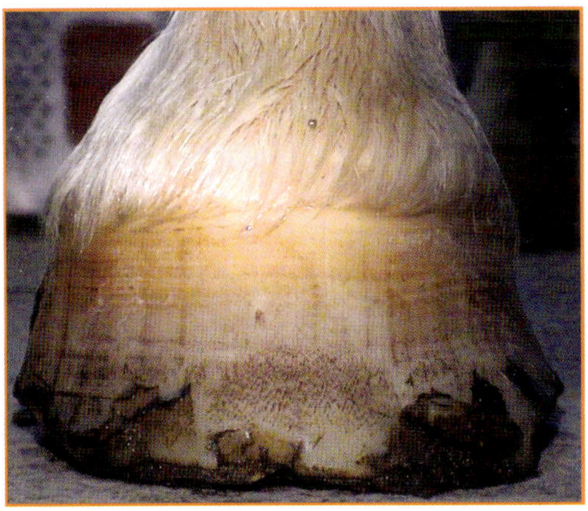

Foto 2 (Hornwandausbrüche)

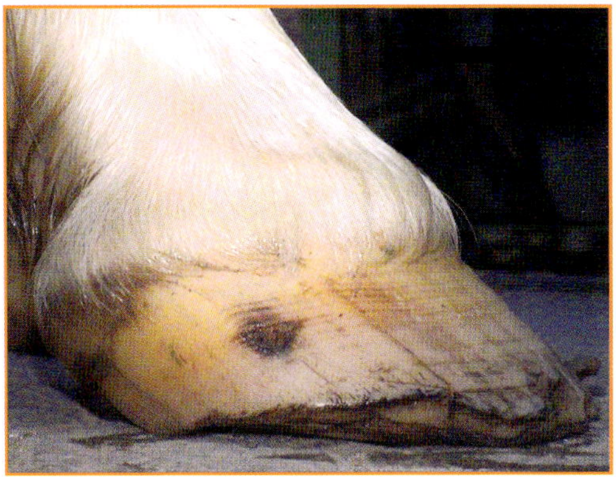

Foto 3 (Hornwandausbrüche)

legt sich hier analog dem hochgeschobenen Kronsegment in nach oben divergierende und sehr enge Hornfalten. An dem unsymmetrischen Verlauf dieser Hornringe (Ofenrohrstruktur) und an der grundsätzlich unsymmetrischen Form der Hornkapsel wird das Ausmaß der absoluten Notsituation des Hufes sehr deutlich erkennbar was die Befundung der solearen Ansicht bestätigt.

In der lateromedialen Ansicht (Foto 3) sind die ➤*untergeschobene Trachte* und die unphysiologische, durch mehrere Spannungsrisse demarkierte Wandrundung erkennbar (➤*Pseudokotflügel*). In diesem Bereich ist das helle Wandhorn auffallend intensiv eingefärbt, die Hornrillen sind eng zusammengeschoben bei nach hinten oben verschobenem Kronsaum, was wiederum deutlich vor Augen führt, wie ungünstig und belastend sich eine unphysiologische Wandrundung auswirkt. Inmitten der Wandrundung ist die Hornnarbe eines ehemaligen Mazerationsprozesses erkennbar, der bis vor ca. 3 Monaten und während eines Zeitraumes von 2 bis 3 Monaten in der Hufkrone durchgebrochen war (➤*Hufgeschwüre* und *Hufabszesse*).

(2) Der abgebildete Huf wurde einige Tage, bevor die Aufnahme gemacht wurde, vom Eisen genommen. Er war über einen längeren Zeitraum beschlagen. Der Huf befindet

sich in einer drastisch unphysiologischen Belastungssituation – angezeigt durch die sehr schrägen, unterschiedlich belasteten Hornwände, die erkennbaren Hornverfärbungen, den Ermüdungsriss und das eröffnete Hufgeschwür. Die Hornwandausbrüche sind ein weiteres Phänomen der schlechten Belastungssituation.

Die vorab bestehenden Hornwandverbiegungen – an der medialen Hufwand (Foto 2, rechts im Bild) sind sie noch deutlich zu erkennen – haben die Stabilität des Hornröhrchenverbundes stark beeinträchtigt. Unterstützt durch eine schlechte Hornqualität, wie sie unter dem Eisenbeschlag leicht anzutreffen ist, haben die Hornröhrchen mit dem Wiedereinsetzen der Hufmechanik der ungünstigen Kraft- (weil Hebel-)einwirkung nicht standgehalten. Zudem wirkt sich auch die mit den Nagellöchern beförderte Instabilität und Fäulnis negativ aus.

Die großflächigen Hornwandausbrüche zwingen das Pferd auf die Sohle. Zwar kann das kräftig mittragende Strahlhorn die Situation etwas begünstigen, das Laufen auf einem solchen Huf bleibt für das Pferd aber in jedem Fall sehr unangenehm. Da ein Abstand zum Boden fehlt, spürt das Pferd jedes Steinchen, auf das es tritt. Jeglicher Bodendruck wird über die Hornsohle auf die sensible Sohlenlederhaut weitergegeben (➤*Anatomischer Index: Sohle*). Dies hat neben der Schmerzhaftigkeit aber auch noch einen anderen Effekt. Durch den steten Druckreiz wird die Hornproduktion der Sohlenlederhaut angeregt. Im Sohlenrandbezirk als besonders beanspruchtem Bereich bildet sich in der Folge eine Art Tragewulst aus. Problematisch an dieser Hornansammlung ist, dass diese einen unphysiologischen Druck auf die von oben herab schiebenden Hornröhrchen der Tragewände ausübt. Indem das angesammelte Sohlenhorn die Wände zusätzlich nach außen drückt, trägt es massiv zu deren weiterem Ausbrechen bei.

(3) und *(4)* Mit dem großflächigen Ausbrechen der Hufwände geht eine deutliche Behinderung der Lauffreude des Pferdes einher. Das Laufen wird mühevoll bis schmerzhaft, da die funktional nicht zum Tragen konzipierte Hufsohle einen Großteil der Last des Pferdegewichts übernehmen muss. Selbstredend ist damit auch die Nutzung des Pferdes eingeschränkt bis unmöglich. Je nach Ausmaß der Hornwandschäden und nach Form und Belastungssituation der Hufe reicht das Gangbild von Fühligkeit bis zu völliger Lahmheit. Zudem besteht die Gefahr der Entstehung einer aseptischen Huflederhautentzündung. Festzuhalten ist: Ausbrüche der Hufwand sind wie ➤*Hornrisse und Hornspalten, oder wie* ➤*Hufgeschwüre* oder *Hufabszesse* Anzeiger einer unphysiologischen Belastungssituation am Huf. Wie letztere verschärfen sie die ungünstige Hufsituation noch einmal, sind andererseits aber selbst nur die Spitze des Eisbergs. Die konkrete Belastungssituation zeitigt denn auch vorab bereits weitreichende Folgen für den Bewegungsablauf der Gliedmaße und initiiert Prozesse der Knochenbiomorphose bzw. verursacht irreversible Schädigungen an Zehenknochen und -gelenken. Diese können in den entsprechenden, die unterschiedlichen Belastungssituationen beschreibenden Abschnitten nachgelesen werden.

(5) Die Bearbeitung des Hufes erfolgt nach den üblichen huforthopädischen Prinzipien. Wichtig ist das Freilegen der seitlichen Strahlfurchen, um das Festsetzen von Schmutz und das Einnisten von Bakterien zu verhindern. Dabei ist besonders das überlappende Strahlhorn in der lateralen Strahlfurche zu entfernen. Zudem wird der sich nach medial neigende Strahlkörper symmetrisch ausgerichtet. Die Eckstreben werden auf ihre physiologische Länge und Höhe zurückgeschnitten, wobei es wichtig ist, dass sie an ihren Endungen auf Nullniveau auslaufen. Beide

Eckstreben, insbesondere die laterale, sind an ihren Endungen deutlich demarkiert und von dem anschließen Sohlenhornwülsten durch quer verlaufende Risse bzw. durch bröseliges Zerfallshorn getrennt.

Im Fotobeispiel ist besonders schön erkennbar, wie sich die hornwandspezifische, harte und tragfähige Röhrchenhornstruktur der so genannten Eckstreben deutlich von den aufgeschuppten Sohlenhornhügeln abgrenzt und unterscheidet. Es kann dem aufmerksamen Betrachter nicht verborgen bleiben, dass diese rundum demarkierten Sohlenhornhügel wie Fremdkörper in dem ansonsten recht gleichmäßigen Sohlenhorn liegen. Fakt ist, dass sie dort partiellen Druck auf die Sohlenlederhaut ausüben und hierbei in der Manier eines so genannten Hühnerauges oder wie ein Stein im Schuh drücken. Sie sind für die häufigsten blutenden Lederhäute und ➤*Hufgeschwüre* verantwortlich zu machen. Diese Hornhügel werden mit dem Hufmesser deshalb besonders sorgfältig geglättet, wobei darauf zu achten ist, dass das normale Sohlenhornniveau hergestellt werden soll, ohne dass eine Mulde hineingeschnitten wird.

Besonderer Wert ist bei den im Hufbeispiel dargestellten ausbrechenden Hornwänden auch auf das Entfernen des nachrückenden Sohlenrand- und Blättchenhorns zu legen. Wird dieses Drängelhorn hinter der Rundung der lateralen Hufwand sowie hinter dem medialen Zehenabweiser nicht entfernt, übt es weiteren Druck auf den Tragrand aus und drängt diesen regelrecht nach außen. Da dieser Druck unterhalb des Hufbeinrandes und in Bodennähe besonders hohe Spreizwirkung auf den Tragrand ausübt, ist eine Korrektur der unphysiologisch abgespreizten oder gerundeten Hufwände oder Wandsegmente ansonsten unmöglich. Durch anschließendes Beraspeln wird der ausgebrochene Tragrand rundum geglättet und von den losen Hornanteilen befreit, die infolge ihrer Mobilität weiteres Horn zerstören können. An der herausgebogenen medialen Hufwand, an dem medialen Zehenabweiser und an der unphysiologischen Rundung der Lateralwand werden umfassende Rieddachstrukturen angelegt.

2.16 Der erworbene Sehnenstelzfuß

2.16.1 Physiologische Form

(1) Die Fotos zeigen die Vorderhufe von zwei verschiedenen Pferden. Bei beiden Pferden fällt auf, dass die Vorderhufe mehr oder weniger unterschiedlich aussehen. In beiden Fällen ist ein Vorderhuf kleiner und steiler als der andere, im Fotobeispiel 1 ist es der linke, im Beispiel 2 der rechte Vorderhuf der kleiner ist als der der Partnergliedmaße.

Die seitliche Aufnahme der beiden Hufe bei Pferd 1 zeigt deutlich eine nach vorn gebrochene Huf-Fesselachse des linken, kleineren Hufes (hinten im Bild). Sichtbar treten die Unterstützungsbänder des Fesselträgers hervor (Pfeil). Bei Pferd 2 besteht eine weniger deutliche, in der Aufnahme kaum wahrnehmbare Achsenbrechung der rechten, ebenfalls kleineren Gliedmaße.

Bei Pferd 1 weist die Zehenwand des kleineren Hufes einen deutlichen konkaven »Schwung« auf, was darauf hindeutet, dass an diesem Huf in der Vergangenheit versucht wurde, eine ungebrochene Knochensäule herzustellen, das heißt, dass die Hufbearbeitung darauf zielte, den Huf dem Fesselstand anzugleichen (➤*Unphysiologische Form*). In der Zehe wurde eine mächtige Bullnase angeraspelt, das heißt die ungünstige Breite der Zehenwand wurde, zwar mangelhaft, aber doch minimiert. Die Vorderansicht desselben Hufes (Foto 3) zeigt, dass das Zehenhorn in Falten gelegt ist und die Hornkapsel von unten her eingerissen ist (➤*Hornrisse und Hornspalten*). Der Huf ist medial stärker belastet und unter der Mehrlast konkav verbogen.

Foto 1 (Erworbener Sehnenstelzfuß Physiologisch)

In beiden Fällen wird das Bein mit dem kleineren, steileren Huf leicht nach vorn herausgestellt. Ebenfalls in beiden Fällen sind die jeweiligen Hufe der Parallelgliedmaße breiter und mit schrägeren Hufwänden sowie, vor allem in Foto 2, mit ➤*Untergeschobenen Trachten* versehen.

(2) Beide Pferde besitzen einen erworbenen Sehnenstelzfuß. Im Fotobeispiel 1 (und 3) ist die linke, im anderen Beispiel die rechte Vordergliedmaße betroffen. Bei einem erworbenen Sehnenstelzfuß handelt es sich um eine, unserer Erfahrung nach recht häufige, multisystemische Erkrankung der Vordergliedmaße. Sie betrifft bevorzugt – ca. 80% der von uns beobachteten Fälle – die rechte Gliedmaße. Weshalb dies so ist, weshalb also das rechte Bein häufiger betroffen ist als das linke, darüber können wir bislang nur spekulieren.

Seinen Anfang nimmt der erworbene Sehnenstelzfuß nahezu immer im Fohlenalter. Ausschlaggebend für seine Entwicklung ist eine relative Kürze der tiefen Beugesehne[22]. Diese kann sich aus unterschiedlichen Gründen einstellen, entsteht aber eben besonders leicht in der Wachstumsphase des Pferdes, wenn die tiefe Beugesehne nicht mit dem Längenwachstum der Röhrenknochen mithält. Provoziert werden kann dies durch ausbleibende und falsche Hufbearbeitung; so wenn beispielsweise das so genannten Fohlenschnäbelchen im Zuge der Hufbearbeitung entfernt wird oder wenn aufgrund einer angeborenen steilen Fesselstellung die Trachtenregion im Verhältnis zu wenig Abrieb erfährt und hier nicht korrigierend eingegriffen wird. Alles was einen steilen Fohlenhuf befördert, erhöht zudem die Wahrscheinlichkeit für die Ausbildung eines Sehnenstelzfußes.

22 Ein Sehnenstelzfuß kann auch mit einer Verkürzung der oberflächlichen Beugesehne einhergehen. Auf diesen selteneren Fall soll hier aber nicht weiter eingegangen werden.

Auch wenig Bewegung und weiche nachgiebige Böden befördern die Entwicklung einer solche Fehlstellung im Fohlenalter. Nicht zuletzt können Störungen im Bewegungsablauf, selbst wenn es sich nur um ein kurzfristiges Schonen einer Vordergliedmaße handelt, beim Fohlen dazu führen, dass ein Sehnenstelzfuß ausgebildet wird. Grund hierfür ist in allen Fällen die ausbleibende Längung der tiefen Beugesehne durch mechanische Beanspruchung. Für die Beugesehnen gilt: Was nicht benutzt wird, bleibt zu kurz. Auch Sehnenverletzungen und/oder Entzündungen der Beugesehnen können – vor allem wenn sie damit therapiert werden, dass der Huf hinten hochgestellt wird – zur Ausbildung eines Sehnenstelzfußes führen.

Ein Sehnenstelzfuß kann auch noch in späterem Alter erworben werden. Auch bei einem adulten Pferd können Verletzungen und Entzündungen im Bereich der Beugesehnen oder jegliche Erkrankungen, die ein länger andauerndes Schonen einer Gliedmaße zur Folge haben, zum Sehnenstelzfuß führen. Auch das Aufkeilen, wie es beispielsweise bei der Hufrehetherapie zum Teil angewandt wird, birgt die Gefahr, dass es sich die Sehne in der bequemen, unterforderten Stellung gemütlich macht.

Die Kürze der tiefen Beugesehne bewirkt eine mehr oder weniger starke Flexion des Hufgelenks. Das heißt, das Hufbein wird nach hinten gezogen und dadurch in einen, im Verhältnis zu Kron- und Fesselbein steileren Winkel zum Boden gebracht. Wegen der Kürze der Sehne und der Flexion im Hufgelenk ist das Bein für seinen Besitzer im Vergleich zur Partnergliedmaße tendenziell unbequem. Es wird weniger stark belastet und anders benutzt als die nicht fehlgestellte Parallelgliedmaße. Angesichts der geminderten Belastung und passend zur steileren Stellung des Hufbeines, kommt es zur Ausbildung einer engen, steilen Hufkapsel.

Auch im Stand wird das fehlgestellte Bein anders gehandhabt als die gesunde Gliedmaße und stets leicht nach vorne herausgestellt. Die Formungskraft des Nach-vorne-Rausstellens verändert die Hornkapsel in charakteristischer Weise. Entsprechend ihrer Belastung, wird die mediale Hufhälfte enger, schmaler, mit steilerer Hufwand, die laterale etwas weiter und schräger ausgebildet.

Die mehrbelastete, nicht fehlgestellte Gliedmaße verändert sich aufgrund der starken Mehrbelastung häufig sehr negativ

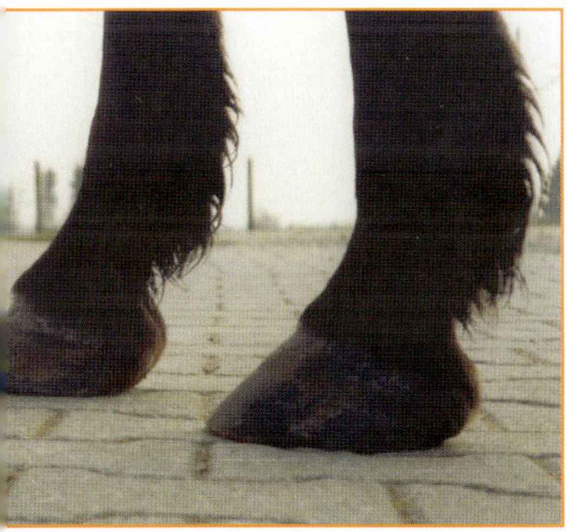

Foto 2 (Erworbener Sehnenstelzfuß Physiologisch)

Foto 3 (Erworbener Sehnenstelzfuß Physiologisch)

und gerät besonders schnell in eine unphysiologische Belastungssituation. Typisch hierfür sind zu schräge Wände, starke Asymmetrien, ➛*Untergeschobene Trachten* und in der Folge ➛*Pseudokotflügel*. Die Phänomene unphysiologischer Hufsituationen wie ➛*Hornrisse und Hornspalten*, ➛*Verfärbtes Hufhorn*, ➛*Hufgeschwüre und Hufabszesse* finden sich aus diesem Grund an diesen Hufen sehr häufig.

(3) Neben dem Entlasten des Sehnenstelzfußes im Stand führt eine solcherart fehlgestellte Gliedmaße zu einer nach hinten verkürzten Stützbeinphase in der Bewegung. Der fehlgestellte Huf wird aufgrund der früher an ihre Grenze gelangten Dehnfähigkeit der tiefen Beugesehne eher vom Boden abgehoben als der Parallelhuf. Die Diagonalgliedmaße (in Fall 1 also beispielsweise die rechte Hintergliedmaße) muss schneller nachgreifen, um die verkürzte Bewegung auszugleichen. Wie der mehrbelastete Partnerhufe vorn, formt sich auch der diagonale Hinterhuf, der den Partner in der Bewegung darstellt, entsprechend der zusätzlichen Belastung. Beide, der Parallel- wie der Diagonalhuf, sind einer vermehrten Belastung ausgesetzt. Ein Pferd, welches einen Sehnenstelzfuß besitzt, weist dementsprechend vier verschieden geformte Hufe auf, wobei der zum Sehnenstelzfuß gleichseitige Hinterhuf immer der bestgeformte und unproblematischste Huf ist. Es bedarf keiner großen Vorstellungskraft, um sich klar zu machen, dass eine solche Situation einen regelmäßigen und taktreinen Gang unmöglich macht.

(4) Da der Sehnenstelzfuß, wie wir gesehen haben, weitreichende Konsequenzen für die übrigen Gliedmaßen, wie damit selbstredend auch für den gesamten Bewegungsablauf des Pferdes hat, ist es klar, dass diese Fehlstellung den gesamten Organismus (Muskel- und Knochenaufbau) beeinflusst und prägt. Das ungleichmäßige Bewegungsmuster bildet auch die damit in Zusammenhang stehenden Muskeln und Knochen entsprechend ungleichmäßig aus. Dieses Thema überschreitet aber weit die huforthopädische Betrachtung des Phänomens und soll deshalb an dieser Stelle auch nur in dieser Kürze angerissen sein.

Die Flexion im Hufgelenk, die ein Erworbener Sehnenstelzfuß aufweist, führt unter anderem auch dazu, dass das Strahlbein aus seiner funktionalen Lage nach oben verlagert wird. Es befindet sich damit notwendigerweise zum Teil außerhalb der eigentlichen Gelenkfläche, was es anfällig für eine Schädigung insbesondere im Bereich der Gelenkfläche des Strahlbeines macht (➛*Hufrollenentzündung*). Dieser Schädigung entgegen wirkt allerdings die verminderte Belastung der Gliedmaße durch das Pferd.

Der Sehnenstelzfuß besitzt in der Regel ein schmaleres Hufbein, welches einen platten Hufbeinrücken und ein hohes Sohlengewölbe aufweist. Auch auf die Partnergliedmaße wirkt sich die Fehlstellung wie bereits geschildert aus. Selbst wenn eine unphysiologische Hufform aufgrund vernünftiger Hufbearbeitung verhindert wird, so wird das Hufbein des Nichtsehnenstelzfußes dennoch breiter sein, mit geringerer, mehr oder weniger stark abgeflachter Sohlenwölbung.

(5) Das Hauptaugenmerk gilt der Prophylaxe, das heißt der konsequenten und sachverständigen Hufbetreuung im Fohlenalter. Kommt es trotz dieser, vielleicht aufgrund von Verletzungen oder anderen Umständen, zu einer Ausbildung eines Sehnenstelzfußes, dann besteht dringender Handlungsbedarf. Der in diesem Alter sehr schnell steil werdende Huf muss zwingend wieder hinten runter, um so zu verhindern, das die Beugesehne ihrer Neigung zur Retraktion nachgibt. In leichteren und früh erkannten Fällen kann ein Niederschneiden der Trachten und ent-

sprechende Bewegung ausreichen, um die Beugesehne genügend zu längen. Wenn die Ausrichtung der Gliedmaße mit der Hufbearbeitung nicht erreicht werden kann, was sich bereits in kurzer Zeit zeigt, so wird der Tierarzt zu einer Durchtrennung des Unterstützungsbandes der tiefen Beugesehne (Desmotomie) raten. Beim Durchschneiden des Unterstützungsbandes wird darauf geachtet, dass eine möglichst große Schnittfläche entsteht, damit die freien Schnittenden gut mit dem umliegenden Gewebe verwachsen können, um so weiter die Funktion der passiven Tragehilfe erfüllen zu können.

Findet sich ein Erworbener Sehnenstelzfuß an einem erwachsenen Pferd, so richtet sich die huforthopädische Arbeit auf die Erhaltung der Funktionsfähigkeit der fehlgestellten, wie der mehrbelasteten Parallel- und Diagonalgliedmaße. Die Fehlstellung kann in diesem Alter nicht mehr beseitigt, sondern muss akzeptiert und betreut werden, um ihre negativen Folgen für die Huf- und Pferdegesundheit zu mindern. Der Erworbene Sehnenstelzfuß stellt in jedem Fall ein Handicap dar, ist aber beim ausgewachsenen Pferd nicht mehr zu therapieren. Versucht man dennoch, eine solche Fehlstellung beim erwachsenen Pferd auszurichten, so provoziert man eine ➛ *Unphysiologische Form* des Sehnenstelzfußes, die im folgenden Abschnitt besprochen wird.

In vielen Fällen ist der Erworbene Sehnenstelzfuß unserer Meinung nach handgemacht, das heißt, seiner Entstehung wird durch das Wegschneiden oder Wegraspeln des so genannten Fohlenschnäbelchens Vorschub geleistet. Entscheidend ist, dass diese Fehlstellung zumeist im Fohlenalter erworben wird, und dass in diesem Alter die besten Chancen dafür bestehen, die Fehlstellung zu beheben. Tragisch ist, dass ein Sehnenstelzfuß von den allermeisten Pferdeleuten (Huflaien und Huffachleuten) nur erkannt wird, wenn er stark ausgeprägt ist. Meistens bleibt also die, gerade in der leichten Form auch leicht zu therapierende Fehlstellung bestehen. Das Fohlen bekommt seine Bürde auf den Weg.

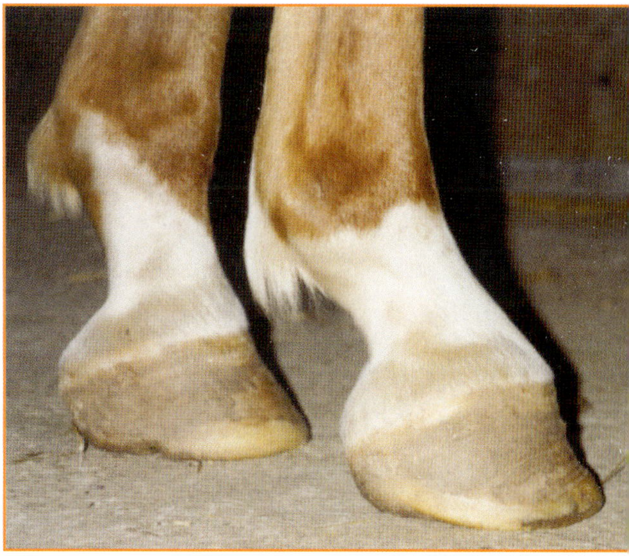

Foto 1 (Erworbener Sehnenstelzfuß Unphysiologisch)

2.16.2 Unphysiologische Form

(1) Das Foto zeigt einen erworbenen Sehnenstelzfuß an der rechten Vordergliedmaße. Die Zehenwand des betreffenden Hufes hat sich massiv verbogen und schnabelt in der distalen Hälfte nach vorne heraus. Das Horn der Zehenwand hat sich dabei ofenrohrähnlich in Falten gelegt.

(2) Im vorliegenden Fall wurde die steile Stellung des Hufbeines nicht toleriert und es wurde versucht, die Flexion im Hufgelenk zu beseitigen, sprich die Hufachse der Fesselachse anzugleichen. Das Resultat dieser hufbearbeiterischen Maßnahme ist eine Verbiegung der Zehenwand. Der Versuch, eine bereits eingerichtete tiefe Beugesehne durch das Niederhalten der Trachten und die entsprechende Gestaltung der Hornkapsel zum Nachgeben in ihrer Länge zu zwingen, muss notwendigerweise missglücken. Das

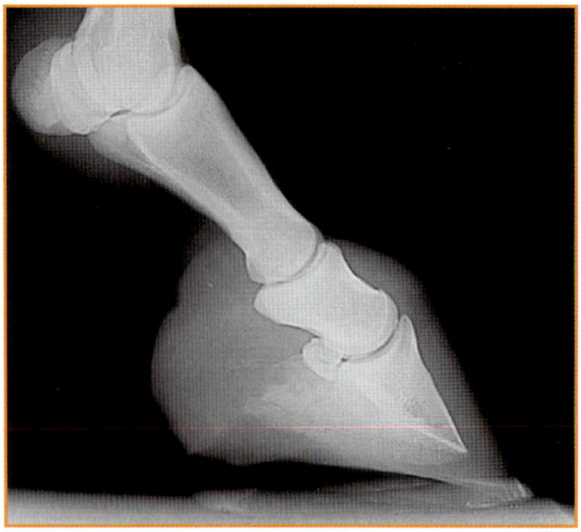

Sehnenstelzfuß Physiologisch

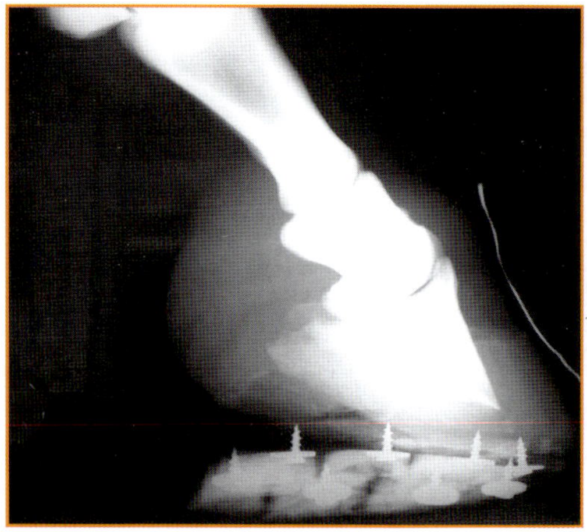

Sehnenstelzfuß Unphysiologisch

Horn der Hornkapsel stellt, auch wenn es auf einem Eisen fixiert wird, keinen ausreichend stabilen Gegenpart zur straffen Beugesehne dar. Deren steter Zug verformt das Horn in der abgebildeten Weise, was um so leichter fällt, als durch die hufbearbeiterische Horngestaltung (Trachten kürzen) die Zehenwand schräg zum Boden gestellt wird und so der Hebelkraft der Bodens erst recht ausgeliefert ist.

Die beiden folgenden Röntgenaufnahmen dokumentieren die Verhältnisse in der Hornkapsel bei einem Sehnenstelzfuß mit einer physiologischen und einem Sehnenstelzfuß mit einer unphysiologischen Hufform.

(3) Prinzipiell gelten die unter Punkt 3 der ➤*Physiologischen Form* besprochenen Dinge. Hinzu kommt die zusätzliche Erschwernis bis Schmerzhaftigkeit, die von einer solcherart aus der Form geratenen Hornkapsel ausgeht. Der stete Zug des Hufbeins nach hinten sowie der Zehenhornröhrchen nach vorn, setzen den Hufbeinträger unter starke Belastung, was zum Ausbrechen einer ➤*Hufrehe* führen kann. Die Gefahr von ➤*Hornrissen und Hornspalten* wie auch von ➤*Hufgeschwüren und Hufabszessen* ist erhöht, was ebenfalls zu Lahmheiten führen kann.

(4) Auch hier finden sich alle wesentlichen Dinge bereits unter Punkt 4 des vorhergehenden Abschnitts zur physiologischen Form verhandelt. Darüber hinaus provoziert die mit dem Versuch der Stellungskorrektur hergestellte unphysiologische Belastungssituation am Huf Schäden am Hufbeinrand (Osteolyse, Hutkrempenbildung) und setzt den Bereich der Hufrolle erhöhten Belastungen aus (➤ *Hufrollenentzündung*), kann also zu Strahlbeindefekten beitragen.

(5) Die huforthopädische Bearbeitung orientiert sich an der Wiederherstellung einer für den Sehnenstelzfuß physiologischen Hufform. Hierzu wird die hebelnde Zehenwand so bearbeitet, dass ihre Hebelwirkung eingedämmt wird und ihr Hornabrieb in der Folge zur Ausbildung einer steileren, unverbogenen Hornkapsel führt. Im Übrigen gelten alle unter der physiologischen Form beschriebenen Bearbeitungsrichtlinien.

2.17 Hufrehe

Die Fotos 1 bis 3 zeigen einen chronischen Rehehuf. Der Huf ist mit einem Stegeisen beschlagen. Die mediolaterale Seitenansicht des linken Vorderhufes in Foto 1 zeigt deutlich, dass sich die Hornkapsel

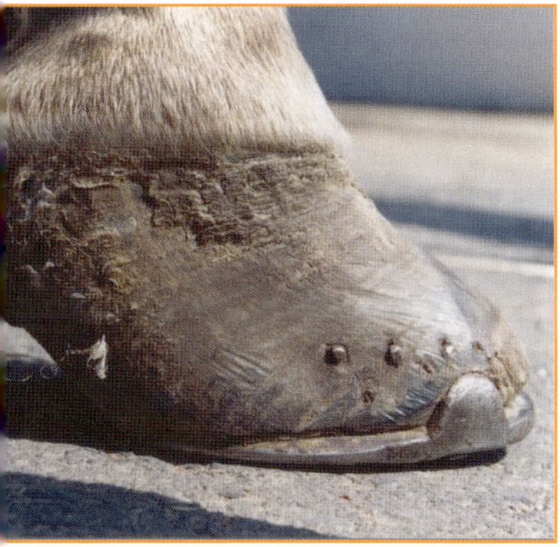

Foto 1 (Hufrehe)

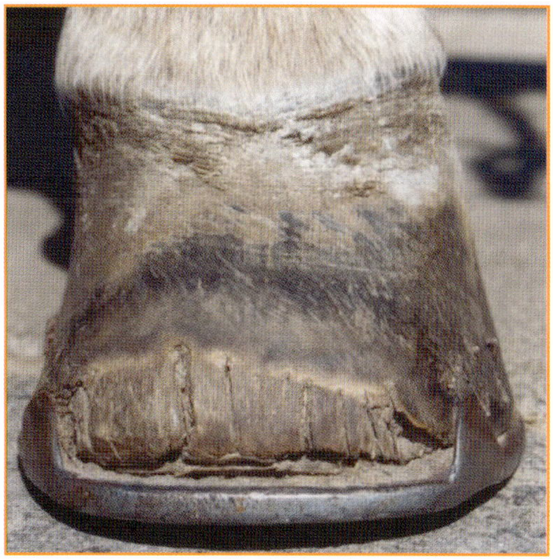

Foto 2 (Hufrehe)

massiv verformt hat. Das Horn ist nach vorn unter dem Gewicht herausgewachsen. Mit den sehr hohen Trachten ist die Hornkapsel hinten höher als vorn, wo sich das Zehenhorn knollenartig zusammengeschoben hat. Die Knolle wurde im Zuge der Hufbearbeitung entfernt, wobei große Teile des Hufbeinträgers, genauer seines verhornten Anteiles, freigelegt wurden. Dies ist in Foto 2 besonders deutlich zu erkennen. Das Horn des Hufbeinträgers ist stark verbreitert. Es ist zudem hart und spröde und an mehreren Stellen hoch eingerissen. Das Horn der Hornkapsel ist von minderer Qualität und vor allem im oberen Teil borkig aufgeworfen.

Foto 3 (Hufrehe)

(2) Der oben beschriebene Huf hat in der Vergangenheit mindestens eine Hufrehe durchlitten. Um welche Form der Rehe es sich gehandelt hat, kann lediglich aus den umgebenden Faktoren, nicht jedoch aus dem Huf und seiner Form selbst geschlossen werden. In der subakuten Phase und erst recht im chronischen Stadium besteht kein Unterschied zwischen den beiden Hauptreheformen, welche nach den verursachenden Faktoren hin unterschieden werden. Hier ist zum einen die systemische Hufrehe (meist toxische Rehe) und zum anderen die Belastungsrehe zu nennen. Beiden gemeinsam ist, dass es infolge von Zirkulationsstörungen innerhalb des Blutgefäßsystems zu einer Erkrankung des Hufbeinträgers kommt.

Die *Systemische Hufrehe* umfasst Fütterungsrehen, Vergiftungsrehen, Geburtsrehen, Rehen nach Kolik oder Medikamenteneinsatz etc. Primäre Ursache dieser Reheform ist eine massive Störung im Stoffwechselgeschehen, die zu einer Ausschüttung von Giftstoffen (Endotoxinen, Bakterientoxinen) und gefäßaktiven Mediatoren (beispielsweise Endothelin) führt. Diese verursachen durch einen verstärkten Kontraktionszustand der Gefäßmuskulatur eine Engstellung von Blutgefäßen (Vasokonstriktion), die im Bereich des Hufes zu einer Minderdurchblutung führt.

Bei der *Belastungsrehe* ist es eine vorhergehende und in der Regel andauernde Überbelastung des Hufbeinträgers, die zu einer Minderdurchblutung im Bereich der Hufwandlederhaut führt. Anders als bei der systemischen Rehe wird die Minderdurchblutung primär durch Vasokompression, das heißt durch einen höheren Gewebedruck auf das Gefäßsystem verursacht. Durch die belastungsbedingte Verkleinerung des Ansatzwinkels zwischen primären und sekundären Lederhautblättchen werden die in den sekundären Lederhautblättchen befindlichen Blutkapillaren mechanisch komprimiert. Der Blutfluss durch das Kapillarbett der sekundären Lederhautblättchen kommt damit weitgehend zum Erliegen. Die derart komprimierten kleinen Blutkapillaren werden umflossen, indem der Weg des Blutes durch arterio-venöse Verbindungen (Anastomosen) umgeleitet, oder besser gesagt verkürzt wird. Die folgenden Zeichnungen veranschaulichen die Durchblutungssituation am unbelasteten, am belasteten und am überbelasteten Huf. Am unbelasteten Huf mit unbelastetem Hufbeinträger wird das Kapillarbett der sekundären Lederhautblättchen mit Blut durchströmt. Die sekundären Epidermisblättchen (a''), die für die Bildung des Begleithornes zuständig sind, werden versorgt. Am belasteten Huf sind die sekundären Lederhautblättchen durch den Zug zwischen Hornwand – vermittelt über die mit den Lederhautblättchen verzahnten Hornblättchen (b) – und Hufbein in die Länge gezogen. Der Ansatzwinkel zum primären Lederhautblättchen (a') wird, wie in der Zeichnung zu sehen ist, verengt. Damit geht eine Komprimierung der Blutkapillaren einher, die zu einer Reduzierung des kapillaren Blutstroms in den sekundären Lederhautblättchen führt.

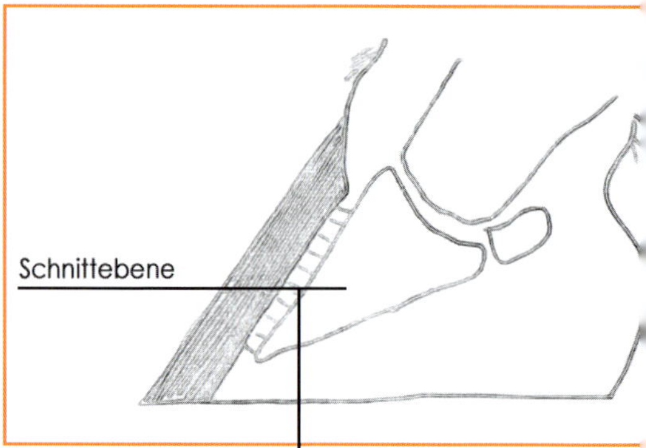

Belastungsrehe 1

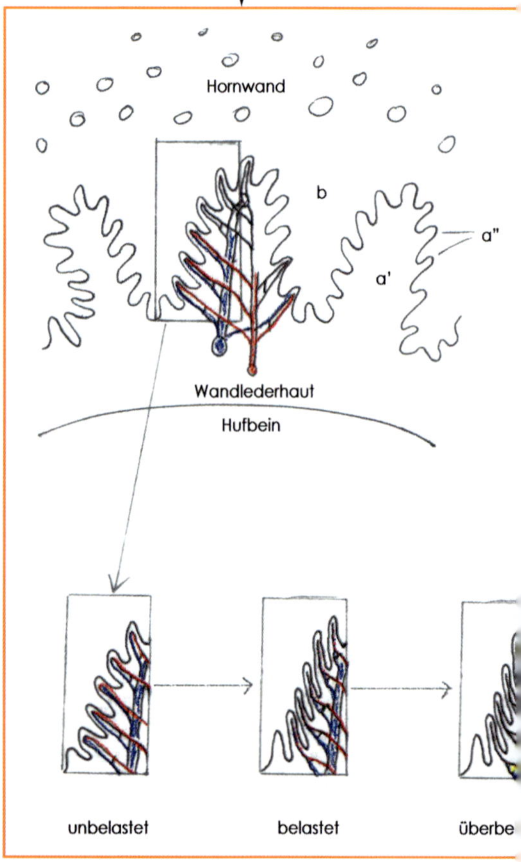

Minderdurchblutung bei Überbelastung

Am überbelasteten Hufbeinträger kommt die Durchströmung des Kapillarbettes gänzlich zum Erliegen. Die arterio-venösen Verbindungen (gelb) sind geöffnet und das arterielle Blut wird vor seinem Eintritt in die sekundären Lederhautblättchen bereits in die Venen abgeleitet.

Die Minderdurchblutung führt bei beiden Reheformen zu einer Funktionsbeeinträchtigung des Hufbeinträgers. Ischämie und Ernährungsstörungen der epidermalen Basalzellen sind bei der Belastungsrehe, wie auch bei der systemisch initiierten Hufrehe die Folge. Sekundär kommt es auch bei der Belastungsrehe zumeist zusätzlich zu einer Vasokonstriktion (Engstellung der Blutgefäße aufgrund verstärkter Kontraktion der Gefäßmuskulatur – siehe Systemische Rehe), da der Organismus auf die Funktionsstörung ebenfalls mit der Bildung von gefäßaktiven Mediatoren (Histamin) antwortet bzw., da durch die ischämischen Prozesse Toxine entstehen. Abgesehen vom Initialstadium und den verursachenden Faktoren gibt es in Bezug auf die Prozesse, die innerhalb der Hornkapsel ablaufen, keine prinzipiellen Unterschiede zwischen der systemischen und der durch Überbelastung initiierten Hufrehe. Die Mikrozirkulationsstörungen in der Wandlederhaut führen zu einer Beeinträchtigung in der Versorgung der Epidermis, welche für die Bildung des Begleithornes zuständig ist. Hornproduktionsstörungen sind die Folge, was wiederum die innige Verbindung zwischen Lederhautblättchen und Hornblättchen und damit den Aufhängemechanismus des Hufbeins in der Hornkapsel gefährdet. Die mangeldurchblutete Epidermis antwortet mit einer Proliferation (Gewebsvermehrung) und der Produktion dyskeratotischer, das heißt verfrüht und unvollständig verhornter Hornzellen. Die so gebildeten Hornzellen sind qualitativ minderwertig und deutlich in ihrer Funktionsfähigkeit gemindert. Durch Ablösung der Epidermiszellen voneinander und von ihrer Basalmembran, über die sie mit der Wandlederhaut verbunden sind, kommt es zur teilweisen Zerstörung der Aufhängung des Hufbeines. Hält dieser Zustand an und wird der Huf weiter belastet, so kommt es zum Einsinken des Hufbeines in die Hornkapsel.

Ist die akute Rehephase überstanden folgt Hyperämie (Mehrdurchblutung) und Reparation des zerstörten Gewebes durch die Bildung von Narbengewebe. Um die gelöste Verbindung zwischen Horn und Hufbein wiederherzustellen, werden die verbliebenen und noch funktionsfähigen Lederhautblättchen (neben diesen überlebten, proliferierten sekundären Lederhautblättchen finden sich auch abgestorbene Bereiche) sehr aktiv. Sie produzieren Narbenhorn. Diese Reparaturmaßnahme des Körpers wirkt sich bei fehlender oder unsachgemäßer Hufbearbeitung negativ auf die Wiederherstellung der Funktionalität der Hornkapsel aus. Durch den von der Wandlederhaut gebildeten Narbenkeil wird die von oben nach unten nachschiebende Hornwand in ihrer Wachstumsrichtung und schlussendlich auch in ihrem Wachstum behindert. Das harte, zu einem Keil verbreiterte Begleithorn verhindert ein Herunterwachsen der Hornwand in der ursprünglichen Form. Das nachschiebende Horn wird vom Hufbeinrücken abgedrängt, nachkommende Hornzellen werden in der Folge gestaucht und es kommt zur Ausbildung des typischen Rehehufes (Knollhufes), wie er oben zu sehen ist. Neben der verbreiterten Blättchenschicht und der Knollbildung an der Zehe zeigen diese Hufe divergierende Hornringe – die dadurch zustande kommen, dass das Horn in der Zehe gestaucht wird, während es im Bereich der Trachten- und Seitenwände ungehindert nach unten wachsen kann – sowie einen mehr oder weniger starken Verlust der Sohlenwölbung. Das in seiner Aufhängung beschädigte Hufbein sitzt auf der Hufsohle auf und wölbt in der Folge das Sohlenhorn nach außen.

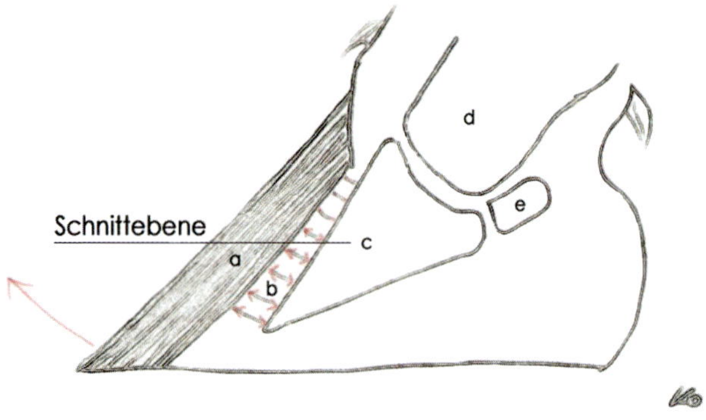

Belastung des Hufbeinträgers durch schräge Wände

Vergegenwärtigt man sich die Zusammenhänge, die eine Belastungsrehe herbeiführen – die Kompression der sekundären Lederhautblättchen durch steten übermäßigen Zug der Hornwand führt zu einer Minderdurchblutung – so wird klar, dass die Hufform für die Entstehung einer Belastungshufrehe eine sehr große Rolle spielt. Und letztlich nicht nur für diese. Ein stets überbeanspruchter Hufbeinträger ist mit an Sicherheit grenzender Wahrscheinlichkeit auch besonders gefährdet, sollte es aufgrund von Fütterung, Vergiftung oder anderen Faktoren zu einer systemischen Rehe kommen.

Unphysiologisch schräge Wände stellen, wie die obige Zeichnung verdeutlicht, eine starke Belastung für den Aufhängemechanismus des Hufbeines dar und befördern auf diese Weise das Ausbrechen einer Hufrehe (➤*Flachhuf*, ➤*Manipulierter Zwanghuf*, ➤*Erworbener Sehnenstelz – Unphysiologische Form*). So erklärt sich auch das Vorkommen der, auf nur eine Hufhälfte beschränkten Hufrehe, wie sie bei unsymmetrischen Hufen vorkommen kann. Der Hufbeinträger der schräg nach außen verbogenen Hufwand wird zerstört, während die gegenüberliegende Seite keinen sichtbaren Schaden nimmt (POLITT 1999: 195f.).

(3) Chronische Rehehufe, also Hufe die nach einer durchlittenen Rehe nicht sachgerecht bearbeitet wurden und sich in der oben beschriebenen Weise ungünstig verformt haben, bereiten seinem Besitzer Schmerzen. Die fehlende Aufhängung des Hufbeines, die vom Hufbein weghebelnde Zehenwand, das Aufsitzen des Hufbeinrandes auf der Hufsohle, dies alles sorgt für hochgradig schmerzhafte Empfindungen. Ein Pferd, das mit solchen Hufen ausgestattet ist, wird in mehr oder weniger starkem Maße lahmen. Durch die Ausschaltung der Hufmechanik mittels eines Eisenbeschlages erreicht man in einigen Fällen dennoch eine Benutzbarkeit des Pferdes, hinnehmend, dass die unerträgliche Hufsituation für alle Zeiten bestehen bleibt. Da ein Pferd, welches zum Gehen in diesen Hufen gezwungen ist, stets versucht ist, den schmerzhaften Bereich der hebelnden Zehenwand möglichst nicht unter Last zu setzen, zeigen Pferde mit chronischem Rehehuf eine deutliche Trachtenfußung.

Durch die weitgehende Zerstörung des Hufbeinträgers ist die Barrierefunktion der Hornkapsel gegen eine aufsteigende Keimbesiedlung stark eingeschränkt. Es kommt leicht zur Ausbildung von ➤*Hufabszessen*, die ihren Sitz hinter der Zehenwand aber auch in der Sohle, im Bereich des aufsitzenden Hufbeines haben. Der Druck des Hufbeines auf die Sohle lässt Mikrorisse im Sohlenhorn entstehen, in die sich Fäulnisbakterien einnisten können. Zudem wird die solcherart belastete Sohlenlederhaut auch in ihrer Hornproduktion gestört. Dies alles, wie auch die unter diesen Bedingungen notwendigerweise schlechte Hornqualität der Hornwand bieten zusätzliche Gründe für Lahmheiten.

(4) Durch den Funktionsverlust des Hufbeinträgers kommt es zu pathologischen Veränderungen insbesondere am Rand des Hufbeins (margo solearis). Die unnatürliche Belastung des Hufbeinrandes führt zu Prozessen der Osteolyse und/oder zur so genannten Hutkrempenbildung (der Rand des Hufbeines verbiegt sich unter

der Last). In der Folge kann es zum Abbrechen des Hufbeinrandes kommen. Diese Dinge werden durch einen Eisenbeschlag mit Steg (Foto 3) oder Eisenplatte, welche das Hufbein von unten stützen sollen, immens befördert.

(5) Tritt eine akute Hufrehe auf oder besteht der Verdacht, dass es zu einer Reheerkrankung kommen könnte (Vergiftung, Überfütterung etc.), so ist in jedem Fall sofort der Tierarzt zu benachrichtigen. Umso früher eingegriffen wird, umso größer sind die Chancen, weitreichende Zerstörungen des Hufbeinträgers zu verhindern.

In der akuten Phase ist es nützlich, den Hufbeinträger zu schonen, also Belastung durch Bewegung zu vermeiden. Wenn sich ein Pferd in dieser Situation legt, so ist das zu begrüßen und auf keinen Fall zu verhindern. Dem Pferd sollte ein weicher, nachgiebiger Untergrund geboten werden, da ein solcher auch dafür sorgt, dass die Hornkapsel einsinken kann, wodurch die Strahl- und Sohlenpartien Last übernehmen und den Hufbeinträger so entlasten können. Für zusätzliche Entlastung kann man sorgen, indem man die Hufsohle mit einem weichen Material aus- und aufpolstert. Ziel dieses Polsterverbandes ist es, das Gewicht des Pferdes von der Hornwand und so den Hufbeinträger aus der Belastung zu nehmen. Hierzu wird die Hufsohle soweit aufgepolstert, dass der Huf ausschließlich auf Sohle und Strahl zu stehen kommt und der Tragrand schwebt.

Konnte eine Zerstörung des Hufbeinträgers nicht verhindert werden und es kommt zur Ausbildung des oben beschriebenen Narbenkeiles sowie zum Aufsitzen des Hufbeines auf der Hufsohle, so muss man sich auf einen langwierigen Heilungs-, genauer Wiederherstellungsprozess einstellen. Dieser erfordert eine konsequente Bearbeitung des Hufhornes, damit es zu seiner physiologischen Form zurückfinden kann. Das Aufnageln eines Eisenbeschlages ermöglicht zwar durch seine schmerzmittelähnliche Wirkung eventuell eine schnellere Gebrauchsfähigkeit des Pferdes, es verwehrt aber jegliche Arbeit am Horn, die hier zwingend nötig ist.

Um zu verhindern, dass das Horn der Zehenwand in der oben abgebildeten Weise aufgestaucht wird, wird die Zehenwand bearbeitet. Dies geschieht in erster Linie – auf andere Dinge soll an dieser Stelle nicht weiter eingegangen werden – in der Weise, dass, wie dies bereits für schräge Wände beschrieben wurde, die Hebelwirkung der Wand per Rieddachstruktur minimiert wird. Dabei ist allerdings unbedingt darauf zu achten, dass ein Tragrand erhalten bleibt, auch wenn dieser aufgrund des hinter ihm liegenden Narbenkeiles unphysiologisch zum Boden steht. Es ist sträflich, die Zehenwand, wie es im eingangs gezeigten bzw. in den folgenden Fotobeispielen (Foto 4 und 5) geschehen ist, vollständig zu entfernen. Hierdurch wird die Stabilität des bereits angegriffenen Hufbeinträgers noch einmal zusätzlich und nachhaltig geschädigt, was die Wahrscheinlichkeit einer Hufbeinsenkung um einiges erhöht.

Durch die Entfernung der Zehenwand wird nicht nur das Blättchenhorn des Hufbeinträgers freigelegt, was dessen Austrocknung und Destruktion begünstigt, sondern es wird auch eine völlig unphysiologische Lastverteilung innerhalb der Hornkapsel hergestellt. Das gesamte Gewicht des Pferdes lastet nun auf den Seiten- und Trachtenwänden. Besonders die Seitenwände, die durch die große Hornlücke in der Zehe wie zwei auseinanderstrebende Brückenpfeiler wirken, verformen sich hierdurch sehr nachteilig. Die Aufhängung des Hufbeines funktioniert nunmehr nur noch über die Seitenwände, was an dieser Stelle schnell zu Überlastung führen kann. Der in Foto 5 abgebildete Huf hat bereits eine Absenkung des Hufbeines erlitten. Dies wird deutlich an der drastischen Einstülpung (Rinne) der Hornwand dicht unterhalb des Kronsaumes.

Dass Hufe, die einmal an Rehe erkrankt waren, nahezu immer zu chronischen Rehehufen werden und die mit diesen Hufen ausgestatteten Pferde, stets für neuerliche Reheerkrankungen anfällig bleiben, liegt daran, dass eine huforthopädische Sanierung der Hornkapsel zumeist ausbleibt.

Foto 4 (Hufrehe)

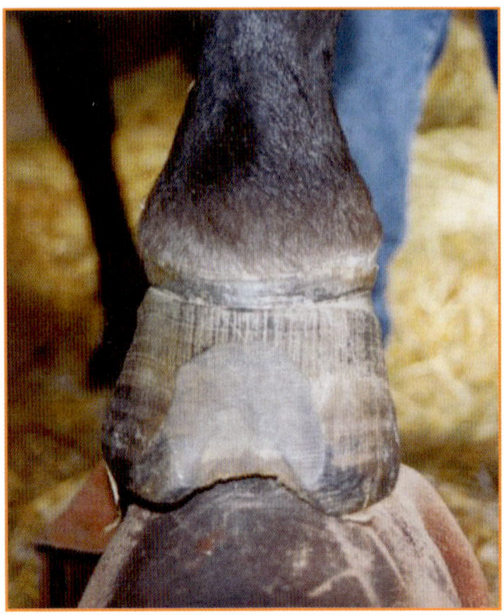

Foto 5 (Hufrehe)

Ein Eisenbeschlag zementiert die ungünstige Hufsituation und verhindert eine Wiederherstellung der Physiologie. Aber auch der Verzicht auf den Beschlag und der Griff zu einem nagellosen Hufschutz, garantiert in keiner Weise die Hufheilung. So wirken sich die bei Rehehufen gern eingesetzten Klebeschuhe – abgesehen davon, dass auch hier der Zugang zum Horn verwehrt und damit ein tüchtig Machen der Hornkapsel ausgeschlossen ist – noch zusätzlich häufig negativ auf die Hufsituation aus, da sich mit ihrem Einsatz die Gefahr der Entstehung von ➛ *Hufabszessen* massiv erhöht. Die Fotos 6 und 7 zeigen zwei Vorderhufe eines Pferdes, welches nach einer erlittenen Hufrehe mit Klebeschuhen behandelt wurde. An beiden Hufen sind in der Hufkrone aufgebrochene Hufabszesse zu sehen.

Die soleare Ansicht eines der beiden Hufe (Foto 8) nach Abnahme des Klebeschuhs zeigt, dass die Infektion sich über die gesamte Länge der Hornkapsel hinzieht. Der durch die Rehe beschädigte Hufbeinträger bietet eine einzige große Eintrittspforte für Keime. Das Verschließen der Hornkapsel mit einem Klebeschuh schafft diesen Keimen hervorragende Bedingungen. In den gerade im Bereich des Übergangs von der Wand zur Sohle dicht geschlossenen Schuhen herrscht feuchte Wärme ohne Sauerstoffzufuhr. Zudem ist der ganze Bereich der Beobachtung und Kontrolle entzogen. Die Keime können sich unter diesen Bedingungen ungestört ausbreiten und weiteren Schaden anrichten, bis das Pferd durch Lahmheit anzeigt, dass eine Infektion im Gange ist, oder bis der Prozess an der Krone aufbricht und dadurch sichtbar wird.

Es soll zum Schluss nicht unerwähnt bleiben, dass es relativ häufig geschieht, dass für ein lahmendes Pferd die Diagnose Hufrehe gestellt wird, das betreffende Pferd aber mitnichten an einer Hufrehe leidet. Dabei werden vor allem Röntgenbilder, die eine Schere zwischen Hornwand der Zehe und Hufbeinrücken aufzeigen, zum Anlass genommen, diese Diagnose zu stellen. Die Schere wird als Hufbeinrotation interpretiert, vor allem (unter Umständen aber auch ohne diese) wenn zusätzlich eine Flexion im Hufgelenk festgestellt wird. Aus dem sich nach unten vergrößernden Abstand zwischen Wand und Hufbein wird geschlossen, dass das Hufbein durch den Zug der tiefen Beugesehne nach hinten, also von der Wand weggezogen worden ist – sozusagen rotiert ist. Da dies nur unter Funktionsaufgabe des Hufbeinträgers möglich ist, wird auf eine vorausgegangene Rehe geschlossen. Dies ist jedoch unseres Erachtens zu kurz gedacht. Dasselbe Bild einer Schere zwischen Zehenwand und Hufbeinrücken zeigt sich bei jeder weghebelnden Zehenwand. Zum Beispiel wird ein ➤ *Erworbener Sehnenstelzfuß*, der durch das Kürzen der Trachten in eine unphysiologische Form gebracht wurde, genau dasselbe Röntgenbild aufweisen, wie hier eben beschrieben wurde (siehe auch die Röntgenbilder Seite 96). Allerdings ist es mitnichten das Hufbein, welches nach hinten gezogen wird, die Flexion besteht und bestand schon vorher vollkommen unabhängig hiervon. Hier ist es vielmehr die Zehenwand, die sich aufgrund ihrer unphysiologischen Schräge vom Hufbein entfernt, weil sie mit jedem Schritt sprichwörtlich weggehebelt wird.

Dass diese Situation für das Pferd schmerzhaft ist und den Hufbeinträger

Foto 7 (Hufrehe)

Foto 6 (Hufrehe)

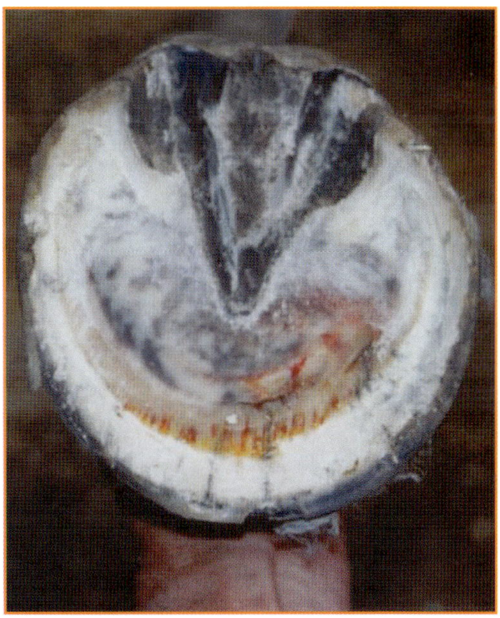

Foto 8 (Hufrehe)

belastet, weshalb der Lahmheitsbefund auch der einer Rehe entspricht, ist sonnenklar, und dass aus dieser Situation leicht eine Rehe entstehen kann ebenso.

Eine radiologisch darstellbare Schere zwischen Hornwand und Hufbein findet man aber auch bei Hufen mit ungebrochener Knochensäule, also ohne Flexion im Hufgelenk, nämlich immer dann, wenn die Hornkapsel eine zu schräg gewordene Zehenwand aufweist.

2.18 Strahlfäule

(1) Die Aufnahme 1 zeigt auf den ersten Blick einen recht gleichmäßigen, engen Huf mit steilen Seitenwänden und gut ausgebildetem Strahlhorn. Bei genauer Musterung fällt allerdings auf, dass die laterale Trachte (im Bild links) unterschiebt und sich die linke Seitenwand hierdurch unphysiologisch gerundet hat. Die diesseitige Eckstrebe ist dieser Wandrundung gefolgt und deutlich gebogen; die Trachtenendkante

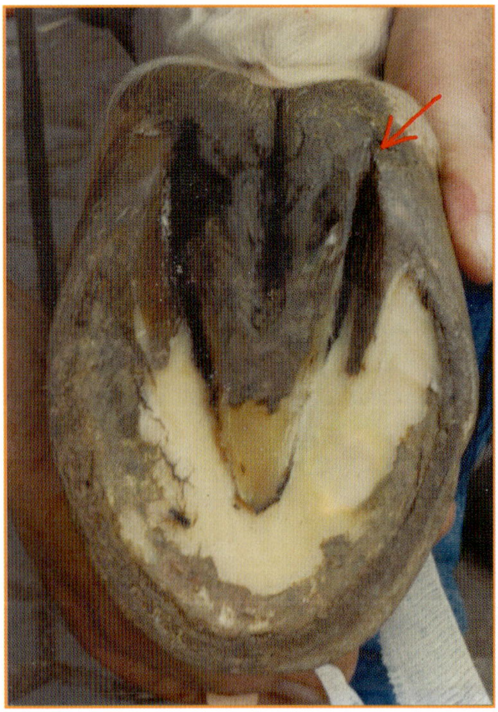

Foto 1 (Strahlfäule)

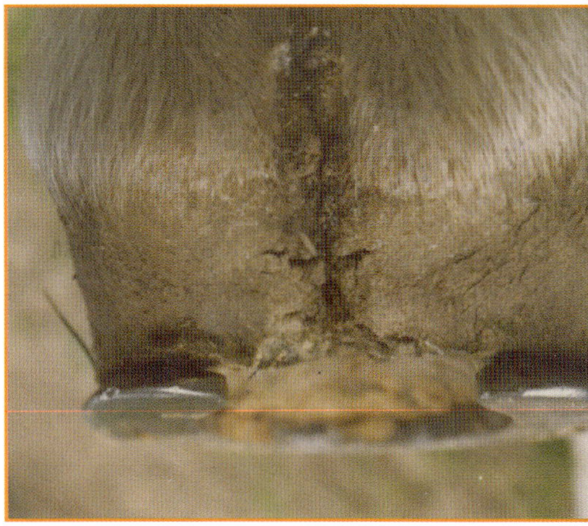

Foto 2 (Strahlfäule)

weist nach innen. Das Strahlhorn hatte sich nach medial (im Bild rechts) ausgerichtet. Das zuvor teilweise herausgetrennte Strahlhorn hatte die rechte Strahlfurche zugedeckt, wie an dem demarkierenden Hornriss am proximalen Ende dieser Strahlfurche (siehe Pfeil) erkannt werden kann. Die Eckstrebe der medialen Hufhälfte ist gestreckt und die Trachtenendkante gerade ausgerichtet. Die unterschiedlichen Hufhälften sowie die höhere und ausgedehntere Verschmutzung der medialen Strahl- und Ballenhälfte sind untrügerische Belege dafür, dass die aus der Ansicht linke Hufhälfte mehr Last übernimmt und tiefer einsinkt. Besonders auffällig ist die tief gespaltene mittlere Strahlfurche; eine für das Pferd äußerst unangenehme und oft folgenreiche Erkrankung. Der Fäulnisprozess in der mittleren Strahlfurche, hat bereits den Hahnenkamm[23] aufgelöst, und reicht hinauf bis in das sensible Gewebe.

Foto 2 zeigt bei einem Huf mit sehr stark untergeschobenen und zusätzlich eingerollten Trachten das gleiche Problem, in einer der deutlicheren negativen Hufveränderung entsprechend verschärften

23 Der Hahnenkamm ist ein harter, kammartiger, nach proximal (oben) gerichteter Hornfortsatz zwischen den Hufknorpeln.

Form. Die borkig aufgewulsteten Spaltenränder weisen darauf hin, dass sich die erkrankte Lederhaut schon seit langer Zeit erfolglos darum bemüht, die Hornlücke zu schließen. In der Folge wird überhartes, verändertes Horn absetzt, welches durch seine Rauhigkeit die dort befindliche Lederhäute zusätzlich verletzt.

Das Foto 3 zeigt einen Huf mit einseitigem Zwang der lateralen Hufhälfte (im Bild rechts), deren Trachte erheblich untergeschoben und eingerollt ist. Das Strahlhorn des Hufes ist stark in Mitleidenschaft gezogen. Das schwarz verfärbte Horn wirkt schwammig und degeneriert. Besonders in der engeren lateralen Strahlhälfte ist es infolge ständiger Fäulnisherde von tiefen Taschen und Nischen durchzogen. Ein zusätzlicher, noch aktiver oder ehemaliger Fäulnisprozess liegt zudem vermutlich medial der Strahlspitze (siehe Pfeil).

(2) Faktoren, die für die Entstehung von Strahlfäule eine Rolle spielen, sind neben ungenügenden hygienischen Bedingungen (schlechte Stall- und Weidehygiene, vernachlässigte Hufpflege) eine unsachgemäße Hufbearbeitung und unphysiologische Hufformen. Befördert wird die Entstehung

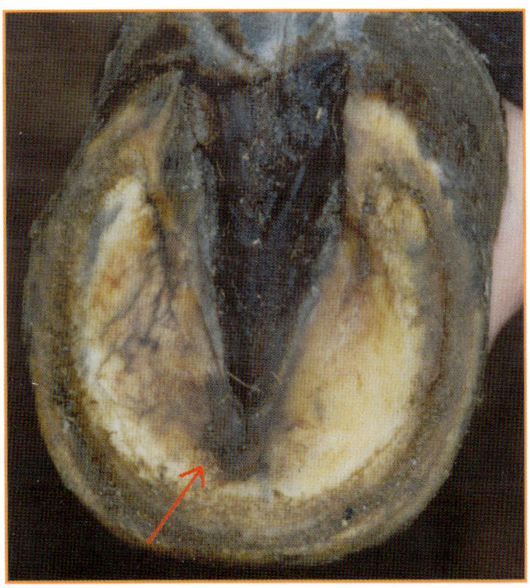

Foto 3 (Strahlfäule)

von Fäulnis in der Strahlregion beispielsweise durch Trachtenzwang (➤ *Zwanghuf*). Tritt dieser als beidseitiger Trachtenzwang auf, so kann selbst die vorbildlichste Hufpflege und Stallhygiene das Ausbrechen der Fäulnisprozesse kaum verhindern. Die engen, tiefen Strahlfurchen lassen sich nur ungenügend ausräumen und selbst mit zweimaligem täglichen Misten kann man nicht verhindern, dass sich mit Fusobakterien angereicherte Erde oder auch Mist in den Tiefen der Spalten festsetzt. Da die Fusobakterien als ganz normale Darmbewohner vom Pferd mehrmals täglich mit dem Kot ausgeschieden werden, befinden sie sich auch stets in mehr oder weniger großer Anzahl in den Böden, auf denen Pferde leben. Vor Sauerstoff in den tiefen Spalten gut geschützt können die anaeroben Fäulnisbakterien in aller Ruhe ihr Zerstörungswerk betreiben. Der Hornzersetzungsprozess verläuft dabei immer in Richtung des jüngeren Hornes, also in Richtung der lebenden Strukturen des Hufes. Wie auf Foto 1 und 2 zu erkennen ist, sind diese hier bereits in Mitleidenschaft gezogen worden.

Durch die steten Fäulnisprozesse wird das Strahlhorn dezimiert und der Huf enger. Auch schiefe Hufe tragen eine erhöhte Strahlfäulegefahr. Für die enge, seitliche Strahlfurche der mehrbelasteten Seite gilt das eben Gesagte. Die gegenüberliegende, weniger belastete Strahlfurche schiefer Hufe ist zwar weniger eng und tief, dafür aber häufig durch das sich in Richtung der geringeren Belastung legende Strahlhorn zugedeckt. Dadurch können sich hier ebenso häufig Fäulnisprozesse entwickeln. Dies gilt auch für Hufe, bei denen der Strahl infolge des Funktionsverlustes der Tragränder massiv mitträgt. Die Strahlfurchen werden hierbei durch das Strahlhorn überwuchert (➤ *Flachhuf*, ➤ *Kotflügelhuf*).

Neben den genannten Gründen für das Auftreten von Strahlfäule gibt es ein bislang eher noch wenig beachtetes Phänomen, welches die Entstehung von Fäulnisprozessen prinzipiell und ungeachtet der übrigen Umstände befördert. Aus bisher noch nicht geklärter Ursache kommt es bei manchen Pferden zu einem gehäuften Auftreten von so genannten Strahlmilchtaschen im Strahlhorn. Die Bildung dieser Taschen hängt unseres Erachtens mit den im Strahlpolster befindlichen Strahlmilchdrüsen zusammen. Das sind merokrine Drüsen, deren Sekret den Strahl dem Vernehmen nach geschmeidig hält. Es scheint so, als ob das üblicherweise flächige Austreten in diesen Fällen modifiziert ist, so dass das Drüsensekret in Horntaschen oder -höhlen gesammelt wird. Diese Horntaschen, die man bei der Hufbearbeitung häufig noch mit weißlicher Flüssigkeit gefüllt findet, bieten Schmutz und Bakterien mannigfache Angriffspunkte und unterminieren die sonst geschlossene Oberfläche des Strahlhorns. Durch ihre Anzahl und ihre fortgesetztes Auftreten machen sie es fast unmöglich, den Strahl von Fäulnisbakterien frei zu halten. Trotz hohem Pflegeaufwand können die Fäulnisprozesse zumeist nur mühsam in Schach gehalten werden.

(3) Es bedarf besonders beim Anblick des Fotos 2 keiner übermäßig ausgeprägten Vorstellungskraft, um sich ausmalen zu können, wie unangenehm bis schmerzhaft diese Situation für ein Pferd sein muss. Hinzu kommen, die durch die konkreten Hufsituationen (➤*Zwanghuf*, ➤*Untergeschobene* Trachten etc.) verursachten Folgen für den Bewegungsablauf der Gliedmaße (siehe hierzu die entsprechenden Abschnitte).

(4) Anhaltende Fäulnisprozesse im Bereich des Strahlhornes können zur Entstehung von ➤*Hufkrebs* beitragen, dessen weitreichende Folgen im nächsten Kapitel beschrieben werden. Die Prozesse der Knochenbiomorphose sowie mögliche pathologische Veränderungen im Hufinneren richten sich nach der im einzelnen vorliegenden, spezifischen Belastungssituation der Hufe und können in den, den verschiedenen Hufproblemen gewidmeten Abschnitten nachgelesen werden.

(5) Entscheidend ist: Strahlfäule ist nahezu immer (ausgenommen das Vorliegen völlig unhygienischer Haltungsbedingungen) ein Phänomen einer unphysiologischen Hufsituation. Die Bekämpfung der Strahlfäule kann deshalb nur von Erfolg gekrönt sein, wenn den Hufen zu einem physiologischen Zustand verholfen wird. Daneben ist es natürlich unabdingbar, die aktuellen Infektionsprozesse zum Stoppen zu bringen. Hierzu ist es wichtig, die Strahlfurchen so zu öffnen, dass ihre Schmutzfängerrolle weitestgehend minimiert wird. Das faulige und zerklüftete Strahlhorn wird vorsichtig entfernt, wobei auf keinen Fall die Lederhaut verletzt werden darf. In zweifelhaften Fällen ist es deshalb sinnvoll, auf weiteres Freischneiden zu verzichten und statt dessen mehr Bemühungen auf die Bekämpfung der anaeroben Bakterien zu legen, das heißt viel Hygiene, Sauerstoff und Trockenheit.

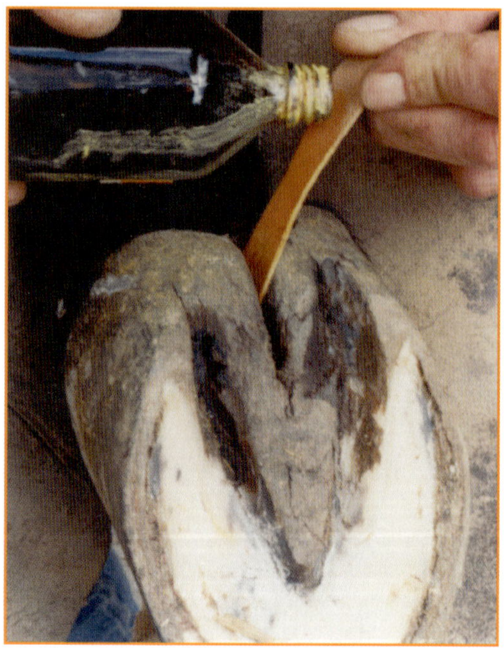

Foto 4 (Strahlfäule)

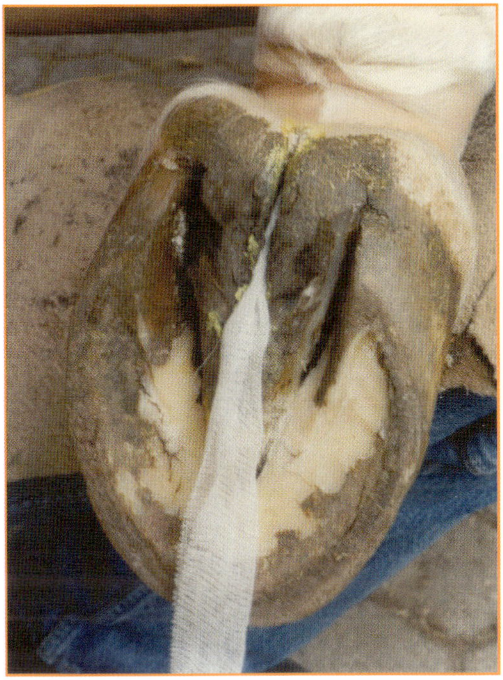

Foto 5 (Strahlfäule)

Wenn hoch gespaltene und infizierte Strahlfurchen, wie zum Beispiel bei Foto 1 und 2, oder tiefe Strahltaschen und Nischen nicht oder nicht ausreichend eröffnet werden können, müssen sie mit einem bakteriostatisch (hemmt die bakterielle Vermehrung) oder antibakteriell (vernichtet die Bakterien) wirksamen Mittel behandelt und anschließend austamponiert werden.

Das Austamponieren geschieht unter Zuhilfenahme eines hierfür geeigneten Instrumentes, in den Fotobeispielen wurde sowohl für das Applizieren des Therapeutikums als auch für das anschließende Austamponieren ein löffelförmiges Eisstäbchen mit schön gerundeten Kanten benutzt, um die ungeschützten Lederhäute nicht zu verletzen. Zunächst werden die Spalten trocken gereinigt. Hierfür kann ein Stück Mullbinde über das Eisstäbchen gespannt und vorsichtig, aber bis in die Tiefe, durch die Spalten geschoben werden. Je nach Verschmutzungsgrad muss diese Prozedur auch öfter wiederholt werden. Um das gegen die Bakterien gerichtete Präparat bis in die Tiefe der Hornspalte oder Horntasche applizieren zu können, wird das Hilfsinstrument bis in ihre tiefste Stelle hineingeschoben und etwas zur Seite gespreizt. Hierdurch wird die Spalte etwas geöffnet und das Mittel kann entlang des Hilfsinstrumentes ungehindert nach unten fließen (Foto 4). Das anschließende Austamponieren ist besonders bei tief infizierten und hoch sensiblen Spalten in der mittleren Strahlfurche und zwischen den Hufknorpeln (den so genannten Ballen) erforderlich. Mit der Tamponade soll eine erneute Verschmutzung verhindert werden und gleichzeitig Druck auf die ungeschützten Lederhäute ausgeübt werden, die so zu schnellerer Hornproduktion angeregt werden. Um den entsprechen-

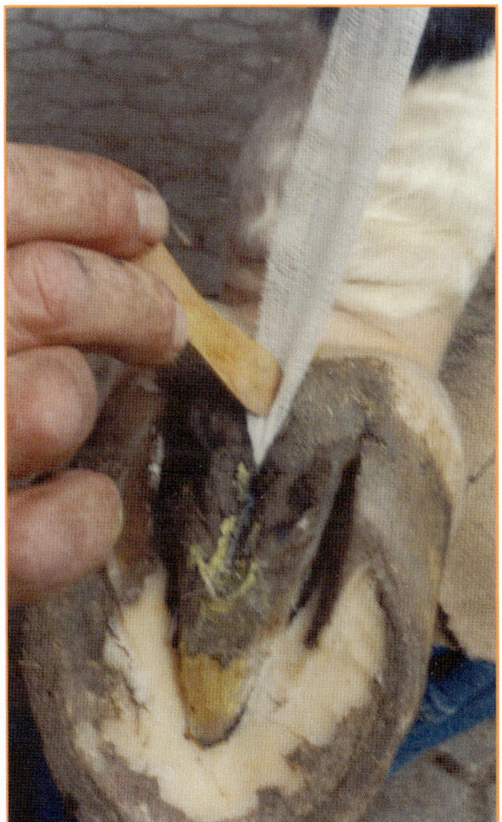

Foto 6 (Strahlfäule)

den Druck zu erreichen, wird die Tamponade, bestehend aus einem Stück Mullbinde, mit dem Hilfsinstrument in gleichmäßigen Zickzack-Lagen tief und fest in die Spalte hineingepresst (Fotos 5 und 6) und anschließend mit dem zuvor schon in die Spalte eingebrachten Mittel zusätzlich getränkt. Die Tamponade muss auch dann in die Spalte eingebracht werden, wenn das Pferd währenddessen schmerzbedingt abwehrt oder anschließend vorsichtiger läuft. Die Behandlung erfolgt einmal täglich, und ist solange fortzuführen, wie zumindest drei bis vier Lagen in der Spalte Platz finden.

Kontraproduktiv wirken sich alle Arten von Angussverbänden aus, weil das neu abgesetzte Horn bei der stauenden Nässe nicht abhärtet, sondern als helles und bröseliges Nothorn nur oberflächlichen Schutz bietet. Ist eine Lederhaut infolge der Fäulnis oder nach dem Freischneiden offen sichtbar, sollte sie durch das Anlegen eines einfachen Druckverbandes gleichzeitig geschützt und zur schnelleren Hornproduktion solange unter Druck gesetzt werden, bis sich eine deutliche Hornschicht gebildet hat. Wenn zuvor ordentlich gearbeitet wurde, schließen sich die Hornlücken in Tagesfristen soweit, dass auf den Verband verzichtet werden kann.

Blutende Lederhäute, infolge einer bakteriellen Unterminierung der Hornsubstanz, oder wenn eine Lederhaut unbeabsichtigt mit dem Hufmesser verletzt wurde, gehören in die Hände des Tierarztes.

2.19 Hufkrebs

(1) Das Foto 1 zeigt einen an Hufkrebs erkrankten, dabei völlig unbehandelten und verwahrlosten Huf, bei dem der gesamte Strahlkörper und beide Eckstrebenwinkel von der Erkrankung betroffen sind. Der gleiche Huf aus der seitlichen Betrachtung (Foto 2) verdeutlicht, dass infolge der sich ausdehnenden Erkrankung inzwischen

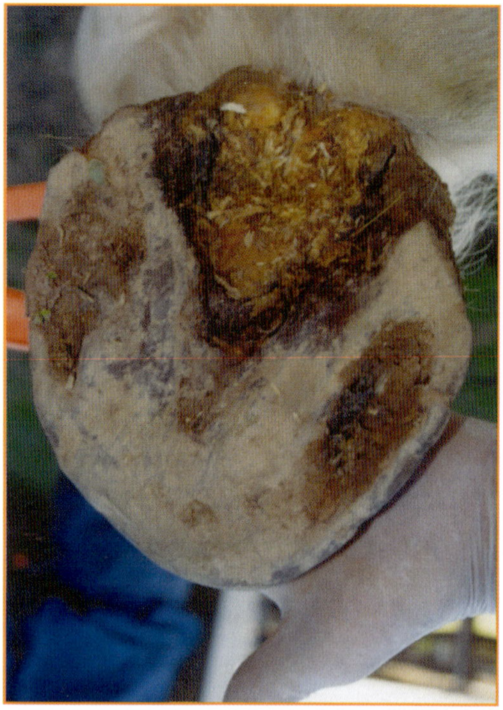

Foto 1 (Hufkrebs)

ebenfalls die Kronlederhaut und die übrige Saumlederhaut infiziert ist und aufgrund dessen krankhaft verändertes Hufhorn produziert wird.

Das Foto 3 zeigt ein völlig anderes Krankheitsbild. Hier fällt zunächst der birnenförmige Hufumriss auf, der Strahlkörper ist weit über die Trachtenendkante nach hinten herausgequollen, er zeigt sich von untypischer

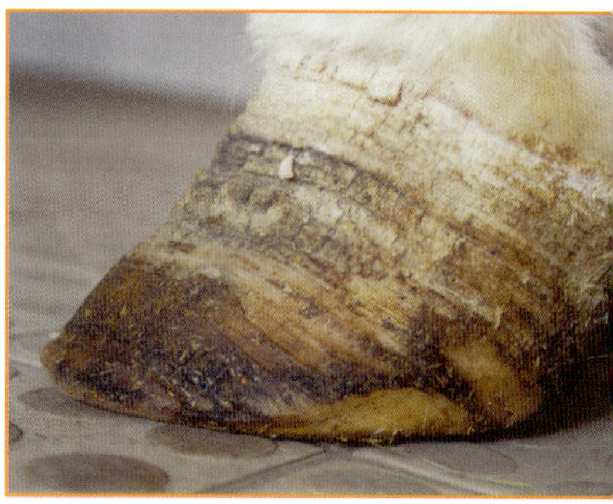

Foto 2 (Hufkrebs)

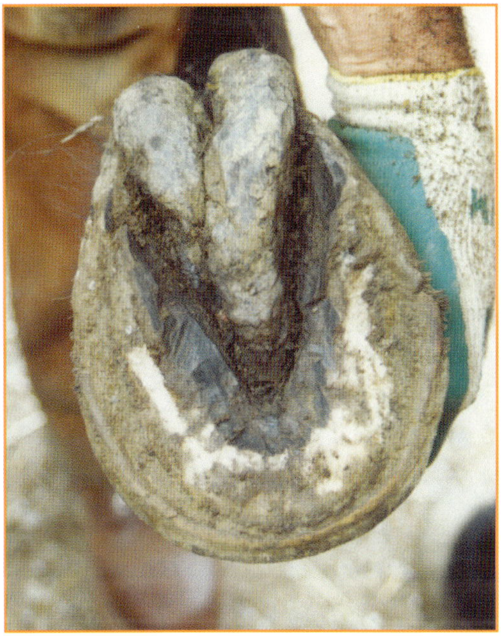

Foto 3 (Hufkrebs)

Gestalt. Das Strahlhorn ist überdimensioniert und von veränderter Struktur. Die seitlichen Strahlfurchen sind sehr tief und mit Fäulnis besetzt, die mittlere Strahlfurche ist ebenfalls sehr tief und scheint den Strahlkörper völlig untypisch zu teilen. Die Hufsohle samt Eckstrebenwinkel sind nach dem Befund von der Krankheit verschont geblieben.

Foto 4 zeigt den gleichen Huf aus der Ansicht von hinten. Auffallend sind aus dieser Perspektive der eingeschnürte Kronsaum und das beidseitig nach außen gerollte Strahlhorn, unter dem sich der Hufkrebs ausgebreitet hat. Aus dieser Perspektive erklärt sich auch die aus der solearen Ansicht untypische Strahlform. Typisch für die Hufkrebserkrankung der mittleren Strahlfurche ist die am oberen Spaltende austretende weißliche Schmiere; ein Konglomerat bestehend aus nicht gehärtetem Nothorn und entzündlichen Exsudaten (aus Blut- und Lymphgefäßen ausgetretene Flüssigkeiten). Das borkige Wandhorn und der gesträubte Haaransatz deuten darauf hin, dass auch dieser Huf schon seit vielen Monaten an Hufkrebs erkrankt ist.

(2) Der so genannte Hufkrebs darf nicht mit einem Karzinom, also einem echten Blastom (Neubildung von Gewebe) verwechselt werden, er ist vielmehr die Folgeerscheinung massiver und anhaltender Hornfäulnis aufgrund ungünstiger Hufzustände, bei denen der Papillarkörper anschwillt, die Verhornung der Zellen aber ausbleibt, gepaart mit jahrelanger unsachgemäßer und oberflächlicher Hufbetreuung. Die heimtückische Erkrankung beginnt bevorzugt als Folge der über lange Zeiträume hinweg nicht behandelten, tief und hoch gespaltenen und mit Fäulnisbakterien infizierten, mittleren und/oder seitlichen Strahlfurchen. In der jauchigen Umgebung aus entzündlichen Exsudaten, mazeriertem, faulem Horn und äußerem Schmutz produziert die Strahllederhaut insbesondere in der mittleren Strahlfurche und auf den angrenzenden Ballen ein schmieriges, helles Nothorn, das äußerlich abtrocknen kann. Bei der Sohlen- und Wandlederhaut schwellen die aufgeweichten hornproduzierenden Papillen und Lamellen um das Mehrfache ihrer natürlichen Größen hyperplastisch an und sind von einer dermaßen dünnen weißen Hornschicht bedeckt, dass schon eine leichte Berührung etwa mit dem Hufmesserrücken ausreicht, um Blut austreten zu lassen. Die papillomartigen Wucherungen der

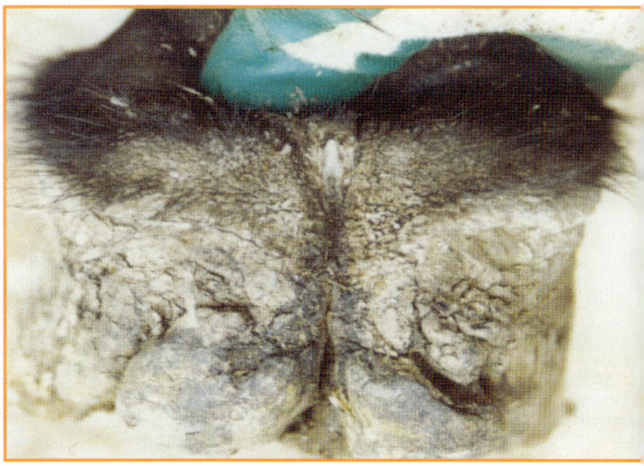

Foto 4 (Hufkrebs)

Lederhäute und deren weißlicher Nothornbelag vermitteln den Eindruck, dass es sich hierbei um eine Krebsgeschwulst handelt, wobei die Lamellen der betroffenen Wandlederhaut eher den ausgepressten Lamellen einer Orange ähneln. Die erkrankte Sohlenlederhaut zeigt eine Blumenkohl ähnliche Oberflächenstruktur, die befallene Strahl- und Ballenlederhaut hat eine glatte Oberflächenstruktur, die Ballen sind oft trocken und mit einer hauchdünnen Haut bedeckt, die sich mühelos abziehen lässt.

Die mit Hufkrebs befallene mittlere Strahlfurche ist an den weißlich schmierigen Aussonderungen besonders leicht erkennbar, die Erkrankungen der anderen Lederhäute dagegen verlaufen verdeckt und bleiben – allerdings auch infolge zu sorgloser Hufbefundung und Hufbearbeitung – zumeist zu lange unentdeckt.

Die äußeren Erscheinungsbilder der von Hufkrebs befallenen Hufe sind oft völlig unterschiedlich und abhängig von der Lokalisation der Erkrankung, von ihrem Ausmaß, welche Lederhäute befallen sind und von der Dauer der Erkrankung. Steilwandige Hufe mit an Hufkrebs erkrankter Lederhaut in der mittleren Strahlfurche sind aufgrund der räumlichen Enge und der hoch nach proximal reichenden mittleren Strahlfurche deutlich schwieriger zu behandeln als weite Hufe, zumal dann, wenn eine oder beide Trachten infolge des fehlbelasteten Hufes einrollt und die Räume zusätzlich enger machen.

(3) Ob die an Hufkrebs erkrankten Hufe Probleme bereiten, unter denen die Pferde leiden, ist umstritten. Pferde, bei deren Hufen ausschließlich die mittleren Strahlfurchen betroffen sind, (Foto 3 und 4) laufen scheinbar problemlos, während Hufkrebserkrankungen der anderen Lederhäute (Foto 1 und 2) zu deutlichen Bewegungsstörungen und Lahmheiten führen. Dieses erklärt sich aus der unterschiedlichen Funktion der betroffenen Lederhäute, wobei diejenigen, deren Hornprodukt Last aufnehmen muss, welches aber infolge der Erkrankung an Tragefunktion eingebüßt hat, deutliche Laufprobleme verursachen.

(4) Je nach Belastungssituation, die die Entstehung des Hufkrebses befördert hat, kann es auch zu spezifischen reversiblen wie irreversiblen Umbauprozessen an den inneren Strukturen des Hufes kommen. Hinzu tritt die stete Infektions- wie auch eine erhöhte Verletzungsgefahr, wie sie mit dem ungenügenden Schutz des Hufinneren durch die funktionsuntüchtigen Horne verbunden ist.

(5) Für eine erfolgreiche Behandlung krebskranker Hufe kommt es wesentlich auf die Zusammenarbeit zwischen der Huforthopädie und der Veterinärmedizin an, weil unseres Erachtens erst durch die Leistungskombination beider Fachbereiche konkrete Heilungschancen zu erwarten sind. So bestehen die Aufgaben der Huforthopädie darin, die ungünstigen Hufzustände zurückzuführen, durch die der Hufkrebs erst entsteht und die nun seine Heilung verhindern. Unabdingbar ist allerdings auch das vollständige Eröffnen der unterminierten Stellen und die Resektion (chirurgische Entfernung) der veränderten Lederhäute durch den Tierarzt, wie überhaupt nur durch ständige und vor allem gründliche Wundrevisionen und Behandlungen eine Heilung erwartet werden kann. Ebenso unterschiedlich wie sich die Krankheitsbilder darstellen, gestalten sich die Krankheitsverläufe und somit die Behandlungen. Es hat sich als sinnvoll erwiesen, die an Hufkrebs erkrankten Lederhäute zu Beginn der Behandlungen mit dem bakteriostatisch wirkenden Trimethoprim zu behandeln. Das hochwirksame und verschreibungspflichtige Therapeutikum ist zum Beispiel in Präparaten zur Mastitisbehandlung (Euterentzündung) beim Rind enthalten. Diese lokal anzuwendenden Präparate mit einem breiten

Wirkungsspektrum sind aufgrund ihrer flüssigen Form auch für die Behandlung der tiefen Lederhauterkrankungen sehr gut geeignet, sie müssen allerdings für den Einsatz am Pferd vom Tierarzt umgewidmet und in den Equidenpass eingetragen werden, sofern das Pferd später der Lebensmittelgewinnung dient. Nach den neuen arzneimittelrechtlichen Vorschriften darf das Antibiotikum nur mit einem Tierärztlichen Medikamentenabgabebeleg weitergegeben werden, den der Tierarzt für das zu behandelnde Pferd ausstellt, und der vom Pferdebesitzer aufbewahrt werden muss. Es ist von dem Krankheitsbild und dem Heilungsverlauf abhängig, wie lange die Hufe antibakteriell behandelt werden sollen. Als Faustregel gilt, dass dieses solange zu geschehen hat, wie abgestorbene Lederhautanteile entfernt werden müssen.

Die weitere Strategie bei der Hufkrebsbehandlung besteht aus einer sinnvollen Folge von täglich zu erneuernden Schutzverbänden, die grundsätzlich auch als Druckverbände auf die betroffenen Lederhäute anzulegen sind, sowie aus verbandfreien Zeiten, in denen die Lederhäute abtrocknen und sich neu bildendes Horn festigen kann. Es bedarf einiges an Fingerspitzengefühl und vor allem Beharrlichkeit, um den Hufkrebs zu heilen. Vor allen Dingen darf man nie sicher sein, dass nicht soeben abgeheilte Stellen plötzlich erneut aufbrechen und die gesamte Behandlung von vorne beginnen muss.

Grundvoraussetzungen, um den Hufkrebs besiegen zu können, sind eine hervorragende Hufhygiene und die bestmögliche Sauberkeit und Trockenheit im Lebensraum des Pferdes. Das Wiederherstellen der Hufgesundheit ist während der Behandlung vorrangig vor allen anderen Erwägungen, wie zum Beispiel die Nutzbarkeit des Pferdes oder sein Bedarf an Bewegung. An Hufkrebs erkrankte Pferde können dann dauerhaft geheilt werden, wenn bei allen Beteiligten der Wille hierzu besteht und neben den übrigen Behandlungen ebenfalls die veränderten Hufe als eigentliche Ursachen bedacht und korrigiert werden. Nicht zu empfehlen sind unserer Meinung nach bei der Hufkrebsbehandlung alle Formen von Hufbeschlägen, weil sie keine huforthopädischen Korrekturen zulassen. Besonders abzuraten ist von Hufbeschlägen, mit denen zusätzlich die Hufsohlen verschlossen werden, so dass sie für die überaus notwendigen ständigen Behandlungen nicht mehr zugänglich sind. Als barbarischer Akt und als Relikt aus dem Mittelalter muss das ebenso überflüssige wie kontraproduktive Ausbrennen der an Hufkrebs erkrankten Lederhäute mit einem glühenden Eisen bezeichnet werden, auf das oft Ultima Ratio von Veterinären und Hufschmieden zurückgegriffen wird.

2.20 Hufknorpelverknöcherung

Auf den Fotos sind die beiden Vorderhufe eines Pferdes zu sehen. Foto 1 zeigt unterschiedliche Hufformen an den Parallelgliedmaßen. Die Hufe sind steilwandig und infolge nicht angepasster Hufbearbeitung oder nach zu langer Verweildauer der

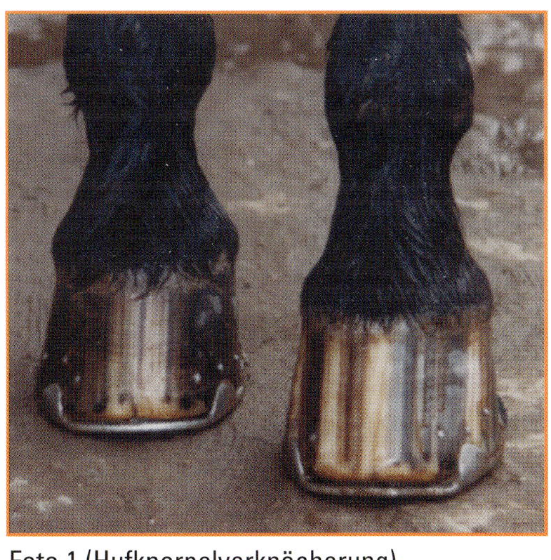

Foto 1 (Hufknorpelverknöcherung)

Foto 2 (Hufknorpelverknöcherung)

Beschläge an den Hufen, zu hoch. An den Fesselbeinen erkennt man bei der vergleichenden Adspektion ebenso unterschiedliche Formen wie an den Hufen. Auch wird deutlich, dass die Zehenknochen insgesamt unterschiedlich unsymmetrisch auf ihren Hufen ausgerichtet sind. Sowohl die völlig unterschiedlich deformierten Hufe, als auch die unterschiedliche Morphologie der Zehenknochen beider Parallelgliedmaßen weisen darauf hin, dass beide Gliedmaßen auch unterschiedlich belastet werden. An den unseres Erachtens inakzeptablen Beschlägen fällt zunächst auf, dass die Kappen (Aufzüge) zu weit auseinander liegen und das Eisen an der lateralen Hälfte des linken Hufes mit breitem Überstand heraus gelegt ist, wodurch diese schon breitere Hufhälfte noch breiter wird. Vermutlich um das Abfußen zu erleichtern, wurde bei beiden Hufen der Zehentragrand bullnasig geraspelt, was durch die bei beiden Zehen überstehenden Eisen (Foto 2) allerdings wirkungslos ist. Hauptsächlich bei dem rechten Huf sind beide Hufknorpel verknöchert, wie an den beiderseits markant vorgewölbten seitlichen Hufkronen und Fellansätzen zweifelsfrei erkannt wird (Foto 1und 2). Aus der lateralen Ansicht der rechten Zehenglieder erkennt man eine bedeutend steilere Fessel als an der Parallelgliedmaße, obwohl beide Zehenwände in identischer Schräge zum Boden ausgerichtet sind. Die daraus resultierende Hyperextension (Überstreckung) des Krongelenks und des Hufgelenks konnte auch durch die Schenkelerhöhung an den Hufeisen nicht ausgeglichen werden.

(2) Bei diesem Huf wurde entsprechend der althergebrachten Lehrmeinung, dass nämlich beide Hufe gleichmäßig und in einem Winkel von 45° zum Boden ausgerichtet werden sollen, die steilere Fessel der rechten Gliedmaße missachtet und der Huf durch zu niedrige Trachten hinten heruntergezwungen. Durch die hiermit einhergehende Schrägstellung der Trachtenwände verloren diese ihre physiologische Tragefunktion. Durch die Hyperextension der Gelenke und besonders auch durch die nachträglich in ausgleichender Absicht vorgenommene Schenkelerhöhung wurden die Trachten zusätzlich unter höhere Last gesetzt, was sie dazu veranlasst hat, nach vorne und nach innen unterzuschieben. Dieser Prozess ging mit der Ausbildung einer unphysiologischen Wandrundung

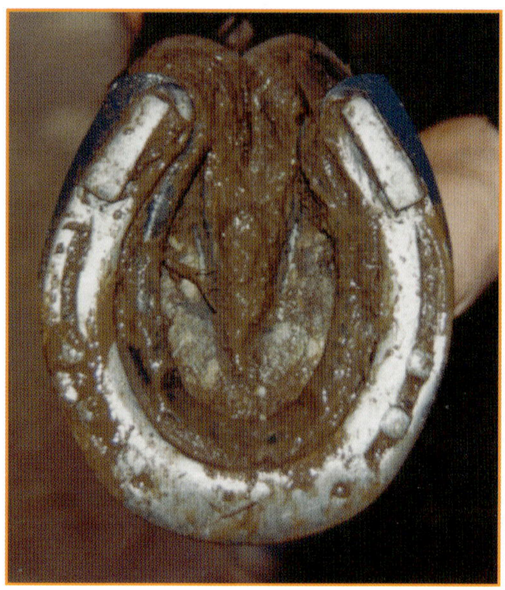

Foto 3 (Hufknorpelverknöcherung)

(→ *Pseudokotflügel*) einher. Der schon vordem steilwandige, enge Huf wurde hierdurch in den Trachten noch enger. Die soleare Ansicht (Foto 3) zeigt sehr deutlich, in welchem Maße die nach innen gezwängten Trachten die Strahlfurchen eingeengt und das Strahlhorn zusammengefaltet haben.

Der beschriebene Hufzustand ist aufgrund der vorliegenden Hufknorpelverknöcherung besonders problematisch, weil mit dem Engerwerden der Trachtenwände gleichzeitig die verknöcherten Hufknorpel eng an das Kronbein angelegt werden und hierbei Druckreize ausüben, die der noch elastische Hufknorpel zumindest teilweise kompensieren würde. Die durch ihre Verknöcherung starren Hufknorpel üben dagegen einen unnachgiebigen, starken Druck auf die benachbarten Gewebe aus, was mit hoher Wahrscheinlichkeit Schmerzen verursacht und darüber hinaus zu weiteren Verknöcherungen führen kann.

Eine Verknöcherung der Hufknorpel, wie sie im Fotobeispiel zu sehen ist, steht immer im engen Zusammenhang mit einem dauerhaft unphysiologischen Hufzustand. Dabei ist zweitrangig, ob die Hufknorpel im Fotobeispiel infolge ihrer unphysiologisch engen Anlehnung an den benachbarten Knochen verknöcherten oder ob dieses aufgrund ihrer ständigen Überbelastung durch die Gelenkextensionen und die deformierten Trachten geschah. Auch die im Zuge der üblichen Hufbearbeitungsweisen stets vernachlässigten so genannten Eckstreben, wie die Hufknorpelwände eher unpassend bezeichnet werden, können hierzu ihren Beitrag geleistet haben. Faktisch kann sowohl übermäßige Druckkraft als auch unverhältnismäßige Zugkraft zu einer Verknöcherung des Hufknorpels führen. Zudem ist es unseres Erachtens ein Faktor der Hufknorpelverknöcherung befördert, wenn die elastischen Hufknorpel ihren Halt durch das achtlose Wegschneiden oder die liegende Dysfunktionalität ungepflegter Eckstreben verlieren und dies durch Ossifikationsprozesse zu kompensieren suchen.

(3) Durch die Verknöcherung der eigentlich elastischen Hufknorpel wird die Elastizität und die natürliche, reversible Verformbarkeit des Hufes eingeschränkt. Die solcherart verminderte Hufmechanik hat eine eingeschränkte Stoßbrechung und ein ungenügendes Anschmiegen an den Boden zum Resultat. Damit büßt der Huf sein Vermögen, Unebenheiten des Bodens zum Schutze der Gliedmaße auszugleichen, deutlich ein. Der Gang wird hölzern und staksig, da durch die Starrheit des verknöcherten Knorpels auch die Elastizität der hier ansetzenden Bänder und damit die Elastizität der gesamten Gliedmaße deutlich beschränkt wird. Auch führt eine Verknöcherung der Hufknorpel zu einer verminderten Abführung des venösen Blutes, da die Pump- und Presswirkung der beweglichen Hufteile eingeschränkt wird. Man sieht also, dass die Hufknorpelverknöcherung durchaus klinische Bedeutung besitzt und eine Schädigung der Pferdegesundheit darstellt.

Ob eine Hufknorpelverknöcherung zu Lahmheit führt, ist umstritten. Häufig wird das radiologisch eindeutig darstellbare Bild einer Hufknorpelverknöcherung vorschnell für die Erklärung einer ungeklärten Lahmheit herangezogen, ohne dass eine wirkliche Ursachensuche vorgenommen wird. Unseres Erachtens ist die Verknöcherung der Hufknorpel für sich keine Erklärung der Lahmheit, da hier, wie beispielsweise im oben abgebildeten Huf, noch eine schmerzverursachende Stellung der Hufwände hinzukommen muss. Wird letztere beseitigt, also eine physiologische Hufsituation hergestellt, bestehen gute Chancen auf völlige Lahmfreiheit.

(4) Die offensichtlichste Veränderung stellt hierbei die Verknöcherung des Knorpelmaterials dar. Sie ist, wenn sie weit

genug nach proximal fortgeschritten ist, anhand der markanten, deutlich konturierten, starren Hufknorpel adspektorisch und palpatorisch festzustellen, besteht aber stets schon vor dem Zeitpunkt ihres offensichtlichen Zutagetretens im Bereich der Hufballen im Inneren der Hornkapsel und ist durch diese zunächst dem Blick verborgen. Hinzu kommen die mit den jeweiligen konkreten Hufsituationen provozierten reversiblen wie irreversiblen Veränderungsprozesse an den Zehenorganen.

(5) Die Verknöcherung der ehemals elastischen Hufknorpel stellt einen irreversiblen Anpassungs- und Umbauprozess dar, kann also nicht wieder rückgängig gemacht werden. Die Elastizität der Hornkapsel bleibt eingeschränkt, eine Heilung ist nicht möglich. Dennoch kann die Huforthopädie Entscheidendes zur Verbesserung der Hufsituation beitragen, indem sie den Hufen zu einer physiologischen Form verhilft. Hierdurch werden eventuell schmerzbelastete Bereiche, wie sie enge Wände und Trachtenzwang im Fotobeispiel darstellen, entlastet und Schmerzfreiheit erreicht. Die huforthopädischen Maßnahmen richten sich ganz und gar auf die Wiederherstellung der korrekten Hufe. So wird auch erreicht, dass die Verknöcherungsprozesse nicht fortschreiten. Es muss allerdings beachtet werden, dass der Symmetrie der Hornkapsel unter Umständen Grenzen gesetzt sind, da der hintere Hufbereich zum Teil mit Knochen statt mit elastischem Knorpelmaterial ausgefüllt ist. Das huforthopädisch verfolgte Ziel heißt aber ohnehin Optimum und nicht Ideal.

Konventionell wird bei einer Hufknorpelverknöcherung ein Eisenbeschlag aufgebracht, was durch die Unterbindung der Hufmechanik Schmerzen nimmt und so meist Lahmfreiheit bewirkt. Allerdings ist der Preis hierfür, neben den allgemeinen negativen Wirkungen des Eisenbeschlages auf den Huf und die Gliedmaße, eine Zementierung der bestehenden schlechten Hufsituation und damit in jedem Fall ein Forschreiten der Ossifikationsprozesse, also ein fortgesetztes untüchtiger Werden der Gliedmaße.

Foto 1 (Schale)

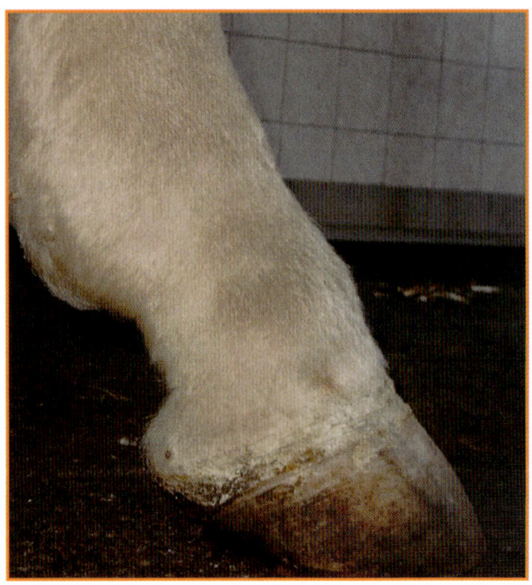

Foto 2 (Schale)

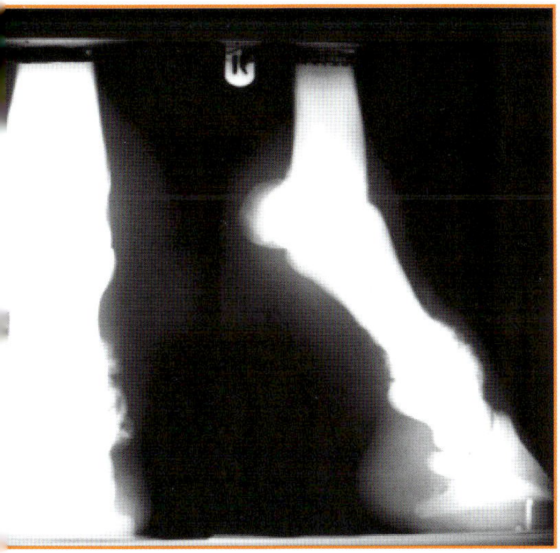

Foto 3 (Schale)

2.21 Schale

Foto 1 und 2 zeigen Hufe mit deutlichen Knochenauftreibungen oberhalb der Hornkapsel. Die Röntgenaufnahmen (Foto 3) der Gliedmaße von Foto 2 machen deutlich, dass massive Knochenzubildungen im Bereich des Kronbeins wie auch des Krongelenks vorliegen.

(2) Die auf den Fotos abgebildeten Hufe leiden unter Hoher Schale. Als Schale bezeichnet man Knochenauftreibungen, die infolge chronisch-deformierender Arthritis und Periarthritis im Bereich der Zehengelenke entstehen. Je nach Lokalisation wird in Tiefe oder Hohe Schale sowie in artikuläre und periartikuläre Schale unterschieden. Bei der artikulären Schale sind die Gelenkflächen selbst betroffen. Infolge mechanischer Fehlbelastungen des betreffenden Gelenkes[24] kommt es zu Entzündungsprozessen und Knorpelschädigungen und in der Folge zu Knochenzubildungen innerhalb des Gelenkes. Die periartikuläre Schale entsteht in unmittelbarer Gelenknähe, aber außerhalb der Gelenkkapsel. Bei dieser Form der Schale kommt es an den Ansatzstellen der Kapselbänder bzw. der Seitenbänder zu mechanisch oder entzündlich initiierten Knochenzubildungen (Osteophyten, Exostosen). Mit Tiefer Schale bezeichnet man diese Prozesse, wenn sie sich im Bereich des Hufgelenkes und damit (zumindest anfänglich) innerhalb der Hornkapsel abspielen. Von Hoher Schale spricht man, wenn – wie in den Fotobeispielen – das proximale Ende des Kronbeins und das Krongelenk von den Veränderungen betroffen ist.

Neben den mit Schale bezeichneten Gelenkserkrankungen gibt es auch noch eine andere pathologische Veränderung der Zehenknochen, die wegen ihres ähnlichen Erscheinungsbildes oftmals ebenfalls als Schale dargestellt wird. Es handelt sich um Knochenzubildungen an den Ansatzstellen (Insertionen) von Fesselbeinbändern (beispielsweise Hufknorpel-Fesselbeinband oder Fesselbein-Kronbeinband), die unter dem Begriff Leist zusammengefasst werden. An den Ansatzstellen kommt es aufgrund unphysiologischer mechanischer Beanspruchung zu chronisch-aseptischen Entzündungen bzw. zu Traumatisierungen von Weichteil- und Knochenstrukturen (Insertionsdesmopathien). Die folgenden Ossifikationsprozesse (Verknöcherung) der betroffenen Bandansätze verringern die Elastizität der Bänder und befördern damit vor allem bei einem Anhalten der unphysiologischen Situation erneute Traumata. Es kommt zu massivem Knochenanbau, der als harte Auftreibung an der Fessel sicht- und fühlbar wird.

Hauptursache für die Entstehung von Schale und Leist ist eine unphysiologische Huf- und Gliedmaßensituation sowie eine unsachgemäße Hufzubereitung. Die Knochenzubildungen werden durch Fehlbelastungen initiiert, wobei besonders der abrupte Stellungswechsel, wie er mit der konventionellen Hufbearbeitung einher-

24 Mitunter sind auch Verletzungen, Operationsfolgen (beispielsweise Injektionen ins Gelenk) und ähnliches Auslöser einer Gelenksentzündung

geht, zu den genannten Veränderungen im und am Gelenk führen kann.

(3) Folge des Phänomens Schale ist eine geringere Beweglichkeit des Huf- und/oder Krongelenks. Die Gelenkaktion kommt aufgrund der Knochenzubildungen an eine früh erreichte Grenze bzw. ist – bei der sich innerhalb der Gelenkflächen abspielenden artikulären Schale – von vornherein schmerzhaft. Aufgrund dieser Schmerzhaftigkeit jeglicher Gelenkaktion zeigt das Pferd in der Regel eine verkürzte Stützbeinphase. Es besteht die Gefahr von Chipfrakturen, in deren Folge sich, unterbrochen von lahmheitsfreien Perioden, immer wieder Lahmheit einstellt. Ausgelöst durch freie Gelenkkörper, die sich mit einer Chipfraktur bilden können, kann es nachfolgend zusätzlich zu Arthrosen kommen.

Foto 4 (Schale)

(4) Die Entstehung von Schale und Leist stellt einen irreversible Adaptionsprozess der knöchernen und ligamentösen Strukturen dar. Die entstandenen Knochenzubildungen sind nicht rückbildbar und verändern die Gliedmaßensituation in endgültiger Weise. Foto 4 zeigt die veränderte Knochensäule einer solchen Gliedmaße.

(5) Die Arbeit des Huforthopäden kann sich auch in diesen Fällen nur auf die Herstellung und Erhaltung einer physiologischen Belastungssituation richten. Dabei orientiert sich das, was in diesem Fall physiologisch ist, an den bereits veränderten Knochen- und Gelenksstrukturen. Die Hufform soll Entlastung für gefährdete Bereiche bringen und Schmerzfreiheit herstellen, wobei insbesondere bei Leist und bei gelenknaher Schale hierfür recht gute Chancen auf Erfolg bestehen, vor allem, wenn die Veränderungsprozesse noch nicht zu weit fortgeschritten sind. Bei der artikulären Schale gestaltet sich die huforthopädische Hilfestellung oft schwieriger. Unter Umständen bringt erst die vollständige Gelenkversteifung (Ankylose) Schmerzfreiheit. Aus diesem Grunde wird eine solche Gelenkversteifung vom Tierarzt mitunter auch operativ herbeigeführt (Arthrodese). Die so erlangte Schmerzfreiheit hat allerdings einen vollständigen Bewegungsverlust des betreffenden Gelenks zur Folge.

2.22 Hufrollenentzündung

Die Fotos 1 und 2 zeigen den rechten Vorderhuf eines Pferdes, welcher die typische Form eines Hufes mit Problemen im Bereich der Hufrolle zeigt. Der Huf hat senkrechte, im eigentlichen schonübersteile, also nach innen geneigte Hufwände und hohe Trachten mit einem ausgeprägten Trachtenzwang.

Auch der Huf in Foto 3 weist Abnutzungsspuren auf, die auf Schmerzen im Bereich der Hufrolle hindeuten. Obwohl die Horn-

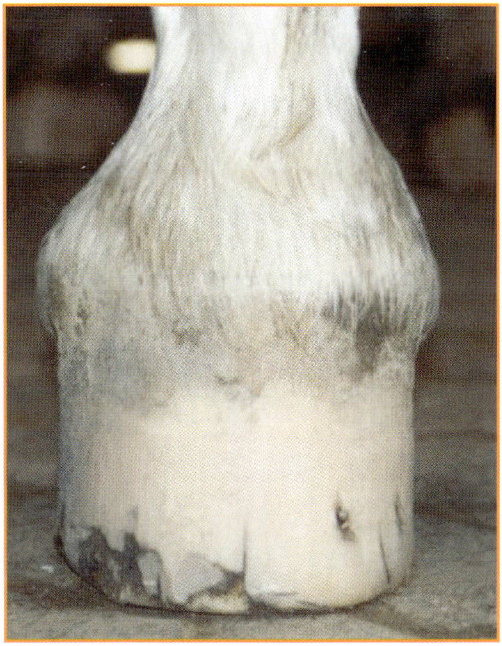

Foto 1 (Hufrollenentzündung)

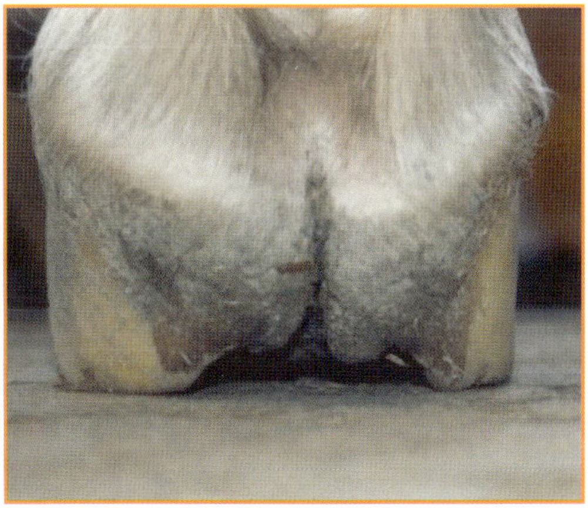

Foto 2 (Hufrollenentzündung)

kapsel bereits steil ist, hat sich das Pferd eine deutliche Zehenrichtung angelaufen.

(2) Eine irreversible Schädigung in dem von Strahlbein, Hufrollenschleimbeutel und tiefer Beugesehne gebildeten Bereich der Hufrolle (➔ *Anatomischer Index: Hufrolle*) liegt dann vor, wenn das Strahlbein in seiner Struktur derart geschädigt ist, beispielsweise durch die Zerstörung der

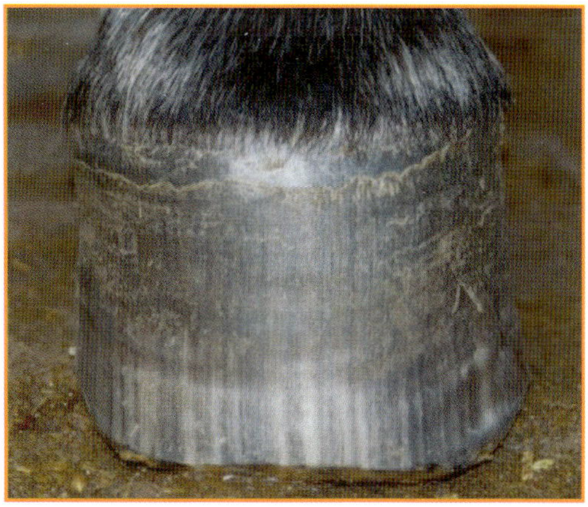

Foto 3 (Hufrollenentzündung)

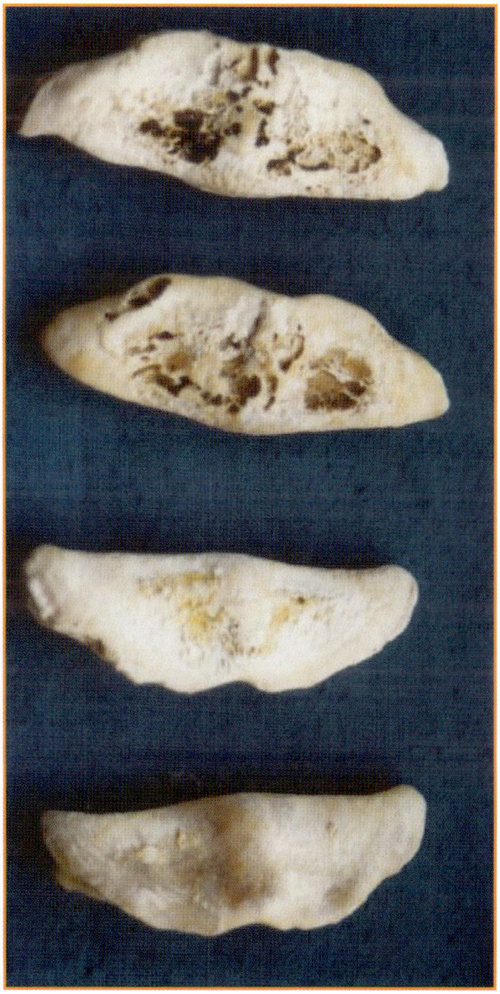

Strahlbeinveränderungen

Sehnengleitfläche oder durch die Ausbildung großer Gefäßkanäle (Zystenbildung), dass seine Stabilität und Funktionalität schwer beeinträchtigt wird. Das Foto auf Seite 117 zeigt verschiedene Stadien einer pathologischen Veränderung.

Eine solche Schädigung ist mit Schmerzen im hinteren Hufbereich verbunden, dessen Belastung deshalb vom Pferd nach Möglichkeit vermieden wird. Dadurch dass das hufrollenerkrankte Pferd bestrebt ist, den schmerzhaften hinteren Bereich zu entlasten, kommt es zur Ausbildung eines engen Hufes mit hohen, zum Zwang neigenden Trachten. Die Mehrbelastung der Zehe sorgt für hohen Abrieb im vorderen Hufbereich. Dies ist natürlich nur dann möglich, wenn die Entlastungsbemühungen des Pferdes nicht durch unsachgemäße Hufbearbeitungsmaßnahmen torpediert werden.

Unphysiologische Belastungssituationen, um so mehr, wenn sie mit hohen Belastungen einhergehen, bilden den maßgeblichen Grund für eine Erkrankung der Hufrolle.

Prädisponierend für eine Erkrankung im Bereich der Hufrolle ist beispielsweise ein ➤ *Erworbener Sehnenstelzfuß*. Dabei sind beide Vorderhufe, der Sehnenstelzfuß und dessen Parallelgliedmaße aus unterschiedlichen Gründen gefährdet. Der erworbene Sehnenstelzfuß selbst ist dadurch exponiert, dass das Strahlbein – durch den Zug der tiefen Beugesehne und die damit einhergehende Flexion im Hufgelenk – aus seiner funktionalen Lage gedrängt wird und zum Teil außerhalb der eigentlichen Gelenkfläche zu liegen kommt. Die parallele Vordergliedmaße wiederum ist deshalb in Gefahr, weil ihre permanente Überlastung und die sich hierdurch sehr leicht einstellende unphysiologische Hufform ihre Anfälligkeit für eine Schädigung der Hufrolle erhöht.

Auch die sich oftmals in Folge des Eisenbeschlages entwickelnde Hyperextension des Hufgelenks stellt eine starke Belastung für den Bereich der Hufrolle dar. Allerdings geht diese Entwicklung in die Hyperextensionsstellung langsam vor sich, so dass sich die Strahlbeingleitfläche durch ihre Vergrößerung der größeren Druck- (durch tiefe Beugesehne) und Zugbelastung (durch unelastisches Hufbein-Strahlbeinband und elastischeres Fesselbein-Strahlbeinband) anpasst. Diese langsamen Entwicklung wirkt also nicht unbedingt hufrollenschädigend, allerdings erhöht sich durch die flache, bereits die Grenzen der Gelenkbeweglichkeit ausreizende Stellung die Gefahr spontaner Verletzungen. Zu letzterem trägt in beträchtlichem Maße auch die vom Schmied induzierte Unruhe in der Hufrollenregion bei, also die regelmäßige, auf das stetig langsame Flacherwerden folgende Stellungskorrektur beim Beschlagswechsel, die das Strahlbein abrupt wieder nach oben verlagert und die vorher angespannten Bänder übergangslos lockert.

Dasselbe gilt auch für ein erzwungenes Niederhalten der Trachten, wie es beispielsweise bei einer Hufbearbeitung vorgenommen wird, die ungeachtet der bereits ausgebildeten Hufform und Gliedmaßenstellung eine Bodenparallelität des Hufbeines anstrebt. Die hierbei erzeugte Hufform (➤ *Manipulierter Zwanghuf*) erhöht die Belastung der Hufrolle und befördert ihre Erkrankung, wie oben, aufgrund des erhöhten Verletzungsrisikos dieses angespannten Bereiches.

Wissenschaftlich ist die Pathogenese dieser Erkrankung bis heute nicht endgültig geklärt. Es wird diskutiert, ob es sich primär um einen entzündlichen (Podotrochlitis) oder um einen degenerativen Prozess (Podotrochlose) handelt. Auch eine exakte Eingrenzung des schmerzhaften Prozesses ist der Literatur nach derzeit nicht möglich. In der Veterinärmedizin wird die Diagnose Hufrolle für alle Fälle gestellt, in denen (meist radiologisch) sichtbare Veränderungen und Schmerzen im Bereich des Hufrollenkomplexes zusammentreffen. Dabei ist vor allem auf dem Gebiet der Schmerzlokalisation leicht eine Fehldiagnose möglich. So bieten weder die Provokationsproben, noch die diagnostischen Anästhesien eindeutige Belege dafür, dass die Schmerzen vom Hufrollenkomplex ausgehen. Mit den Provokationsproben werden auch andere Bereiche der Zehenorgane provoziert, so dass der Schluss auf den Hufrollenbereich allein aus einer positiven Reaktion nicht statthaft ist. Und die diagnostischen Anästhesien erlauben nicht nur keine Differenzierung zwischen Hufgelenkserkrankungen und Hufrollensyndrom, sondern geben auch keine sichere Auskunft darüber, ob der Schmerz nicht von einer unphysiologischen Hufsohle oder ebensolchen Hufwänden ausgelöst wird. So wird sowohl mit der Hufgelenksanästhesie als auch mit der Tiefen Palmarnervenanästhesie (TPA) der Dorsalrand der Sohle mit erfasst.

Aber auch der Röntgenbefund ist für sich genommen nicht eindeutig. Wissenschaftliche Untersuchungen zeigen die Diskrepanz zwischen dem Ausmaß der röntgenologisch darstellbaren Veränderungen einerseits und den klinischen Befunden andererseits, also zum einen radiologisch nachweisbare Schädigungen der Hufrolle bei völlig lahmfreien Pferden, und zum anderen lahmende Pferde ohne jegliche röntgenologische Auffälligkeit (RÖSTEL-PETERS 1988).

Bei den röntgenologischen Auffälligkeiten, die als Anzeichen für eine Hufrollenerkrankung angesehen werden und die, sowie eine Lahmheit hinzukommt, in den Stand eines Beweises für eine Hufrollenerkrankung erhoben werden, handelt es sich um Veränderungen in der Kontur und Symmetrie des Strahlbeines (klassisch die Veränderung des proximalen und/oder distalen Randes), Veränderungen in der Spongiosazeichnung desselben, Zunahme der Anzahl und Veränderung der Art der Gefäßkanäle sowie Dichteunterschiede und Dichteveränderungen des Strahlbeinknochens. Mit Sicherheit verweisen diese Auffälligkeiten auf eine unphysiologische Belastung der Gliedmaße, sie stellen jedoch für sich keinen direkten Bezug zur klinischen Erkrankung her. Das heißt, es ist sehr fraglich und in jedem Fall genauestens zu prüfen, ob das Schmerzsignal überhaupt von diesem Bereich ausgeht. Wird hier gewissenhaft vorgegangen, zeigt sich zumeist, dass die Probleme an ganz anderer Stelle liegen und es sich keineswegs um eine Erkrankung der Hufrolle handelt.

(3) Liegt tatsächlich eine Hufrollenerkrankung vor, so ist das Pferd bestrebt den schmerzhaften hinteren Bereich zu entlasten. Der Gang ist schleppend, klamm, mit einer Neigung zum Stolpern. Das Pferd zeigt eine Zehenfußung und einen unsicheren Tritt. Der Schritt ist besonders nach hinten verkürzt, das heißt die Stützphase wird vorzeitig abgebrochen, da so der schmerzende Bereich entlastet wird. Weicher, nachgiebiger Boden wird besser vertragen, da das Pferd hier den Bereich der Zehe mehr einsinken lassen kann und ihm so das Abfußen erleichtert wird.

(4) Entscheidend für die klinische Relevanz von im Bereich der Hufrolle stattgefundenen Veränderungen ist unzweifelbar die pathologische Veränderung des Strahlbeines (siehe auch Foto Strahlbeinveränderungen). Auch Schädigungen des Bandsystems des Strahlbeins sowie Form- und Konturveränderungen (belastungsinduzierte Umbauten) stellen irreversible Schädigungen dar und können die Funktionsfähigkeit der Gliedmaße beeinträchtigen, allerdings kann eine physiologische Hufsituation hier durchaus Schmerzfreiheit bewirken.

(5) Ist das Strahlbein, wie beschrieben, irreversibel geschädigt, so ist Heilung unmöglich. Das Pferd muss aus der Nutzung genommen werden, denn jeder Schritt des Pferdes zerstört den geschä-

digten Strahlbeinknochen weiter. Huforthopädisch kann man das Pferd, in seinem Bestreben den hinteren Hufbereich zu entlasten, unterstützen und ihm zu einer steileren Hufform verhelfen und das Abfußen erleichtern.

Die herkömmliche Verwendung von Eisen mit Keilen und Stegen oder geschlossenen Eisen, die im Prinzip denselben Zweck verfolgen, das Abfußen zu erleichtern, ist unsinnig. Zur Unterstützung der Ausbildung einer leichter abfußenden Hufform benötigt man schlicht keine Technik (hinzu kommt die kontraproduktive Wirkung beispielsweise der Keile; siehe hierzu S. 47f.), gerade auch weil das Pferd für sich hier aktiv mitwirkt, sich eine Entlastung bringende Hufform anzulaufen.

Wenn der Eisenbeschlag bei einer Hufrollenerkrankung Lahmheitsfreiheit schafft, so ist dies ein ziemlich deutlicher Hinweis darauf, dass die Schmerzursache eher nicht im Bereich der Hufrolle liegt. Die Ausschaltung der Hufmechanik betrifft weit eher andere Hufbereiche, als dass sie Entlastung geschweige denn Schmerzfreiheit für eine geschädigte Strahlbeinregion bringt.

Eine weitere konventionelle Methode der Behandlung von Hufrollenerkrankungen ist die Neurektomie (Nervenschnitt). Hierbei wird die Schmerzempfindung der Pferdezehe ausgeschaltet, was vertretbar ist, wenn ein unheilbar krankes Pferd noch ein paar schmerzfreie Tage auf der Koppel verbringen soll. Wenn allerdings ein hufrollenkrankes Pferd neurektomiert zur Arbeit benutzt wird, dann wird billigend in Kauf genommen, dass die Pferdegesundheit in um so kürzerer Zeit ruiniert wird. Die Schädigung des Strahlbeines schreitet nun, da das Pferd nicht mehr schmerzbedingt um Entlastung bemüht ist, also die Gliedmaße vollständig und rücksichtslos gegen seine eingeschränkte Funktionalität belastet, um so schneller voran.

Unserer Erfahrung nach handelt es sich jedoch bei den meisten Hufrollenerkrankungen um Fehldiagnosen und den betreffenden Pferden kann mit einer Wiederherstellung einer physiologischen Belastungssituation des Hufs geholfen werden. So erklären sich auch erfolgreiche Heilbehandlung von Hufrollenerkrankungen, wie sie sich manche Hufbearbeiter auf die Fahnen schreiben. Von einer Falschheit der Diagnose kann man in jedem Fall ausgehen, wenn das betroffene Pferd eine flache, spitze Hufstellung aufweist. Dabei muss natürlich sicher gestellt sein, dass das Pferd überhaupt die Chance hat, sich die Hufstellung selbst anzulaufen und es sich bei dieser nicht um eine aufgezwungene, manipulierte Stellung handelt, der Huf also per Trachtenkürzen oder per Eisenbeschlag künstlich und gegen das Bestreben des Pferdes hinten unten gehalten wird.

3. Grundzüge der Anatomie des Pferdehufes

3.1 Die Hornteile

Umseitiges Foto zeigt beispielhaft die enorme Formkraft der Hornkapsel. Der Rand des Hufbeins (margo solearis) hat sich durch die dauerhafte Hebelwirkung der Zehenwand stark verändert. Das Hufbein hat sich seinem Schuh angepasst (Knochenbiomorphose).

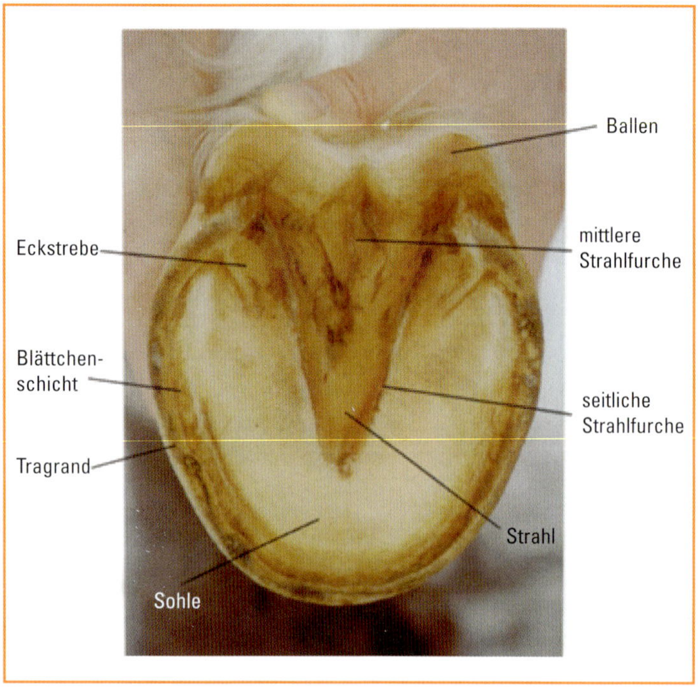

Die Sohlenansicht der Hornkapsel

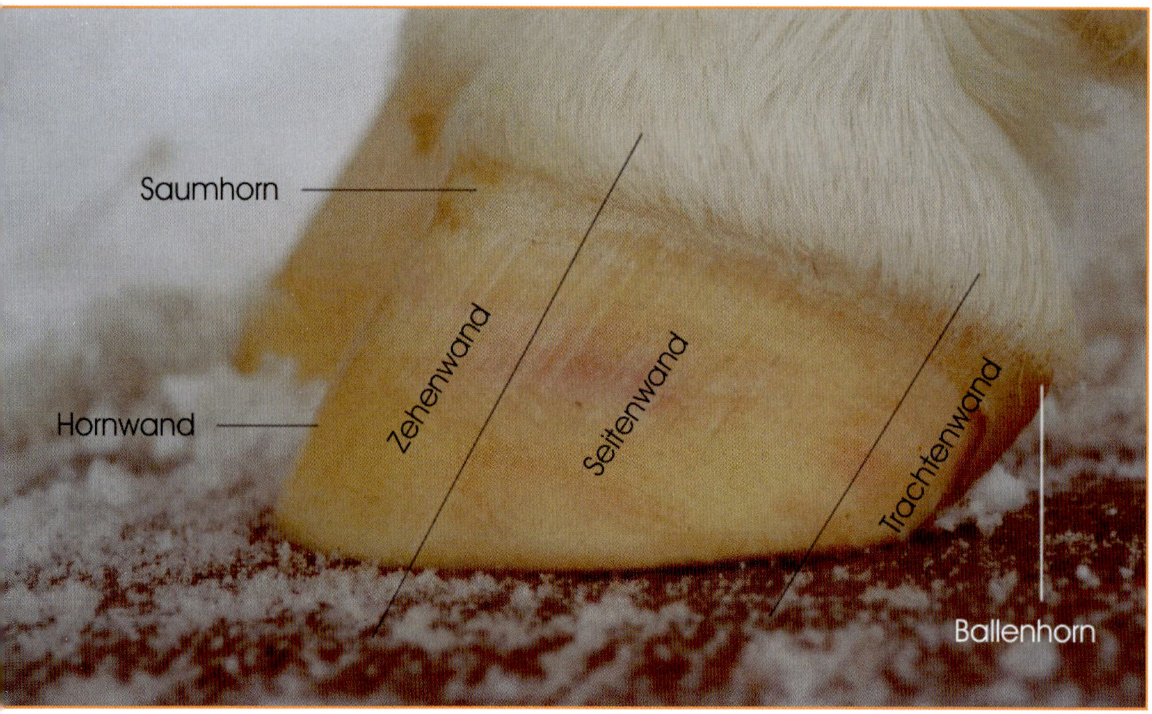

Die Hornkapsel

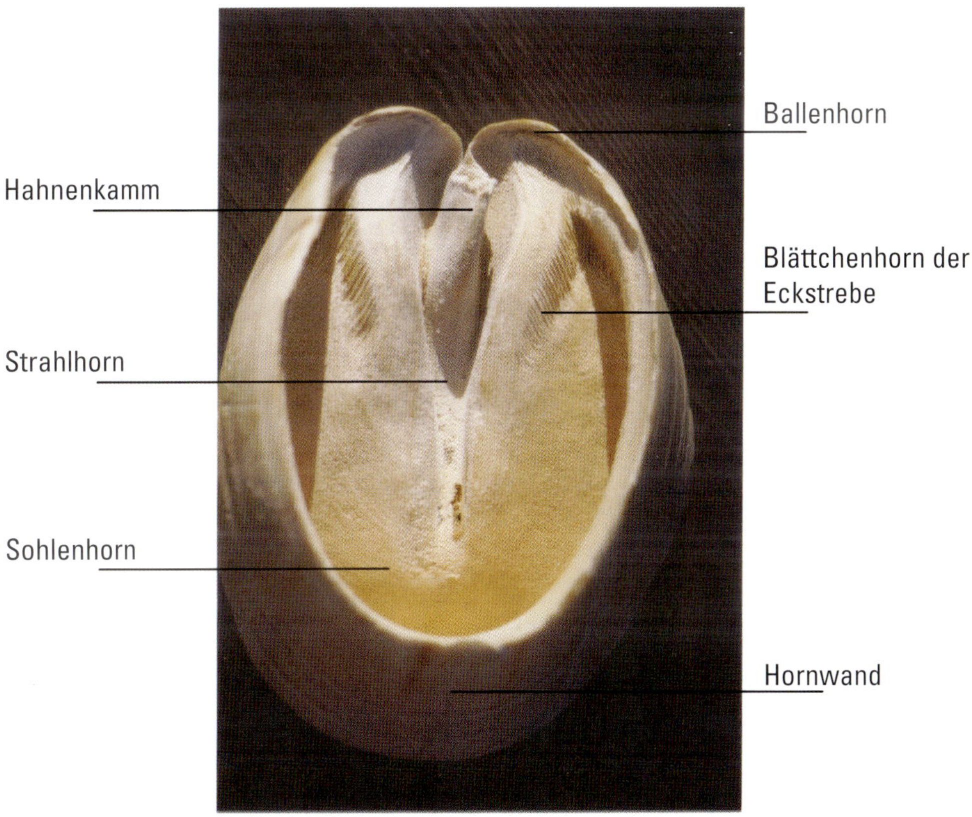

Die Hornkapsel von innen

3.2 Die Lederhäute

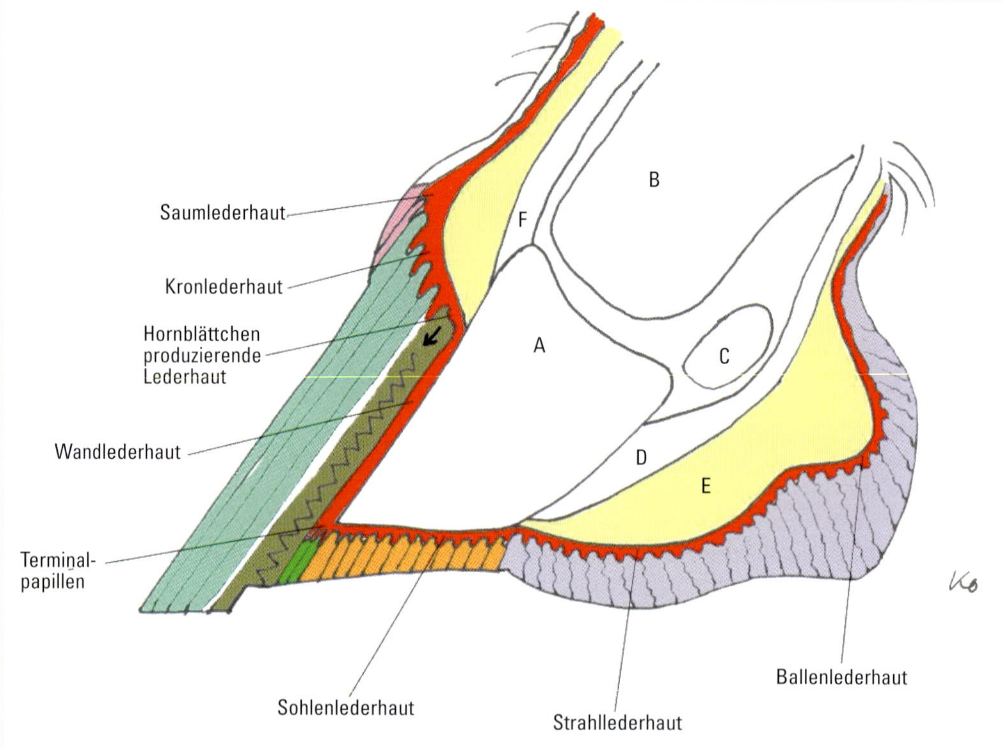

Die Lederhäute als Hornproduzenten

rot	Lederhäute		1 Saumlederhaut 2 Kronlederhaut 3 Hornblättchen produzierende Lederhaut 4 Wandlederhaut 5 Terminalpapillen 6 Sohlenlederhaut 7 Strahllederhaut 8 Ballenlederhaut
gelb	Subcutis (Unterhaut)		
rosa	Saumhorn	A	Hufbein
hellgrün	Kronhorn (Hornwand)	B	Kronbein
olivgrün	Blättchenhorn	C	Strahlbein
grün	Terminallagenhorn	D	Tiefe Beugesehne
orange	Sohlenhorn	E	Strahlpolster
hellviolett	Strahl- und Ballenhorn	F	Gemeinsamer Zehenstrecker

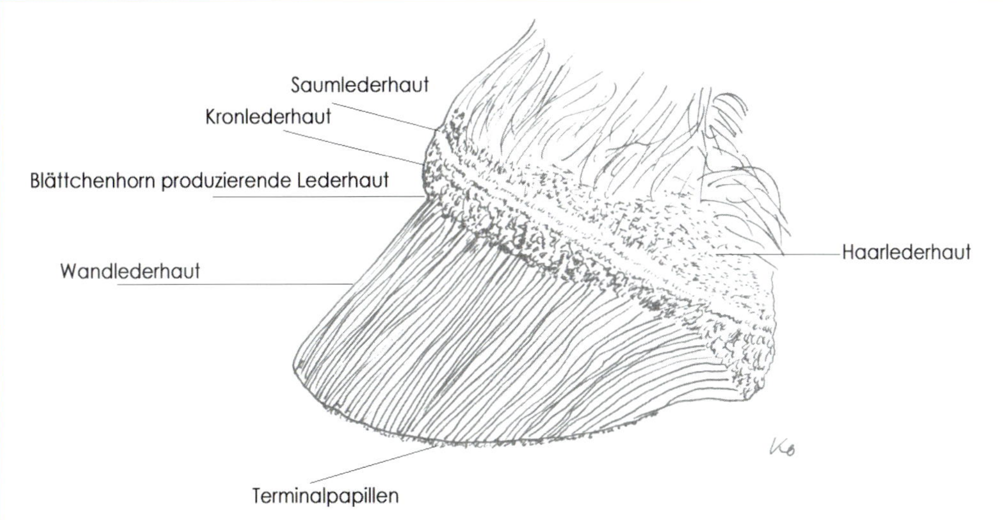

Die verschiedenen Lederhäute

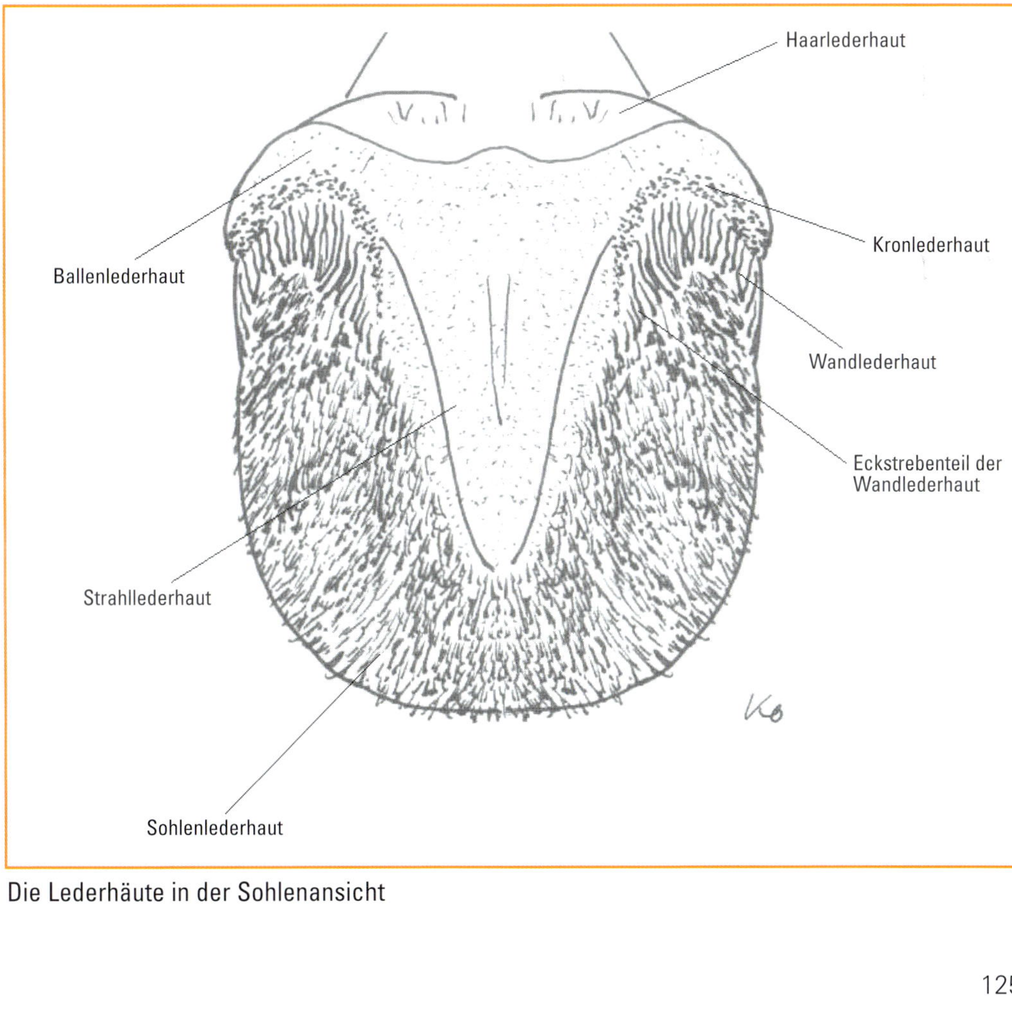

Die Lederhäute in der Sohlenansicht

3.3 Die Zehenknochen und Zehengelenke

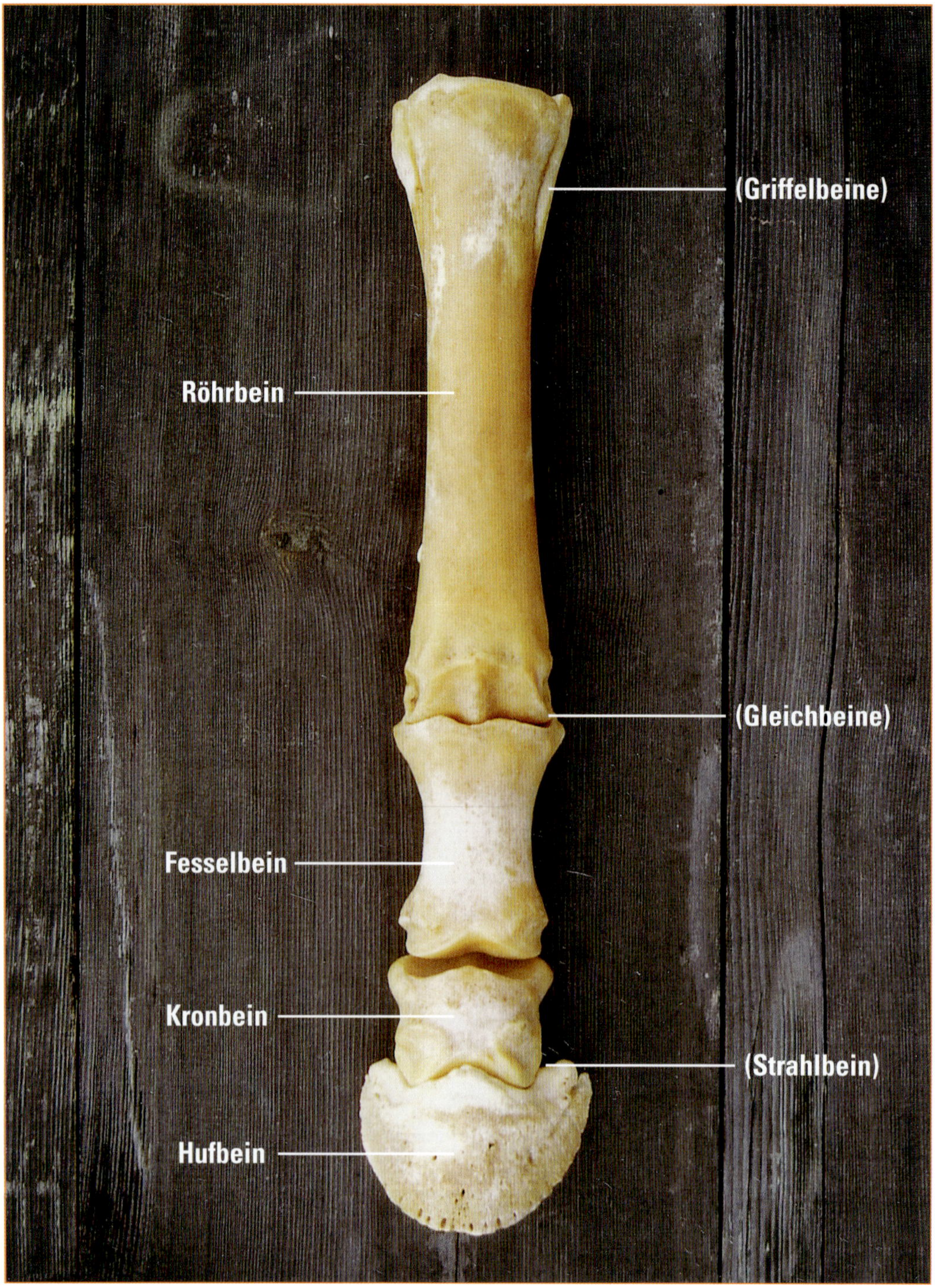

Die Zehenknochen inklusive Röhrbein

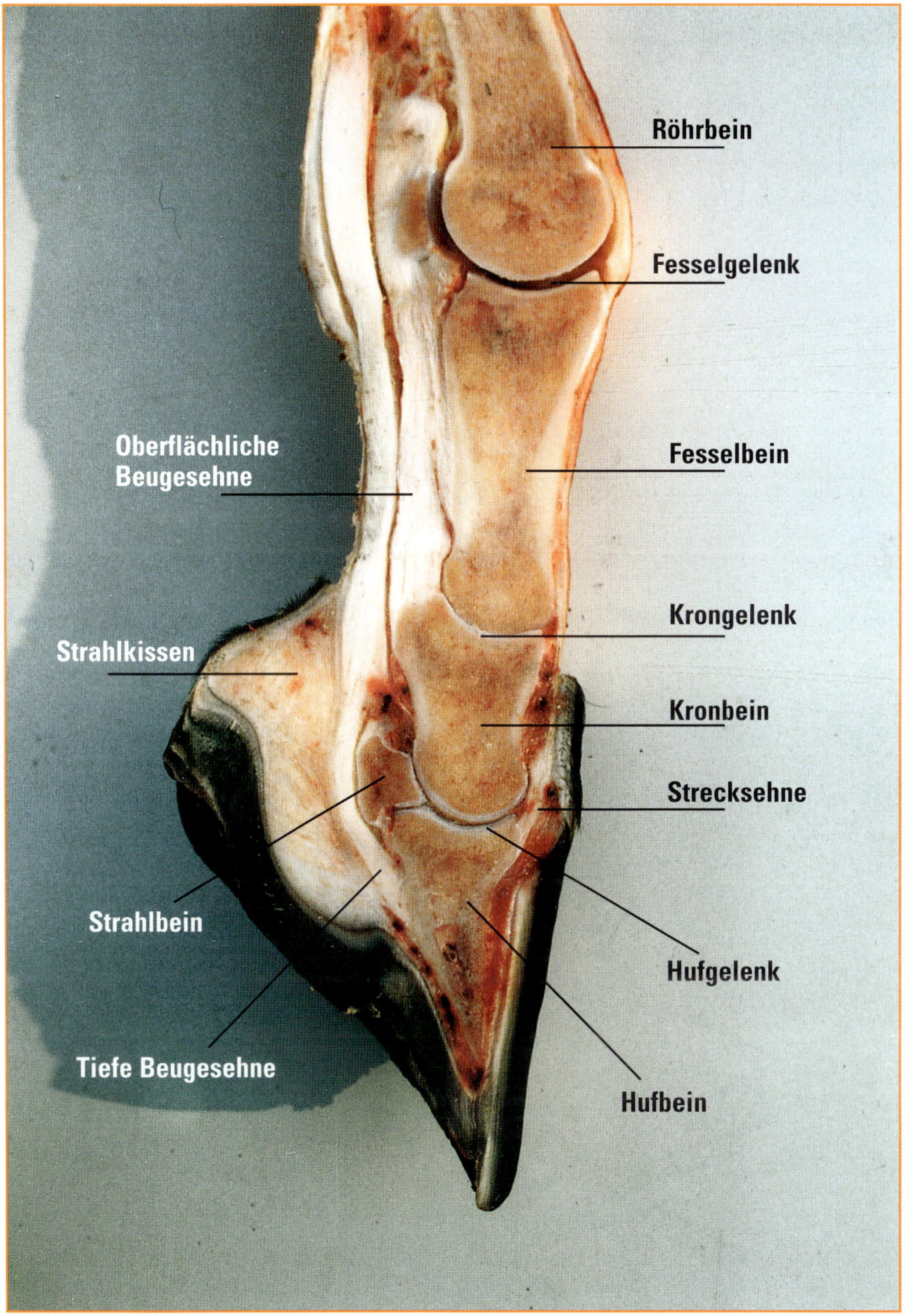

Sagittalschnitt durch die Pferdezehe

3.4 Nomenklatur

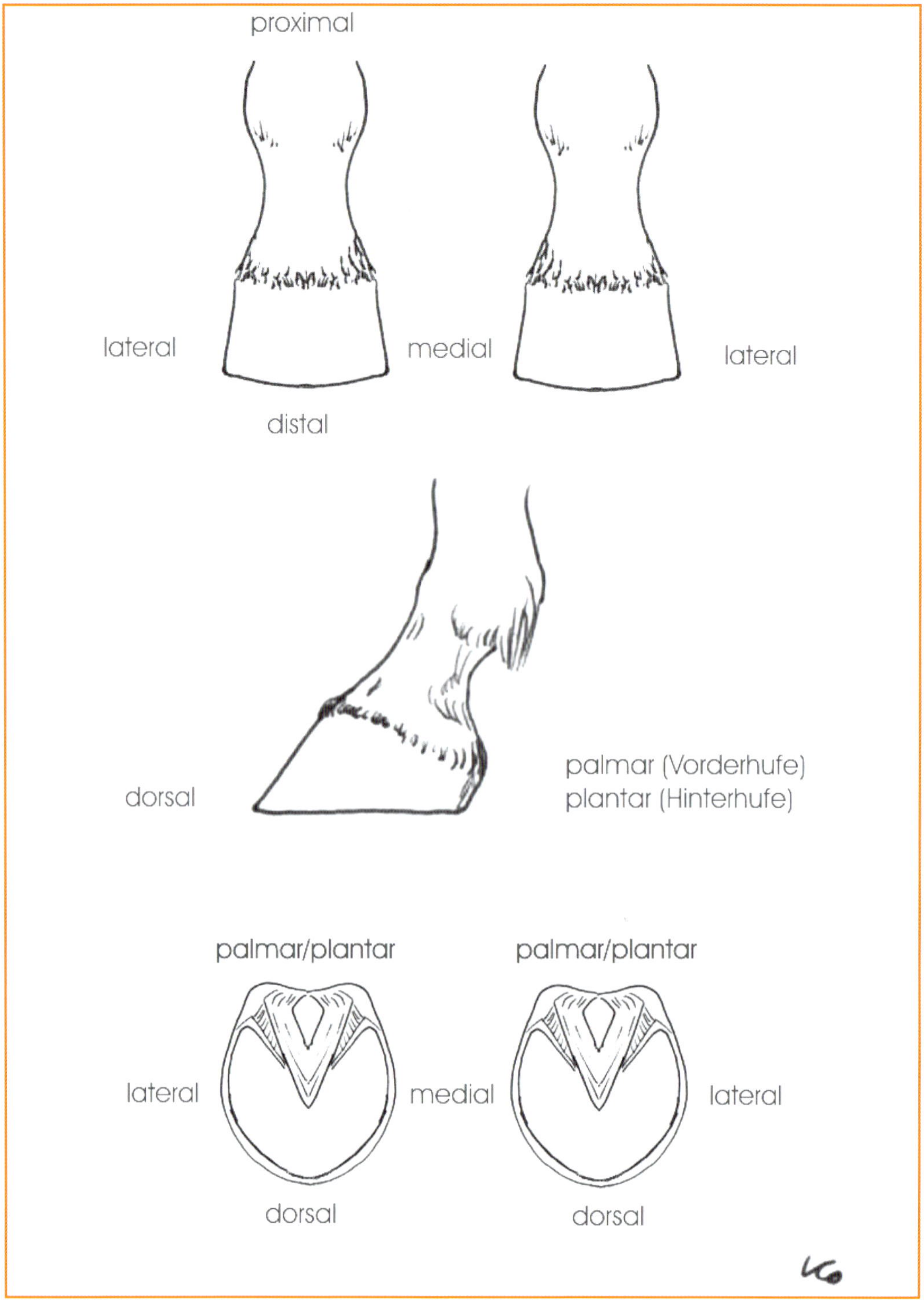

Nomenklatur

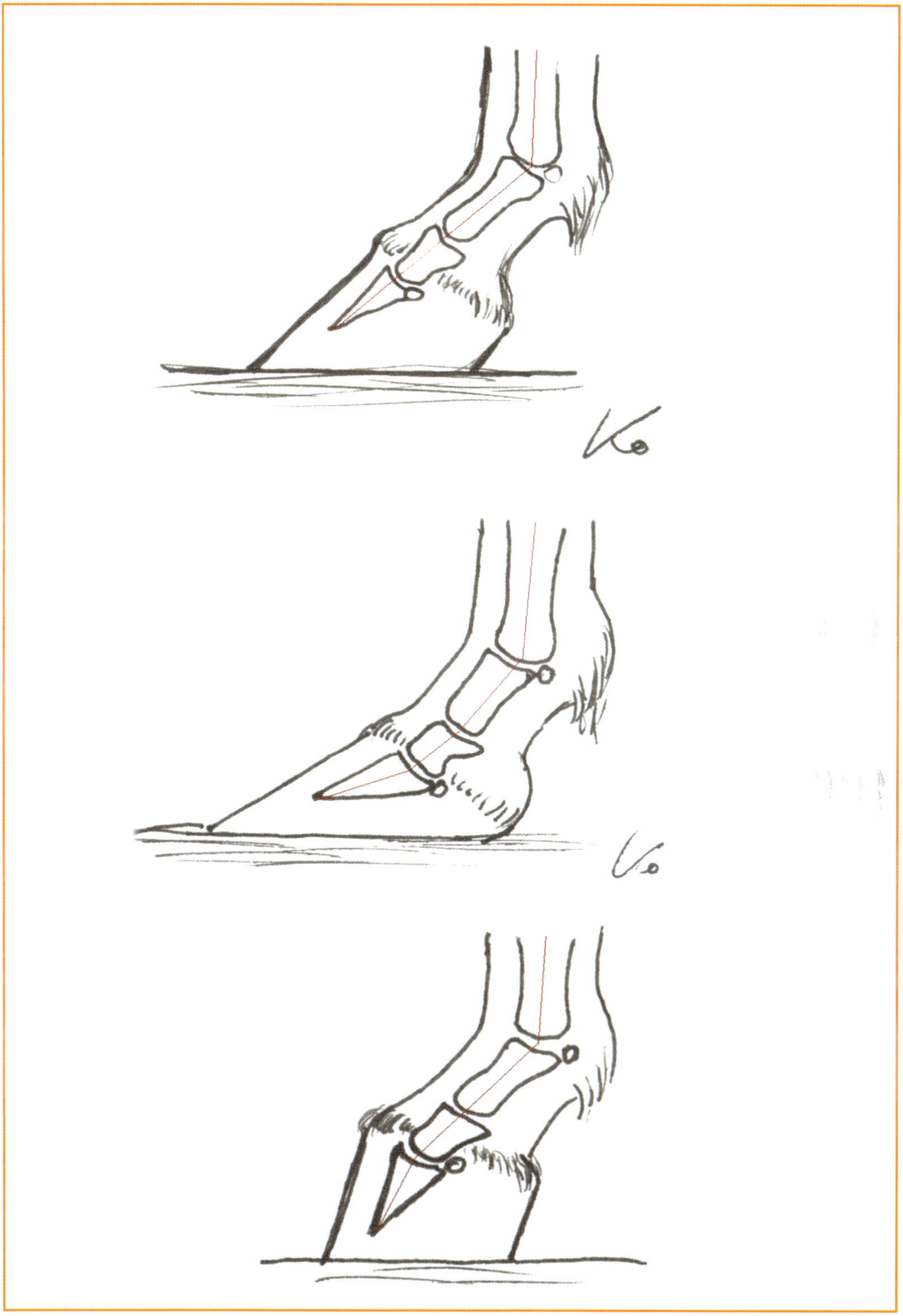

Ungebrochene Knochensäule – Hyperextension – Flexion

4. Anatomischer Index

- Ballenhorn
- Blättchenhorn produzierende Lederhaut
- Blättchenhorn (Oberhautblättchen)
- Blättchenschicht (zona alba)
- Eckstrebe (Hufknorpelwand)
- Fesselbein (Phalanx proximalis)
- Fesselgelenk (Articulatio metacarpophalangea)
- Gleichbeine (Ossa sesamoidea proximalia)
- Glasurschicht
- Hornwachstum
- Hornwand (Hufwand, Kronhorn)
- Hufbein (Phalanx distalis)
- Hufbeinträger
- Hufgelenk (Articulatio interphalangea distalis)
- Hufknorpel (Cartilagines ungulae)
- Hufmechanik
- Hufrolle (Podotrochlea)
- Hufrollenschleimbeutel (Bursa podotrochlearis)
- Knochenbiomorphose
- Kollateralbänder (Ligamenta collateralia)
- Kronbein (Phalanx media)
- Krongelenk (Articulatio interphalangea proximalis)
- Kronlederhaut (Corium coronae)
- Lederhaut (Corium)
- Oberflächliche Beugesehne (Musculus flexor digitalis superficialis)
- Saumhorn
- Saumlederhaut (Corium limbi)
- Sehnen der Zehengliedmaße
- Sohle
- Sohlenlederhaut (Corium soleare)
- Strahl
- Strahlbein (Os sesamoideum distale)
- Strahllederhaut (Corium cunei)
- Strahlpolster
- Strecksehne, gemeinsame (Musculus extensor digitalis communis)
- Terminallagenhorn
- Terminalpapillen
- Tiefe Beugesehne (Musculus flexor digitalis profundus)
- Trachten
- Tragrand
- Unterstützungsschenkel des Fesselträgers (Ligamenta accessorium)
- Wandlederhaut (Corium parietis)
- Weiße Linie (linea alba)
- Zehengelenke
- Zehenknochen

Ballenhorn

- Bei dem Ballenhorn handelt es sich um ein relativ weiches, elastisches Horn, das seiner Struktur nach aus Röhrchen- und Zwischenröhrchenhorn besteht.
- Es schafft, ähnlich wie das ➤*Saumhorn*, einen Übergang zwischen weicher Haut und hartem Horn und schützt die unter ihm liegenden ➤*Hufknorpel*; deren Elastizität trägt es durch seine eigene elastische Struktur Rechnung, so dass der hintere Teil des Hufes beweglich bleibt.

Blättchenhorn produzierende Lederhaut

- Die Lederhaut, die das Blättchenhorn produziert, liegt als schmaler, optisch kaum hiervon zu unterscheidender Streifen distal der ➤*Kronlederhaut* am Übergang zur ➤*Wandlederhaut.*
- Im Allgemeinen wird diese Lederhaut nicht als eigene Lederhaut betrachtet, sondern als zur Kronlederhaut zugehörig erklärt; letzteres ist unseres Erachtens in erster Linie dem Umstand geschuldet, dass die Existenz dieser Lederhaut lange Zeit unbekannt war.
- Es handelt sich weder um eine Zöttchen- noch um eine Blättchenlederhaut; man beschreibt die Struktur der Lederhaut in der Literatur als an der Basis zusammengewachsene Lederhautzöttchen (BUCHER 1987: 16).
- Wie der Name sagt, wird über diese Lederhaut das ➤*Blättchenhorn* gebildet, welches zusammen mit der Wandlederhaut und deren Hornprodukt den ➤*Hufbeinträger* herstellt.
- Wie die Kronlederhaut verläuft die Blättchenhorn produzierende Lederhaut entlang des oberen Hornkapselrandes nach hinten und biegt mit der Eckstrebenwand nach innen ein.

Blättchenhorn (Oberhautblättchen)

- Das Blättchenhorn liegt innen direkt an der ➤*Hornwand* an und erstreckt sich wie diese bis in die Eckstrebenregion der Hornkapsel.
- Gemeinsam mit der ➤*Wandlederhaut* und deren Hornprodukt, dem Gleit- oder Begleithorn bildet es den ➤*Hufbeinträger.*
- Produziert wird das Blättchenhorn proximal der Wandlederhaut von der ➤*Blättchenhorn produzierenden Lederhaut* und schiebt von seiner Produktionsstätte gemeinsam mit den Hornröhrchen der ➤*Hornwand* nach distal, wo es an der ➤*Sohle* als ➤*Blättchenschicht* sichtbar wird.
- Die früher gültige und heute auch noch landläufig vertretene Wandlederhautproduktionstheorie ging unrichtigerweise davon aus, dass das Blättchenhorn von den Lederhautblättchen der Wandlederhaut gebildet wird.

Blättchenschicht (zona alba)

- Die Blättchenschicht verbindet die ➤*Hornwand* mit dem Außenrand der ➤*Sohle* und ist nur aus der solearen Ansicht des Hufes zu sehen
- Sie besteht zum einen aus dem ➤*Blättchenhorn*, zum anderen aus Röhrchenhorn (➤*Terminallagenhorn*), welches von den Terminalpapillen am distalen Ende der Wandlederhaut gebildet wird und besitzt eine Breite von einigen Millimetern.
- Der Sprachgebrauch in Bezug auf die Blättchenschicht ist verwirrend, da dieser Bereich auch häufig als die ➤*Weiße Linie (linea alba)* bezeichnet wird, die sich aber hiervon unterscheidet.

Eckstrebe (Hufknorpelwand)

- Die Eckstrebe ist Teil der Hufwand und besteht wie diese aus hartem Röhrchenhorn und Zwischenröhrchenhorn (Verbundhorn).
- Im Unterschied zur übrigen Hufwand besitzt die Eckstrebe nicht die Funktion einer Tragewand, sie stellt vielmehr eine Art Haltewand für die ➤*Hufknorpel* dar; der ➤*Hufbeinträger* wird im Bereich der Eckstrebenwand zum Hufknorpelstabilisator.

Fesselbein (Phalanx proximalis)

- Liegt zwischen Röhrbein und ➛*Kronbein* und bildet den obersten Zehenknochen, hier endet die ungebrochene Knochensäule.
- Seiner Länge nach beträgt das Fesselbein etwa ein Drittel des Röhrbeins und ist ungefähr doppelt so lang, wie das Kronbein.
- Die Fesselbeine der Vorderbeine sind dabei etwas kürzer und weisen einen schrägeren Winkel zum Boden auf, als die der Hinterbeine, die länger und in der Regel auch steiler sind.
- Das Fesselbein verbreitert sich nach oben, wo es mit dem distalen Ende des Röhrbeins das Fesselgelenk bildet.
- Die Gelenkfläche weist in der Mitte eine deutliche Vertiefung, eine Art Rinne, und beiderseits davon zwei seichtere Rollmulden auf; die Vertiefung bildet das Gegenstück zu der mit einem deutlichen Rollkamm ausgestatteten Gelenkfläche des Röhrbeins.

Fesselgelenk (Articulatio metacarpophalangea)

- Wird gebildet vom proximalen Ende des ➛*Fesselbeins*, dem distalen Ende des Röhrbeins und den beiden ➛*Gleichbeinen.*
- Das obere Ende des Fesselbeins und die vorderen Flächen der beiden Gleichbeine, bilden gemeinsam die untere Gelenkfläche des Fesselgelenks.
- Das Gelenk wird von einem allen Knochen gemeinsamen Kapselband umschlossen.
- Hinzu kommen zahlreiche starke Bänder, die sich an die verschiedenen zugehörigen Knochen anheften und die Stabilität des Fesselgelenks gewährleisten.
- Das Fesselgelenk ist ein Scharnier- oder Wechselgelenk und kann aus diesem Grund nur Bewegungen in einer Bewegungsebene ausführen, also nur gebeugt und gestreckt werden.
- Es besitzt einen physiologischen Aktionsradius von 140° und befindet sich in der Ruhe in Hyperextension (Dorsalflexion).

Gleichbeine (Ossa sesamoidea proximalia)

- Gleichbeine sind zwei kleine, rundlich dreiseitige Knochen, die palmar des distalen Endes des Röhrbeines liegen und als Ergänzungsknochen des Fesselbeines zu betrachten sind.
- Die vorderen Flächen sind mit Knorpel überzogen und vervollständigen die Gelenkpfanne zur Aufnahme des distalen Endes des Röhrbeins.
- Zwischen den Gleichbeinen verläuft die ➛*Tiefe Beugesehne* wie in einer Art Gleitrinne.

Glasurschicht

- Die Glasurschicht ist ein jahrhundertealter Irrglauben: Der Huf besitzt keine Glasurschicht.
- Die Hufwand glänzt bei Trockenheit und hat bei Feuchtigkeit ein stumpfes Aussehen, weil das Verbund- oder Kitthorn (Zwischenröhrchenhorn) wasseraufnahmefähig ist und sich dementsprechend das Aussehen des Hornes verändert.
- Dieser Trockenglanz – den man auch beim menschlichen Fingernagel findet – ist bei jedem gesunden Huf zu beobachten, auch wenn die Hufwand von außen beraspelt, also die äußere Hornschicht entfernt wurde.

Hornwachstum

- Das Hornwachstum beträgt im Schnitt 8 mm pro Monat.
- Es unterscheidet sich individuell, also von Pferd zu Pferd, sowie saisonal.
- Das Hornwachstum wird in erster Linie (neben optimaler Nährstoffversorgung und intakten Körperfunktionen) durch eine intakte ➛*Hufmechanik* befördert; letztere verlangt einen physiologisch

geformten Barhuf sowie ausreichend Reize durch vielgestaltige Böden.

Hornwand (Hufwand, Kronhorn)

- Die Hornwand besteht aus hartem Röhrchenhorn und zäh-elastischem Verbund- oder Kitthorn (Zwischenröhrchenhorn).
- Die Hornröhrchen bestehen aus Mark und Rinde, wobei die Röhrchenrinde der wichtigste, tragende Teil des Hornes ist; entsprechend der spezifischen Anordnung der Hornzellen kann die Hornwand in eine äußere, eine mittlere und eine innere Zone unterteilt werden.
- Die innerste Schicht der Hornwand besteht stets aus unpigmentierten Hornzellen.
- Die Hornwand unterteilt sich in Zehen-, Seiten-, ➛Trachten- und ➛*Eckstrebenwand.*
- Das Horn der Hornwand (Hornröhrchen und Zwischenröhrchenhorn) wird gebildet durch die ➛*Kronlederhaut.*
- Die Hornwand hat drei Funktionen: Sie ist 1. Lastaufnahmeorgan (die Hornwand stellt nicht umsonst den so genannten Tragrand zur Verfügung), 2. ist sie Schutzorgan für das Innenleben (gegen mechanische Einwirkungen und gegen Keiminvasion), 3. ist sie Tastorgan (über den Hufbeinträger vermittelt das an und für sich empfindungslose Horn Reize vom Boden an die Wandlederhaut).

Hufbein (Phalanx distalis)

- Das Hufbein ist der unterste Knochen der Pferdgliedmaße.
- Es bestimmt die Form der Hornkapsel und ist vollständig von dieser eingeschlossen.
- Das Hufbein ist vermittels des ➛*Hufbeinträgers* in der Hornkapsel aufgehängt; die auf dem Hufbein lastende Drucklast des Körpergewichts wird über den Hufbeinträger in Zuglast umgewandelt.
- Statt von einer Knochenhaut ist das Hufbein von Lederhäuten umkleidet.
- Die Sohlenfläche des Hufbeines besitzt eine individuell unterschiedlich stark ausgeprägte konkave Wölbung.
- Das Hufbein bildet gemeinsam mit dem ➛*Strahlbein* und dem distalen Ende des ➛*Kronbeins* das Hufgelenk.
- Der Knochen des Hufbeins ist sehr porös mit vielen feinen Gefäßkanälen.
- Am vorderen oberen Hufbeinrand inseriert die Gemeinsame ➛*Strecksehne* am Processus extensorius (Strecksehnenansatz); zwischen der Sohlen- und Gelenkfläche des Hufbeines befindet sich die Insertionsfläche der ➛*Tiefen Beugesehne.*
- Nach hinten läuft das Hufbein in zwei Hufbeinästen aus; auf diesen beiden Ästen des Hufbeines sitzen die ➛*Hufknorpel.*

Hufbeinträger

- Der Hufbeinträger garantiert die innige Verbindung zwischen ➛*Hufbein* und Hornkapsel, über diesen ist das Hufbein in der Hornkapsel aufgehängt.
- Durch den Hufbeinträger wird die auf dem Hufbein lastende Drucklast des Pferdekörpers in Zuglast umgewandelt.
- Der Hufbeinträger besteht aus einem bindegewebigen (Wandlederhaut) und einem epidermalen (Blättchenhorn) Anteil.
- Die das Hufbein umgebende ➛*Wandlederhaut* fächert sich auf in zahlreiche Primärblättchen (etwa 600), diese sind wiederum in Sekundärblättchen aufgefältelt (je 100–200); letztere produzieren Begleithornzellen, welche sich an die Zellen des von oben herabschiebenden ➛*Blättchenhorns* anheften und sich mit nach unten nehmen lassen.
- Da auf dem ganzen Weg nach unten Begleithorn angelagert wird, nehmen die Hornblättchen ihrem Umfang nach zu; am Tragrand hat sich ihr Umfang gegenüber dem Ort ihrer Entstehung um etwa ein Viertel vermehrt.

- Auf diese Weise wird eine feste Verbindung zwischen Hufbein und Hornwand hergestellt, die bei aller Festigkeit gewährleistet, dass die ➛*Hornwand* von oben nach unten nachwachsen kann.

Hufgelenk (Articulatio interphalangea distalis)

- Die Gelenkgrube des Hufgelenks wird gebildet durch das proximale Ende des ➛*Hufbeins* sowie die Proximalfläche des ➛*Strahlbeins*; die sattelförmige Gelenkwalze des Hufgelenks bildet das distale Ende des Kronbeins.
- Das Gelenk wird von einem allen Knochen gemeinsamen Kapselband umschlossen.
- Für die seitliche Stabilität des Gelenkes sorgen zudem zwei ➛*Kollateralbänder*, die Kronbein und Hufbein miteinander verbinden.
- Bei dem Hufgelenk handelt es sich wie beim ➛*Krongelenk* dem Typ nach um ein Sattelgelenk, seiner Funktion nach jedoch um ein unvollständiges Wechselgelenk; das heißt das Hufgelenk lässt seitliche Bewegungen zu, allerdings nur in ganz geringem Maße und auch nur unter massiver Gewalteinwirkung; aktiv kann das Hufgelenk lediglich wie ein Scharniergelenk gebeugt und gestreckt werden.
- In Ruhe befindet sich das Hufgelenk in Streckstellung, bei Belastung und damit einhergehender Hyperextension wird das Hufgelenk durch die Hufrolle getragen.

Hufknorpel (Cartilagines ungulae)

- Die beiden Hufknorpel sitzen den beiden Hufbeinästen auf und vergrößern diese gleichsam nach hinten und oben.
- Sie sind etwa zur Hälfte in der Hornkapsel verborgen, ihre obere Hälfte ragt über die Kapsel hinaus und ist dort, von Haut und Haar überzogen, als Hufballen sichtbar.
- Sie besitzen eine schildförmige Form mit außen konvexer und innen, dem ➛*Strahlpolster* zugekehrter konkaver Fläche.
- Die Hufknorpel gehören wie das Strahlpolster zu den elastischen Teilen des Hufes und verleihen diesem letztlich seine Beweglichkeit.
- Sie erfüllen die Funktion einer Blutpumpe, denn der ganze Bereich der Hufknorpel ist von Blutgefäßen über- und durchzogen.
- Die Hufknorpel sind mit dem ➛*Fessel-, Kron-, Huf- und Strahlbein* durch Bänder verbunden, wobei der elastische Gegenpol dem Huf und der Gliedmaße zusätzliche Elastizität verleiht.

Hufmechanik

- Die Hufmechanik ist die Eigenbeweglichkeit der Hornkapsel.
- Sie wurde bisher bevorzugt als »Hufmechanismus« bezeichnet, was auf der Vorstellung einer sich ständig wiederholenden, in sich begründeten Bewegung basiert; eine solche Betrachtungsweise ist jedoch verkürzt und ungenügend.[26]
- Viel passender ist es, von Hufmechanik zu sprechen, da die Bewegungen der Hornkapsel weitaus vielgestaltiger und mitnichten mechanistisch, im Sinne von stets gleichverlaufend sind.
- Hufmechanik bezeichnet die Verformungsmöglichkeiten des Pferdehufes in allen Dimensionen; ihre spezifische Ausgestaltung ist abhängig von den jeweiligen konkreten Umständen, also in erster Linie von der konkreten Form

26 Einige der traditionellen Vorstellungen zum »Hufmechanismus« sind allerdings nicht nur verkürzt und ungenügend, sondern unserer Meinung nach auch falsch: So kann sich beispielsweise die Hufsohle unter der Belastung nicht abflachen, da hierzu entweder das Sohlenhorn seine Verbindung zur Sohlenfläche des Hufbeins verlieren müsste oder aber der Knochen des Hufbeines seine Wölbung verlieren müsste. Auch ist ein Einsinken des Hufbeins in die Hornkapsel nur unter der Bedingung einer sich lösenden Verbindung zwischen Hufbeinrücken und Hufwand möglich, also nur in dem Fall, in dem der Hufbeinträger seine Funktion zum großen Teil aufgibt, wie dies zum Beispiel bei einer Hufrehe der Fall ist.

der Hornkapsel und dem jeweiligen, durch den aktuellen Untergrund bestimmten und auf den Huf ausgeübten Bodengegendruck. Das bedeutet, dass nicht nur bei jedem Pferd, sondern meist auch an jedem einzelnen Huf und unter Umständen hier auch bei jedem einzelnen Schritt, eben je nachdem, wo der Huf hintritt, eine völlig anders geartete Mechanik im Huf stattfindet.

- Die Hufmechanik formt den Huf, das heißt, neben dem Hornabrieb ist es die Hufmechanik, die jedem Huf seine individuelle Form verleiht; in Abhängigkeit von der spezifischen Gestalt der Hornkapsel und der konkreten Beschaffenheit des Bodens erfahren die verschiedenen Teile der Hornkapsel Bewegungsimpulse, welche das Hornmaterial in ihrer Summe formen.

Hufrolle (Podotrochlea)

- Die so genannte Hufrolle umfasst die Sehnengleitfläche (Facies flexoria) des ➤*Strahlbeins*, den darüber gleitenden Teil der ➤*Tiefen Beugesehne*, die proximalen und distalen Bänder des Strahlbeins sowie den im bestehenden Zwischenraum befindlichen Hufrollenschleimbeutel (Bursa podotrochlearis).
- Die Belastung der Hufrolle erfolgt im Stand und während der Bewegung in der Stemmphase (2. Stützbeinphase).

Hufrollenschleimbeutel (Bursa podotrochlearis)

- Der Hufrollenschleimbeutel liegt zwischen der mit Faserknorpel bedeckten Gleitfläche des Strahlbeines (Facies flexoria) und dem Endabschnitt der ➤*Tiefen Beugesehne.*
- Er bildet eine Art Polster zwischen der Sehne und dem Knochen des ➤*Strahlbeines.*

Knochenbiomorphose

- Knochenbiomorphose bezeichnet die prozesshafte Veränderung der Zehenknochen, die – im Unterschied zu den ebenfalls stattfindenden pathologischen irreversiblen Veränderungen – umkehrbar ist.

Kollateralbänder (Ligamenta collateralia)

- Jedes Zehengelenk besitzt zwei Kollateral- oder Seitenbänder, wobei sich das eine medial und das andere lateral zwischen den beiden zum Gelenk gehörigen Knochen ausspannt.
- Es handelt sich um kurze, sehr starke Bänder, die an den Seitenenden der ➤*Zehenknochen* entspringen.

Kronbein (Phalanx media)

- Das Kronbein liegt unter dem ➤*Fesselbein* und über dem ➤*Hufbein* und besitzt ungefähr die halbe Höhe des Fesselbeins.
- Der annähernd würfelförmige Knochen ist der stabilste Knochen der Knochensäule, weshalb er in der Regel auch weniger von der Biomorphose betroffen ist, als Hufbein und Fesselbein.
- Das distale Ende des Kronbeins, welches mit Hufbein und ➤*Strahlbein* das ➤*Hufgelenk* bildet, befindet sich innerhalb der Hornkapsel. Etwa ab der Taille ragt das Kronbein aus der Hornkapsel heraus.

Krongelenk (Articulatio interphalangea proximalis)

- Das Krongelenk besteht aus nur zwei Knochenflächen, der distalen Gelenkfläche des ➤*Fesselbeins* und der proximalen Gelenkfläche des ➤*Kronbeins*, und ist damit das einfachste Gelenk der Zehengliedmaße.
- Das Krongelenk befindet sich knapp oberhalb der Hornkapsel.
- Das Gelenk wird von einem beiden Knochen gemeinsamen Kapselband umschlossen.
- Für die seitliche Stabilität des Gelenks sorgen zudem zwei ➤*Kollateralbänder*, die Fesselbein und Kronbein miteinander verbinden.

- Es handelt sich wie beim ➤ *Hufgelenk* dem Typ nach um ein Sattelgelenk und seiner Funktion nach um ein unvollständiges Wechselgelenk; das heißt das Krongelenk lässt seitliche Bewegungen zu, allerdings nur in ganz geringem Maße (geringer auch als das Hufgelenk) und nur unter Gewalteinwirkung; aktiv kann das Krongelenk lediglich wie ein Scharniergelenk gebeugt und gestreckt werden, wobei das Krongelenk auch in dieser Bewegungsrichtung nur eine sehr geringe Beweglichkeit besitzt.

Kronlederhaut (Corium coronae)

- Die Kronlederhaut liegt direkt distal der ➤*Saumlederhaut* und proximal der ➤*Blättchenhorn produzierenden Lederhaut*; nach oben zur Saumlederhaut bildet die Kronfalz eine flache Trennlinie, nach unten zur Blättchenhorn produzierenden Lederhaut verläuft der Übergang nahtlos.
- Die Kronlederhaut verläuft in der Kronrinne entlang des oberen Hornkapselrandes nach hinten und biegt mit der Eckstrebenwand nach innen ein.
- Bei der Kronlederhaut handelt es sich um eine Zöttchenlederhaut.
- Die Lederhautzöttchen oder -papillen produzieren die Hornröhrchen, wobei direkt über der Spitze das Röhrchenmark (kurz nach ihrer Entstehung bereits wieder zerfallende Hornzellen) und an den Seiten die Röhrchenrinde gebildet wird.
- Im Raum zwischen den Zöttchen wird das Zwischenröhrchenhorn gebildet.
- Physiologische Reize auf die Lederhaut, wie sie mit der ➤*Hufmechanik* einhergehen, regen die Hornproduktion an, weshalb mit unterschiedlichen Hufformen sowie unterschiedlichen Bodenbedingungen sehr verschiedene Hornqualitäten einhergehen.

Lederhaut (Corium)

- Die Lederhaut ist die Produktionsstätten des Hornes; sie ist stark durchblutet und innerviert.
- Am Huf können insgesamt sieben verschiedene Lederhäute unterschieden werden: ➤*Saumlederhaut*, ➤*Kronlederhaut*, ➤*Blättchenhorn produzierende Lederhaut*, ➤*Wandlederhaut* mit ➤*Terminalpapillen*, ➤*Sohlenlederhaut*, ➤*Strahllederhaut* und ➤*Ballenlederhaut*.
- Saum-, Strahl- und Ballenlederhaut bilden eine Einheit.

Oberflächliche Beugesehne (Musculus flexor digitalis superficialis)

- Das muskelseitige Ende der Sehne entspringt am unteren Ende des Oberarms der Vordergliedmaße bzw. des Oberschenkels der Hintergliedmaße und insertiert, sich zuvor teilend, in zwei Schenkeln an den Seiten des ➤*Kronbeins*, schwächere Ausläufer befestigen sich auch am ➤*Fesselbein*.
- Etwas unterhalb der Mitte des Fesselbeins teilt sich die Sehne in zwei Stränge und bildet so einen Durchlass für die ➤*Tiefe Beugesehne*, die sie zuvor bedeckt hat.
- Die Oberflächliche Beugesehne beugt die Gliedmaße hauptsächlich im Krongelenk, wirkt aber auch auf das Fesselbein.

Saumhorn

- Das Saumhorn bildet den am weitesten proximal gelegenen Teil des Hufhornes und schiebt sich nach distal über die ➤*Hornwand*, wobei es in der Regel nicht länger als 1–2 cm wird.
- Das Saumhorn besteht aus Röhrchenhorn und Zwischenröhrchenhorn, welches allerdings wesentlich weicher und elastischer ist als das Horn der Hornwand.
- Es ist extrem wasseraufnahmefähig, so dass es im aufgequollenen Zustand deutlich an Umfang zunimmt und sichtbar hervortritt.
- Das Saumhorn schafft einen Übergang zwischen weichen Haut- und harten Hornstrukturen und bildet zudem eine Art Schutzhorn, über dem im Bereich

der Kronrinne noch sehr dünnen Rand der Hornwand, unter welchem die ➛*Kronlederhaut* liegt.

Saumlederhaut (Corium limbi)

- Die Saumlederhaut befindet sich proximal der ➛*Kronlederhaut* und ist von dieser durch eine flache Kronfalz optisch getrennt.
- Bei der Saumlederhaut handelt es sich um eine Zöttchenlederhaut.
- Die etwa 2 mm langen Lederhautzöttchen oder -papillen produzieren das Saumhorn.
- Nach palmar/plantar geht die Saumlederhaut in die Ballenlederhaut und in die Strahllederhaut über und bildet mit diesen eine Einheit .

Sehnen der Zehengliedmaße

- An der Zehengliedmaße des Pferdes gibt es keine Muskeln, die Bewegung wird durch lange starke Sehnen von den entfernt gelegenen Muskeln übertragen.
- Die Bewegungen an der Zehengliedmaße finden nur entlang einer Bewegungsebene in zwei Richtung statt: Nach vorn wird das Bein gestreckt, nach hinten gebeugt.

Sohle

- Die Sohle des Hufes besteht aus Röhrchen- und Zwischenröhrchenhorn, wobei dieses von weicherer Konsistenz ist, als das Horn der ➛*Hornwand.*
- Die Hornröhrchen stehen nicht senkrecht zum Boden, sondern besitzen eine Neigung von 45° zur Zehenspitze hin.
- Anders als die Hornröhrchen der ➛*Hornwand* oder der ➛*Strahl-* und *Ballenregion* kommt es bei den Sohlenhornzellen durch schnelleren Zelltod physiologisch zu einer Ablösung oder Abschilferung des Hornes.
- Man unterscheidet den vor der Strahlspitze liegenden Sohlenkörper und die seitlich des Strahles liegenden Sohlenschenkel.
- Die Sohle besitzt physiologisch eine Wölbung nach proximal, wobei das Ausmaß des Sohlengewölbes je nach Hufform individuell sehr unterschiedlich ist. So besitzen enge Hufe mit steilen Hornwänden in der Regel ein ausgeprägtes Sohlengewölbe, während weite Hufe mit schrägen Wänden eher über wenig Wölbung verfügen.
- Die Sohle bietet dem Hufinneren Schutz gegen mechanische Einwirkungen wie auch gegen Infektionen; zudem fungiert die Sohle als eine Art Tastorgan.
- Keinesfalls besitzt die Sohle Tragefunktion; neben dem Fehlen einer polsternden Unterhaut (Subcutis) im Sohlensegment ist die schräge Ausrichtung der Röhrchen Ausdruck der fehlenden bzw. äußerst geringfügigen proximodistalen Druckbelastbarkeit.
- Das Fehlen einer Subcutis bedeutet, dass sich zwischen dem Horn der Sohle und dem Knochen des ➛*Hufbeins* lediglich die dünne und hochsensible ➛*Sohlenlederhaut* befindet; jeder auf das Sohlenhorn ausgeübte Druck des Bodens quetscht also die Lederhaut unmittelbar auf den Knochen, was für das Pferd je nach Ausmaß des Druckes und Dicke des Sohlenhornes unangenehm bis außerordentlich schmerzhaft ist.

Sohlenlederhaut (Corium soleare)

- Die Sohlenlederhaut bedeckt die Sohlenfläche des ➛*Hufbeins*; sie geht nach außen und in den Sohlenwinkeln in die Wandlederhaut über und setzt sich zur Mitte zu in der Strahllederhaut fort.
- Bei der Sohlenlederhaut handelt es sich um eine Zöttchenlederhaut.
- Die Sohlenlederhaut produziert das Horn der ➛*Sohle.*
- Druckreize regen die Hornproduktion an, was im Fall der Sohle leicht zu unphysiologischen Hornansammlungen führt; dies vor allem dann, wenn die Sohle ent-

gegen ihrer Anlage und Bestimmung Tragefunktion übernehmen muss.

Strahl

- Der Strahl des Hufes entspricht in seiner Form der distalen Fläche des ➤*Strahlpolsters* und weist dementsprechend eine mittlere Vertiefung (die mittlere Strahlfurche), zwei Strahlschenkel sowie eine auf die Zehenmitte zielende Strahlspitze auf; zwei seitliche Strahlfurchen begrenzen den Strahl zu den ➤*Eckstreben* bzw. zur ➤*Sohle* hin.
- Bei dem Strahlhorn handelt es sich um ein elastisches, gummiartiges Horn, welches aus geschlängelten Hornröhrchen besteht und dessen Zellen nicht vollständig keratinisieren bzw. verhornen.
- Der Strahl dämpft wie ein Polster die Auftritthärte des Hufes und unterstützt gemeinsam mit dem über ihm liegenden Strahlpolster den Bereich der ➤*Hufrolle*; diese Funktion kann der Strahl nur erfüllen, wenn er Bodenkontakt hat; fehlende Unterstützung befördert unseres Erachtens eine Erkrankung der Hufrolle.
- Zudem ermöglicht der Strahl die Hufmechanik, indem er im Verein mit den beiden ➤*Hufknorpeln* für Elastizität der Hornkapsel sorgt.
- Auch ermöglicht ein physiologischer Strahl ein sicheres Auffußen, indem er für die Ausrichtung bei rutschigen Bodenverhältnissen sorgt.

Strahlbein (Os sesamoideum distale)

- Das Strahlbein ist ein kleiner, länglicher, schiffchenförmiger Knochen, der quer hinter und unter dem ➤*Kronbein* sowie zwischen den Hufbeinästen respektive ➤*Hufknorpeln* gelagert ist und die Gelenkfläche des ➤*Hufbeins* nach hinten vergrößert.
- Es bildet zusammen mit den Rollmulden des Hufbeins das ➤*Hufgelenk*, indem es quasi als Hilfsgelenkfläche die Auflagefläche für das Kronbein vergrößert.
- Der distale Rand des Strahlbeines weist etliche Gefäßkanäle auf; deren radiologisch darstellbare Formveränderung und Vergrößerung dient häufig als vorschneller Beweis einer Hufrollenerkrankung, insbesondere dann wenn gleichzeitig Lahmheit vorliegt.
- Das Strahlbein bildet, durch den ➤*Hufrollenschleimbeutel* geschützt, den Gleitkörper für die tiefe Beugesehne.
- Der Aufhängeapparat des Strahlbeines wird durch das jeweils paarige (also medial und lateral ansetzende) Fesselbein-Strahlbeinband bzw. Hufknorpel-Strahlbeinband und durch das breite, distal ansetzende Hufbein-Strahlbeinband gebildet.

Strahllederhaut (Corium cunei)

- Die Strahllederhaut bedeckt die gesamte distale Fläche des ➤*Strahlpolsters* und geht palmar/plantar übergangslos in die Ballenlederhaut sowie hiernach in die ➤*Saumlederhaut* über (man kann die genannten drei Lederhäute als eine Einheit betrachten); seitlich setzt sie sich in der ➤*Sohlenlederhaut* und im Bereich der ➤*Eckstreben* in die ➤*Kronlederhaut* fort.
- Es handelt sich um eine Zöttchenlederhaut; deren Zöttchen oder Papillen erzeugen das Strahlhorn.
- Auch bei der Strahllederhaut verhält es sich so, dass Reize die Hornproduktion anfachen, ein gut entwickeltes Strahlhorn also Bodenkontakt voraussetzt.

Strahlpolster

- Das Strahlpolster ist ein elastisches, kissenartiges Polster von keilförmiger Gestalt, welches im hinteren unteren Teil des Hufes zwischen den ➤*Hufknorpeln* sitzt.
- Es besteht aus elastischen und kollagenen Fasern, Fettgewebe und Faserknorpeln und verschmilzt an seinen Seitenflächen mit den Hufknorpeln.
- An seiner distalen Fläche ist das Strahlpolster von der ➤*Strahllederhaut* und der Ballenlederhaut bedeckt.

- Das Strahlpolster ist durch Bänder mit den ➛*Zehenknochen verbunden* und besitzt durch seine Struktur eine stark stoßdämpfende Funktion; gemeinsam mit dem ➛*Strahl* unterstützt und schützt das Strahlpolster den Bereich der ➛*Hufrolle*.

Strecksehne, gemeinsame (Musculus extensor digitalis communis)

- Der muskuläre Anteil dieser Sehne entspringt am unteren Ende des Oberarmes (Vordergliedmaße) bzw. des Oberschenkels (Hintergliedmaße).
- Distal inseriert die Gemeinsame Strecksehne am vorderen oberen Hufbeinrand in einer höckrigen Erhebung (dem processus extensorius).
- Bevor die Sehne allerdings ihren endgültigen Ansatz am ➛*Hufbein* erreicht, befestigt sie sich in ihrem Verlauf am ➛*Fesselbein* sowie am ➛*Kronbein*.
- Im Bereich des unteren Fesselbeins erhält die Strecksehne von medial und lateral Verstärkung durch zwei Unterstützungsbänder, die vom oberen Gleichbeinband oder Beuger des Fesselbeines (Musculus interosseus medius) abgegeben werden.
- Solcherart verbreitert (die Sehne besitzt jetzt etwa ein Breite von 4–5 cm) führt die Strecksehne über das ➛*Krongelenk* und das Kronbein hinweg zum Hufbein.

Terminallagenhorn

- Das Terminallagenhorn ist ein relativ weiches Röhrchenhorn, welches zusammen mit seinem Zwischenröhrchenhorn den Raum zwischen dem von oben herab geschobenen ➛*Blättchenhorn* ausfüllt und damit quasi den Platz der hier endenden Lederhautblättchen einnimmt.
- Gemeinsam mit letzterem bildet es die ➛*Blättchenschicht*.

Terminalpapillen

- Die Terminalpapillen befinden sich am distalen Ende der Primärblättchen der ➛*Wandlederhaut*.
- Sie haben die Funktion, die durch das Umschlagen der Wandlederhaut in die Sohlenlederhaut entstehenden Lücken zwischen den zum Boden wachsenden Hornblättchen zu schließen.
- Sie produzieren das ➛*Terminallagenhorn*.

Tiefe Beugesehne (Musculus flexor digitalis profundus)

- Der muskuläre Anteil dieser Sehne entspringt am unteren Ende des Oberarmes (Vordergliedmaße) bzw. am oberen Ende des Schienbeins (Hintergliedmaße).
- Distal inseriert die kräftige breite Sehne am Hufbein.
- Zuvor gleitet sie über das durch den ➛*Hufrollenschleimbeutel* geschützt ➛*Strahlbein* und bildet gemeinsam mit den beiden erstgenannten die ➛*Hufrolle*.
- Die Tiefe Beugesehne beugt das Hufbein.

Trachten

- Die Trachte oder Trachtenwand ist Teil der ➛*Hornwand* und besteht aus Röhrchen- und Zwischenröhrchenhorn.
- Sie beginnt im Anschluss an die Seitenwand des Hufes (das ist etwa auf gleicher Höhe, auf der die ➛*Eckstrebe* in die Sohle ausläuft) und reicht bis zur Umkehrungsstelle der Hufwand (Trachtenendkante), die den Beginn der Eckstrebenwand markiert.
- Während die Zehen- und Seitenwand des Hufes physiologisch einen solchen Winkel zum Boden aufweist, dass ihre Hornröhrchen schräg nach außen stehen, neigt sich die Hornwand im Bereich der Trachten leicht nach innen unter den Huf.

Tragrand

- Das auf dem Boden aufstehende distale Ende der ➛*Hornwand*.
- Ein physiologisches Überstehen der Hornwand über die ➛*Sohle* verschafft

letzterer zusätzlich zur Sohlenwölbung Bodenfreiheit und schafft somit die Grundbedingung für ein schmerzfreies Laufen.

- Ein unphysiologisch großer Überstand provoziert nachteilige Verformungen der Hornkapsel.

Unterstützungsschenkel des Fesselträgers (Ligamenta accessorium)

- Die beiden Unterstützungssehnen zweigen vom Oberen Gleichbeinband (M. interosseus medius) oberhalb des ➤*Fesselgelenkes* ab und verlaufen beiderseits des ➤*Fesselbeins* nach vorn unten, wo sie sich oberhalb des ➤*Krongelenks* mit der ➤*Gemeinsamen Strecksehne* vereinigen.
- Sie wirken der Beugung des ➤*Hufgelenks* durch den Zug der ➤*Tiefen Beugesehne* entgegen und sorgen dafür, dass der Huf nach der Hangbeinphase gestreckt wird und mit der ➤*Sohle* aufsetzt.
- Überdies übertragen die beiden Unterstützungsschenkel Zuglast vom Fesselträger auf die Strecksehne, so dass die Strecksehne ab diesem Zeitpunkt auch durchaus tragende Funktion übernimmt.

Wandlederhaut (Corium parietis)

- Die Wandlederhaut schließt sich distal an die ➤*Blättchenhorn produzierende Lederhaut* an und erstreckt sich das ➤*Hufbein* und Teile der ➤*Hufknorpel* eng umschließend bis zum Sohlenrand; im hinteren Teil des Hufes schlägt sie wie auch die ➤*Kronlederhaut* und die Blättchenhorn produzierende Lederhaut nach innen um und läuft zwischen diesen beiden und der ➤*Sohlenlederhaut* in einem spitzen Winkel aus.
- Bei der Wandlederhaut handelt es sich um eine Blättchenlederhaut, die sich in etwa 600 parallel angeordnete und von proximal nach distal verlaufende Primärblättchen (Lederhautblättchen) auffächert.
- Diese Primärblättchen fälteln sich wiederum in je 100–200 Sekundärblättchen auf, über die Begleithornzellen gebildet werden, welche sich mit den Zellen des von oben herabschiebenden Blättchenhorns verbinden und mit diesen gemeinsam, sich gleichsam verstärkend, nach unten wachsen.
- Die Wandlederhaut bildet den bindegewebigen Teil des ➤*Hufbeinträgers.*

Weiße Linie (linea alba)

- Die Weiße Linie wird sohlenseitig am ➤*Tragrand* als mehr oder weniger deutliche weiße Linie sichtbar, die eine Breite von höchstens einem halben Millimeter besitzt.
- Sie bildet die Begrenzungslinie zwischen dem Röhrchenhorn der ➤*Hornwand* und dem sich daran nach innen unmittelbar anschließenden ➤*Blättchenhorn*; die bleistiftstrichdünne Linie wird gebildet durch die Basen der Hornblättchen und grenzt direkt an die innersten unpigmentierten Hornröhrchen der Hornwand.
- Der Begriff der Weißen Linie wird immer wieder auch für die gesamte ➤*Blättchenschicht (zona alba)* verwende, was in der Praxis zu einigen Missverständnissen führt.
- Schon zu Anfang des vergangenen Jahrhunderts forderten Fachleute ein Ende des diesbezüglichen Begriffswirrwarrs (beispielsweise KROON 1915); allerdings wurde dieses in unseren Augen sehr begründete Anliegen bis heute nicht eingelöst.

Zehengelenke

- Die Zehengelenke sind Scharniergelenke (➤*Fesselgelenk*) bzw. Sattelgelenke (Krongelenk und Hufgelenk).
- Bei einem Scharniergelenk (Wechselgelenk) ist nur Beugung oder Streckung möglich; die Knochen kommen zwar in der Bewegung in verschieden großen Winkeln zueinander zum stehen, es gibt aber nur eine einzige Bewegungsebene.

- Beim ➛*Krongelenk* und etwas ausgeprägter beim ➛*Hufgelenk* gibt es neben der Bewegungsrichtung Beugung und Streckung auch eine geringfügige seitliche Bewegungsmöglichkeit, die jedoch nur passiv sowie unter Kompression des Gelenkknorpels und Inkongruenz der Gelenkflächen erreicht werden kann; sie werden deshalb auch unvollständige Wechselgelenke genannt.

Zehenknochen

- Die Zehenknochen des Pferdes bestehen aus dem ➛*Hufbein*, dem ➛*Strahlbein*, dem ➛*Kronbein*, dem ➛*Fesselbein* und den beiden ➛*Gleichbeinen*.
- Die Knochen des Hufbeins, Kronbeins und Fesselbeins bilden bei der physiologischen Gliedmaße eine ungebrochene Knochensäule.

Serviceteil

ASHDOWN, R.R.; DONE, S. (1988):
Topographische Anatomie des Pferdes.
Stuttgart.

BEERHUES, U. (1987):
Randexostosen an den Gelenkflächen des Huf- und Krongelenkes beim Pferd.
Hannover.

BÖHM, R. (1954):
Untersuchungen über den Einfluss der intrauterinen Lage auf die Gliedmaßenstellung bei Fohlen und deren Wandlungsfähigkeit besonders im Hinblick auf den angeborenen Sehnenstelzfuß.
Hannover.

BOLLIGER, Ch.; GEYER, H. (1992):
Zur Morphologie und Histochemie des Pferdehufes. In: Pferdeheilkunde, Heft 8, S. 269–286.
Calw.

BRANSCHEID, W.J. (1977):
Untersuchungen an der Hufrolle bei Pferden mit und ohne Hufrollenerkrankung.
Berlin.

BUCHER, K. (1987):
Zum mikroskopischen Bau der Epidermis an umschriebenen Stellen des Pferdehufes.
Zürich.

BUDRAS K.-D.; RÖCK S. (1994):
Atlas der Anatomie des Pferdes. 2. Aufl.
Hannover.

BUDRAS, K.-D.; PREUSS, F. (1979):
Elektronenmikroskopische Untersuchungen zur Hornbildung im Hyponichum des Pferdehufes.
In: Der praktische Tierarzt, Heft 9, S. 729–736.
Hannover.

FALATURI, P. H (2000):
Hufschutz verändert das Gangmuster.
In: Tierwelt Nr. 48, S. 33–35.

HARDERS, T. (1985):
Die elastische Verformung des Pferdehufes.
Literaturstudie und eigene Untersuchungen.
Hannover.

HENKE, F. (1997):
Hufbeinträger und Hufmechanismus im Seiten-, Trachten- und Eckstrebenteil des Pferdehufes.
Berlin.

KLUNDER, P. (2000):
Physikalische Auswirkungen der Trachtenhochstellung am Huf des Pferdes.
Berlin.

KOEPCHEN, I. (1994):
Zum diagnostischen Wert von Strahldruckproben bei der Lahmheitsuntersuchung des Pferdes, insbesondere zur differential-diagnostischen Abgrenzung akuter und chronischer Strahlbeinerkrankungen.
Hannover.

KÖRBER, H.-D. (1991):
Röntgenologische Untersuchung der Hufknorpelverknöcherung des Pferdes und ihre klinische Beurteilung. In: Berliner und Münchner Tierärztliche Wochenschrift,
Nr. Heft 10, S. 334–340.
Berlin, Hamburg.

KROON, H.M. (1915):
Die weiße Linie am Huf. In: Berliner Tierärztliche Wochenschrift, Nr. 51
S. 601–604.
Berlin.

LANGFELDT, N. (1986):
Statist. Untersuchungen zum Problemkreis der Podotrochlose.
Hannover.

LESERING, A.G.T.; HARTMANN, H.M. (1893):
Der Fuß des Pferdes.
Dresden.

LUNGWITZ, M; ERLE, H. (1913):
Untersuchungen über die Hufknorpel des Pferdes. In: Anatomischer Anzeiger,
S. 313–327.
Jena.

MÜLLER, G. (1999):
Radiologische Methode zur Beurteilung der Hufzubereitung bei Pferden mit zehenweiter oder zehenenger Gliedmaßenstellung.
Berlin.

NICKEL, R. (1939):
Untersuchungen über den Bau des Pferdehufes mit besonderer Berücksichtigung des Hufmechanismus und von Hufkrankheiten. In: Deutsche Tierärztliche Wochenschrift,
Nr. 33, S. 521–523.
Karlsruhe, Hannover.

PELLMANN, R. (1995):
Struktur und Funktion des Hufbeinträgers beim Pferd.
Berlin.

PHILIPP, A. (1991):
Der Bockhuf beim Fohlen.
Hannover.

POLLITT C. (1999):
Farbatlas Huf: Anatomie und Klinik.
Hannover.

RICHTLINIEN zur Beurteilung von Pferdehaltungen unter Tierschutzgesichtspunkten (1991). Hrsg. von der Deutschen Reiterlichen Vereinigung e.V. (FN) und der Deutschen Veterinärmedizinischen Gesellschaft e.V., Warendorf: FN-Verlag.

ROESTEL-PETERS, B. (1988):
Untersuchungen zur Röntgendiagnostik der Podotrochlose.
Berlin.

ROTH, F. (1986):
Untersuchungen zur Strahlfäule und losen Wand beim Pferd.
Hannover.

SCHMID, E. (1994):
Haltung und Pflege von Pferden in Süddeutschland unter Berücksichtigung der Hufgesundheit.
München.

SCHRÖER, N. (2000):
Retrospektive Studie über Hufgelenkerkrankungen an 409 Pferden mit positivem Ergebnis der Hufgelenkanästhesie.
München.

SCHWYTER, H. (1906):
Gestaltsveränderungen des Pferdehufes infolge Stellung und Gangart.
Bern.

SILBERSIEPE, E.; BERGE, E.; MÜLLER, H. (1986):
Lehrbuch der speziellen Chirurgie für Tierärzte und Studierende.
Stuttgart.

STASHAK; T.S. (1989):
Adams Lahmheit bei Pferden.
Alfeld, Hannover.

VOLKMANN, D. (1936):
Die Ursachen der Verknöcherung der Hufknorpel.
In: Tierärztliche Umschau, Nr. 20, S. 380–383.
Konstanz.

VOLLBACH, H. (1954): Geschichte, Entwicklung und Kritik der Hufzubereitungstheorien.
Hannover.

WEILER, H. (2001):
Insertionsdesmopathien an der distalen Zehe.
In: Pferdeheilkunde. Heft 4, S. 388.
Calw.

Zum Weiterlesen

Gesunde Pferde

Heike Bussang/Birgit van Damsen
Wohlstandskrankheiten unserer Pferde
Verlag Müller Rüschlikon, 2012

Claudia Bergmann-Scholvien
Schüßler-Salze für Pferd und Reiter
Verlag Müller Rüschlikon, 2008

Helmut Ende
Doktor Endes Stallapotheke
Verlag Müller Rüschlikon, 2013

Ina Gösmeier/Sabine Heüveldop
Pferde gesund und vital durch Homöopathie
Verlag Müller Rüschlikon, 2007

Sabine Heüveldop/Ina Gösmeier
Pferde gesund und vital durch Bachblüten
Verlag Müller Rüschlikon, 2009

Kaja Kreiselmeier
Natürliche Stallapotheke, Hausmittel & Co.
Verlag Müller Rüschlikon, 2013

Kaja Kreiselmeier
Pferde gesund und vital durch Heilkräuter
Verlag Müller Rüschlikon, 2008

Marta Lewandowski
Chiropraktik bei Pferden; Gesundheit durch Beweglichkeit
Verlag Müller Rüschlikon, 2008

Konstanze Rasch
Problemlos Eisenlos
Verlag Müller Rüschlikon, 2013

Konstanze Rasch
Diagnose Hufrehe
Verlag Müller Rüschlikon, 2010

Romo Schmidt/Ulrike Häusler-Naumburger/Thomas Dübbert
Hufrehe
Verlag Müller Rüschlikon, 2012

Romo Schmidt
Fehler und Irrtümer in der Pferdehaltung
Verlag Müller Rüschlikon, 2008

Romo Schmidt
Pferde artgerecht halten
Offenstall – Laufstall – Bewegungsstall
Verlag Müller Rüschlikon, 2013

Claus Teslau
Natürliche Heilmittel für Pferde
Moor – Heilerde – Wasser & Co.
Verlag Müller Rüschlikon, 2012

Kontaktadressen

Deutsche Huforthopädische Gesellschaft e.V.
www.dhgev.de

DIfHO® – Deutsches Institut für Huforthopädie
www.difho.de